单片机轻松入门丛书

单片机 C 语言轻松入门
（第 3 版）

周　坚　编著

北京航空航天大学出版社

内 容 简 介

本书以 80C51 单片机的 C 语言为例,讲述使用 C 语言进行单片机程序开发,介绍了 C 语言的基础知识、Keil 软件的使用、程序的编写与调试方法及其他相关知识。

作者为本书配套开发了实验仿真板;设计了实验电路板;以动画形式记录了使用实验仿真板做实验的过程及现象。本书配套资料提供了作者所设计的实验仿真板、书中所有的例子、实验过程及现象的动画等。读者获得的不仅是一本文字教材,更是一个完整的学习环境。

本书结合了作者多年教学、科研实践所获取的经验,更是在作者对单片机 C 语言课程进行教学改革的基础上编写而成的,融入了教学改革的成果,依据学习者的认知规律来编排内容,充分体现了以人为本的指导思想。

本书可作为中等职业学校、高等职业学校、电视大学等的教学用书,也是单片机爱好者自学单片机 C 语言的很好的教材。

除了书本内容之外,作者有成熟的教学方法可以交流,并可提供与之配套的实验器材,从而构成单片机 C 语言教学与自学的完整解决方案。

图书在版编目(CIP)数据

单片机 C 语言轻松入门 / 周坚编著. -- 3 版. --北京 : 北京航空航天大学出版社,2017.6
ISBN 978 - 7 - 5124 - 2433 - 3

Ⅰ. ①单⋯ Ⅱ. ①周⋯ Ⅲ. ①单片微型计算机—C 语言—程序设计 Ⅳ. ①TP368.1②TP312.8

中国版本图书馆 CIP 数据核字(2017)第 126178 号

单片机 C 语言轻松入门(第 3 版)
周 坚 编著
责任编辑 王 瑛 董云凤
*
北京航空航天大学出版社出版发行

北京市海淀区学院路 37 号(邮编 100191)　http://www.buaapress.com.cn
发行部电话:(010)82317024　传真:(010)82328026
读者信箱: emsbook@buaacm.com.cn　邮购电话:(010)82316936
北京市同江印刷有限公司印装　各地书店经销
*
开本:710×1 000　1/16　印张:23.25　字数:496 千字
2017 年 9 月第 3 版　2017 年 9 月第 1 次印刷　印数:4 000 册
ISBN 978 - 7 - 5124 - 2433 - 3　定价:59.00 元

第 3 版前言

《单片机 C 语言轻松入门》第 1 版出版以后,得到了读者的支持与肯定,到目前为止已重印 4 次。《单片机 C 语言轻松入门》第 2 版也已第 3 次印刷。

随着技术的不断进步,第 1、2 版中采用的一些技术已有更新和发展;第 1、2 版书发行后,读者反馈了大量的建议和意见;同时作者在教学实践过程中也积累了更多的教学经验,采用的"任务教学法"逐步完善。为更好地服务于读者,作者对《单片机 C 语言轻松入门》一书进行了修订,即出版第 3 版。第 3 版保持了前 2 版的写作风格,保留了轻松易懂的特点,并在以下几个方面做了修改:

(1) 重新设计了实验电路板。随着技术的飞速发展,第 1、2 版中采用的实验电路板技术已落后。第 3 版对原电路板进行了改进,设计了一块底板和 CPU 板分离的实验电路板。在保持与第 1、2 版兼容的同时,增加了更多的功能,尤其能充分利用现有的各类功能模块,使其能紧跟技术的发展。

(2) 对各章内容与文字均进行了细致的修改,以使读者更容易理解。

(3) 跟随新出现的技术,对书中各个部分进行修改,如针对新版的 Keil 软件增加的功能加以说明等。

(4) 精简了部分内容,又增加了部分内容。根据读者的反馈及作者对教学规律的进一步认识,精简了库函数部分的内容;增加了"多模块编程""ISD 调试技术""使用指针调用函数""交通灯控制"等内容;将指针、预处理命令独立成章。在保持为入门者编写的基础上,增加部分较深入但很常用的知识点,以期帮助读者阅读其他人的源程序。

本书安排与第 1、2 版基本相同,但又略有调整,具体内容安排如下。

第 1～4 章分别是单片机的 C 语言概述、建立 C 语言学习环境、C 语言数据类型及 C 语言程序结构部分的内容,掌握了这些内容之后即可进行常用程序的编写工作。

第 5 章是单片机的内部结构编程知识,介绍了 80C51 单片机内部常用的中断、定时器和串行口的编程方法。

第 6～8 章分别是 C 语言构造数据类型、函数及指针介绍。这几章介绍了数组、结构、联合、函数、指针等内容。

第 9 章是预处理命令,介绍了 C 语言中宏定义、文件包含和条件编译等在编译之前进行处理的命令。

第 10～13 章分别是常用单片机接口的 C 语言编程、应用设计实例、RTOS 介绍及库函数介绍。

作者从事单片机开发与教学工作多年，常有读者及学员问及："如何才能快速入门？"作者的体会是：一定要动手做！仅仅看书是远远不够的。因此本书特别强调"单片机学习环境的建立"，包括本书内容的安排，也是尽可能围绕着一块实验板展开，由小见大，剖析其中应用到的典型开发技术，这样的安排有利于读者获得动手练习的机会。读者在学习过程中要勤于思考，但又不能"执迷"；一时半会无法理解的内容，可以先不必去思考其原理，而是将相关例子做出来，看看产生的现象，再对程序进行一些修改，如原来显示 0，改成显示 1，原来灯流动的速度很快，现变慢一点等。总之这时可以抱着"玩一玩"的态度来学习，也就是可以通过"结果"回过来帮助"理解"。随着学习的深入，这些原来不懂的内容就能慢慢理解。

作者与很多读者一样，包括单片机在内的许多知识，都是通过读书等方法自学的。因此，作者深深地认识到，一本好书对于自学者的重要性是不言而喻的，它可以引导学习者进入知识的大门；一本不合适的书却可以断送学习者的热情。本书定位于"引导初学者入门"，要达到这样的目的并非易事，要认真研究学习者的认知规律，并采用适当的方法进行引导。这样的教材，语言表达做到通俗易懂固然重要，但更重要的是教学方法的设计与教学内容的选择。由于作者本身就从事教学工作，常常会对这些问题进行思考，加之教学过程中及时收集学生反馈的信息，对于读者的需要比较了解。因此，本书第 1、2 版出版后，受到了读者的欢迎，许多读者认为"这是单片机入门的好书""本书的确可以做到轻松入门""本书值得向入门者推荐"。

很多读者在读完《单片机轻松入门》《单片机 C 语言轻松入门》等书后，来信与作者探讨这样一个问题：书上的例题都做了，自我感觉也有一定的编程能力了，但仍难以进行独立的开发工作。如何解决这一问题呢？作者认为，这的确是学习过程中的一个瓶颈，通过一本书的学习要解决这一问题是比较困难的。要突破这一瓶颈，唯有多做项目开发。如果找不到合适的实用项目，那就做综合性的学习项目。为此，作者做了许多探索性的工作，编写了《平凡的探索》一书，提供了多个学习项目供读者参考。在作者的技术博客（http://bbs.ednchina.com/BLOG_teach51_154652.HTM）上开设了"开源培训"栏目，为此栏目准备了多个学习性项目，从简单的"七彩灯"到综合性的"可锁定输出电压的数控稳压电源"等。每个项目都是通过作者验证的，并提供了非常详细的实现过程，包括电路图、源程序、制作调试过程等，希望能帮助读者完成从学习者到开发者的转变。

周 坚

2017 年 3 月

目　录

第 1 章
单片机 C 语言概述

随着单片机开发技术的不断发展，目前已有越来越多的人从普遍使用汇编语言逐渐转到使用高级语言开发，其中主要是以 C 语言为主，市场上几种常见的单片机均有其 C 语言开发环境。本书将以最为流行的 80C51 单片机为例来讲述单片机的 C 语言编程技术。下面首先介绍有关 C 语言的基本知识。

1.1　C 语言简介

1.1.1　C 语言的产生与发展

C 语言由早期的编程语言 BCPL（Basic Combind Programming Language）发展演变而来。1970 年美国贝尔实验室的 Ken Thompson 根据 BCPL 语言设计出 B 语言，并用 B 语言写了 UNIX 操作系统。1972—1973 年间，贝尔实验室的 D. M. Ritchie 在 B 语言的基础上设计出了 C 语言。

随着微型计算机的日益普及，出现了许多 C 语言版本，由于没有统一的标准，使得这些 C 语言之间出现了一些不一致的地方。为了改变这种情况，美国国家标准研究所（ANSI）为 C 语言制定了一套 ANSI 标准，成为现行的 C 语言标准。

1.1.2　C 语言的特点

C 语言发展非常迅速，成为最受欢迎的语言之一，主要因为它具有强大的功能，归纳起来 C 语言具有下列特点。

1. 与汇编语言相比

① C 语言是一种高级语言，具有结构化控制语句。结构化语言的显著特点是代码及数据的分隔化，即程序的各个部分除了必要的信息交流外彼此独立。这种结构化方式可使程序层次清晰，便于使用、维护以及调试。

② C 语言适用范围广，可移植性好。和其他高级语言一样，C 语言不依赖于特

定的 CPU,其源程序具有很好的可移植性。只要某种 CPU 或 MCU 有相应的 C 编译器,就能使用 C 语言进行编程。目前,主流 MCU 都有 C 编译器。作为嵌入式系统的开发者,利用这一点尤为重要。目前可供选用的 MCU 型号极多,这些 MCU 各有特点,开发者在做项目时往往需要选用不同品种的 MCU 以各尽其能,但要熟悉每一种 MCU 的汇编语言并能写出高质量的程序并非易事。如果使用 C 语言编程,借助于 C 语言的可移植性,只要熟悉所用 MCU 的特性即可编程。这可节省大量的时间,将精力专注于所要解决的问题上面。

作者经常进行项目开发工作,不同客户往往会提出一些具体的要求,其中就有使用特定 MCU 的要求。实际上项目开发中往往能够重复利用一些代码,特别是算法代码。因此,作者编程时一般都会注意,将算法部分和 I/O 驱动部分分离开来编写。这样,一旦需要移植,只要改写 I/O 驱动部分就可以了,十分快捷和方便。

2. 与其他高级语言相比

① 简洁紧凑、灵活方便。C 语言一共只有 32 个关键字,9 种控制语句,程序书写自由,主要用小写字母表示。它把高级语言的基本结构和语句与低级语言的实用性结合起来。

② 运算符丰富。C 语言的运算符包含的范围很广泛,共有 34 个运算符。C 语言把括号、赋值、强制类型转换等都作为运算符处理,从而使 C 语言的运算类型极其丰富,表达式类型多样化。灵活使用各种运算符,可以实现其他高级语言中难以实现的运算。

③ 数据结构丰富。C 语言的数据类型有整型、实型、字符型、数组类型、指针类型、结构体类型、共用体类型等,能用来实现各种复杂数据类型的运算。

④ C 语言程序设计自由度大。C 语言对数组下标越界不进行检查,由编程者自己保证程序的正确;对变量的类型使用比较灵活,整型、字符型等各种变量可通用。

⑤ C 语言允许直接访问物理地址,可以直接对硬件进行操作。因此 C 语言既具有高级语言的功能,又具有低级语言的许多功能,能够像汇编语言一样对位、字节和地址进行操作。

⑥ C 语言程序生成代码质量高,程序执行效率高。用 C 语言编写的程序,编译后一般只比有丰富经验的汇编编程人员所写的汇编程序效率低 10%~20%。

3. 关于 C 语言的学习

很多人对于学习 C 语言有一种畏惧情绪,因为"传说中"C 语言很难学,这里有必要对此进行一些说明。

C 语言难学的这种说法来源于在 PC 上编程的程序员。早期 PC 上使用的编程语言主要有 BASIC 语言、PASCAL 语言、数据库(DBASE、FOXBASE 等)编程语言和 C 语言等。与这些语言相比,C 语言的确是属于"难学"的语言,但必须对为何"难学"进行深入的分析。由于 C 语言能够完成底层的操作,所以往往被用来编写一些系统软件,而这些必然涉及更深奥的计算机基础知识。例如,必须理解 ASCII 码的知识以及数据在内存中的存放方式等知识才能理解,为什么只要简单的一条语句"c＝c＋32;"即可完成从大写字母到小写字母的转换工作? 而同样的工作在 BASIC 语言中是由专门的函数来完成的,并不需要使用者了解这些知识。换言之,C 语言的难学来自于其要完成的任务。作为单片机开发者必须要接触硬件,并理解这些知识,所以这些并不能说明"C 语言难学"。

1.2　C 语言入门知识

下面将通过一些实例介绍 C 语言编程的方法。这里采用 80C51 系列单片机的 C 编译器 Keil 软件作为开发环境,关于 Keil 软件的具体用法将在第 2 章进行详细介绍。

如图 1－1 所示电路图使用 STC89C52 单片机作为实验用芯片,这种单片机属于 80C51 系列,其内部有 8 KB 的 Flash ROM,可以反复擦写,并有 ISP 功能,支持在线下载,不需要反复拔、插芯片,非常适合做实验。如图 1－1 所示 STC89C52 的 P1 引脚上接 8 个发光二极管,下面一些例子的任务是让接在 P1 引脚上的发光二极管按要求发光。

3

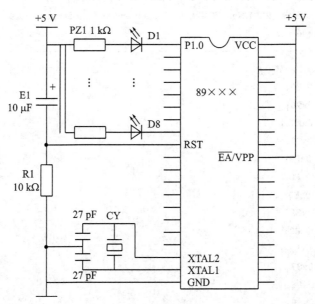

图 1－1　接有 LED 的单片机基本电路

1.2.1　简单的 C 程序介绍

【例 1－1】　让接在 P1.0 引脚上的 LED 发光。

```
#include  "reg51.h"
sbit P1_0 = P1^0;
void main()
{P1_0 = 0;
}
```

　　这个程序的作用是让接在 P1.0 引脚上的 LED 点亮。下面来分析一下这个 C 语言程序包含了哪些信息。

1. "文件包含"处理

　　程序的第 1 行是一个"文件包含"处理。所谓"文件包含"，是指一个文件将另外一个文件的内容全部包含进来。所以看起来这个程序只有 5 行，但 C 编译器在处理这段程序时却要处理几十或几百行。这段程序中包含 reg51.h 文件的目的是要使用 P1 这个符号，即通知 C 编译器，程序中所写的 P1 是指 80C51 单片机的 P1 端口而不是其他。这是如何做到的呢？

　　打开 reg51.h 可以看到这样的一些内容：

```
/* -------------------------------------------------------------
reg 51.H
Header file for generic 80C51 and 80C31 microcontroller.
Copyright(c) 1988 - 2001 Keil Elektronik GmbH and Keil Software, Inc.
All rights reserved.
------------------------------------------------------------- */

/*  BYTE Register  */
sfr P0   = 0x80;
sfr P1   = 0x90;
sfr P2   = 0xA0;
sfr P3   = 0xB0;
sfr PSW  = 0xD0;
sfr ACC  = 0xE0;
sfr B    = 0xF0;
sfr SP   = 0x81;
sfr DPL  = 0x82;
sfr DPH  = 0x83;
sfr PCON = 0x87;
sfr TCON = 0x88;
sfr TMOD = 0x89;
sfr TL0  = 0x8A;
sfr TL1  = 0x8B;
sfr TH0  = 0x8C;
sfr TH1  = 0x8D;
sfr IE   = 0xA8;
```

```
sfr IP   = 0xB8;
sfr SCON = 0x98;
sfr SBUF = 0x99;

/*   BIT Register   */
/*   PSW   */
sbit CY   = 0xD7;
sbit AC   = 0xD6;
sbit F0   = 0xD5;
sbit RS1  = 0xD4;
sbit RS0  = 0xD3;
sbit OV   = 0xD2;
sbit P    = 0xD0;

/*   TCON   */
sbit TF1  = 0x8F;
sbit TR1  = 0x8E;
sbit TF0  = 0x8D;
sbit TR0  = 0x8C;
sbit IE1  = 0x8B;
sbit IT1  = 0x8A;
sbit IE0  = 0x89;
sbit IT0  = 0x88;

/*   IE   */
sbit EA   = 0xAF;
sbit ES   = 0xAC;
sbit ET1  = 0xAB;
sbit EX1  = 0xAA;
sbit ET0  = 0xA9;
sbit EX0  = 0xA8;

/*   IP   */
sbit PS   = 0xBC;
sbit PT1  = 0xBB;
sbit PX1  = 0xBA;
sbit PT0  = 0xB9;
sbit PX0  = 0xB8;

/*   P3   */
sbit RD   = 0xB7;
```

```
sbit WR   = 0xB6;
sbit T1   = 0xB5;
sbit T0   = 0xB4;
sbit INT1 = 0xB3;
sbit INT0 = 0xB2;
sbit TXD  = 0xB1;
sbit RXD  = 0xB0;

/*   SCON   */
sbit SM0  = 0x9F;
sbit SM1  = 0x9E;
sbit SM2  = 0x9D;
sbit REN  = 0x9C;
sbit TB8  = 0x9B;
sbit RB8  = 0x9A;
sbit TI   = 0x99;
sbit RI   = 0x98;
```

　　熟悉 80C51 内部结构的读者不难看出，这里都是一些符号的定义，即规定符号名与地址的对应关系。注意其中的一行（上面的包含文件 reg51.h 中用黑体表示）：

```
sfr P1   = 0x90;
```

即定义 P1 与地址 0x90 对应，P1 口的地址就是 0x90（0x90 是 C 语言中十六进制数的写法，相当于汇编语言中写 90H）。

　　从这里还可以看到一个频繁出现的词：sfr。

　　sfr 不是标准 C 语言的关键字，而是 Keil C 编译器为了能够直接访问 80C51 中的 SFR 而提供的一个新的关键词，其用法是：

　　sfrt 变量名＝地址值；

　　例如：

```
sfr P1 = 0x90;
```

该语句定义了 P1 这个名称与 90H 这个地址的对应关系。通过这种方法，可以自行定义新的特殊功能寄存器（SFR）。随着技术的不断发展，新的 80C51 系列单片机层出不穷，这些新的 80C51 单片机通常会增加一些 SFR 以增强功能。通常每一种新的单片机出来之后，Keil 软件都会升级以支持这种单片机。但即便不能及时升级自己的 Keil 软件，也没有关系，可以通过 sfr 关键字自行定义 SFR 符号与其地址的对应关系，以便能使用这种新的 MCU。

　　例如，89S 系列单片机中增加了看门狗定时器，其数据手册上的名称为 WMCON，地址为 96H。因此，如果手边的 Keil 软件中找不到现成的头文件，那么可

以在 reg51.h 中或者在该程序开头增加下面的一行:

```
sfr WMCON   = 0x96;
```

这样就可以在程序中使用 WMCON 这个符号了。

2. 符号 P1_0 用来表示 P1.0 引脚

在 C 语言里,如果直接写 P1.0,C 编译器并不能识别,而且 P1.0 也不是一个合法的 C 语言标识符,所以得给它另起一个名字。这里起的名为 P1_0,可是 P1_0 是不是就是 P1.0 呢? 即使你这么认为,C 编译器可不这么认为,所以必须给它们之间建立联系。这里使用了 Keil C 新增的关键字 sbit 来定义,sbit 的用法有 3 种:

① sbit 位变量名＝地址值;

② sbit 位变量名＝SFR 名称^变量位地址值;

③ sbit 位变量名＝SFR 地址值^变量位地址值。

如定义 PSW 中的 OV 可以用以下 3 种方法:

```
sbit OV = 0xd2          //0xd2 是 OV 的位地址值
sbit OV = PSW^2         //PSW 必须先用 sfr 定义好
sbit OV = 0xD0^2        //0xD0 就是 PSW 的地址值
```

因此这里用:

```
sbit P1_0 = P1^0;
```

就是用符号 P1_0 来表示 P1.0 引脚。如果愿意也可以用 P10 之类的名字,只要下面程序中也随之更改就行了。

Keil 软件在 AT89X52.H 中已定义了各引脚的变量,所以如果包含了这个文件,就不需要自己定义了,这个文件在 keil\c51\inc\atmel 文件夹下。

以下是 AT89X52.H 的有关内容:

```
/* ------------------------------------------------------------
AT89X52.H

Header file for the low voltage Flash Atmel AT89C52 and AT89LV52.
Copyright(c) 1988 - 2002 Keil Elektronik GmbH and Keil Software, Inc.
All rights reserved.
------------------------------------------------------------*/

#ifndef __AT89X52_H__
#define __AT89X52_H__

/* -------------------------------------------
Byte Registers
-----------------------------------------*/
......
```

与上述头文件相同：

```
/* --------------------------------------------------
P0 Bit Registers
--------------------------------------------------*/
sbit P0_0 = 0x80;
sbit P0_1 = 0x81;
sbit P0_2 = 0x82;
sbit P0_3 = 0x83;
sbit P0_4 = 0x84;
sbit P0_5 = 0x85;
sbit P0_6 = 0x86;
sbit P0_7 = 0x87;
/*这是有关 P0 引脚的定义,其他定义可自行打开该文件查看。*/
……
#endif
```

3. 主函数 main

每一个 C 语言程序有且只有一个主函数,函数后面一定有一对大括号"{}",在大括号里面书写其他程序。

通过上面的分析了解到部分 C 语言的特性,下面再看一个稍复杂一点的例子。

【例 1-2】　让接在 P1.0 引脚上的 LED 闪烁发光。

```
#include "reg51.h"
#define uchar unsigned char
#define uint  unsigned int
sbit P1_0 = P1^0;

/*延时程序,由 Delay 参数确定延迟时间*/
voidmDelay(uint Delay)
{   uint i;
    for(;Delay>0;Delay--)
    {   for(i=0;i<124;i++)
        {;}
    }
}
void main()
{   for(;;)
    {   P1_0 = ! P1_0;              //取反 P1.0 引脚
        mDelay(1000);
    }
}
```

程序分析:main 函数中的第 1 行暂且不看。第 2 行是"P1_0=! P1_0;",在 P1_0

前有一个符号"!"。符号"!"是 C 语言的一个运算符，就像数学中的"＋""－"一样，是一种运算符，意义是"取反"，即将该符号后面的那个变量的值取反。

注意：取反运算只是对变量的值而言的，并不会自动改变变量本身。可以认为 C 编译器在处理"! P1_0"时，将 P1_0 的值给了一个临时变量，然后对这个临时变量取反，而不是直接对 P1_0 取反。因此，取反完毕后还要使用赋值符号"＝"将取反后的值再赋给 P1_0。这样，如果原来 P1.0 是低电平（LED 亮），那么取反后，P1.0 就是高电平（LED 灭）；反之，如果 P1.0 是高电平，取反后，P1.0 就是低电平。这条指令被反复地执行，接在 P1.0 上的灯就会不断亮、灭。

第 3 行程序是"mDelay(1000);"，这行程序的用途是延时 1 s。由于单片机执行指令的速度很快，如果不进行延时，灯亮之后马上就灭，灭了之后马上就亮，亮、灭之间的间隔时间非常短，人眼根本无法分辨。

这里 mDelay(1000)并不是由 Keil C 提供的库函数，如果在编写其他程序时写上这么一行，会发现编译通不过。那么这里为什么又能正确编译呢？注意观察可以发现，这个程序中有 void mDelay(…)开始的一段程序行。可见，mDelay 这个词是我们自己起的名字，并且为此编写了一些程序行。如果你的程序中没有这么一段程序行，那就不能使用 mDelay(1000)了。有人脑子快，可能马上想到，可不可以把这段程序复制到其他程序中，然后就可以在那个程序中用 mDelay(1000)了呢？回答是当然可以。还有一点需要说明，mDelay 这个名称是由编程者自己命名的，可自行更改，但一旦更改了名称，main()函数中的名字也要进行相应的更改。

mDelay 后面有一个小括号，小括号里有数据 1 000，这个 1 000 被称为"参数"，用它可以在一定范围内调整延时时间的长短，这里用 1 000 来要求延时时间为 1 000 ms。要做到这一点，必须由用户自己编写 mDelay 程序来决定，具体的编写方法将在以后介绍。

这里的两行程序：

```
P1_0 = ! P1_0;//取反 P1.0 引脚
mDelay(1000);
```

会被反复执行的关键就在于 main 函数中的第 1 行程序"for(;;)"。这里不对此进行详细的介绍，读者暂时只要知道，这行程序连同其后的一对大括号"{}"构成了一个无限循环语句，一旦程序开始运行，该大括号内的语句会被反复执行，直到断电为止。

1.2.2 C 程序特性分析

通过上述的几个例子，可以得出一些结论：

① C 程序是由函数构成的。一个 C 源程序至少包括一个函数，一个 C 源程序有且只有一个名为 main()的函数，也可能包含其他函数。一个实用程序中通常都有大量的函数，函数是 C 程序的基本单位。main 函数通过直接书写语句和调用其他函数

来实现有关功能,这些其他函数可以是由 C 语言本身提供的(这样的函数称之为库函数),也可以是用户自己编写的(这样的函数称之为用户自定义函数)。库函数与用户自定义函数的区别在于,使用 Keil C 语言编写的任何程序,都可以直接调用 C 的库函数,调用时只需要包含具有该函数说明的相应的头文件即可;而自定义函数则是完全个性化的,是用户根据自己的需要而编写的有关代码。Keil C 提供了 100 多个库函数供用户直接使用。

②一个 C 语言程序,总是从 main 函数开始执行,而不管物理位置上这个 main()放在什么地方,例 1-2 中就是放在了最后。

③程序中的 mDelay 如果写成 mdelay 就会编译出错,即 C 语言区分大小写。这一点往往让初学者非常困惑,尤其是学过一门其他语言的人,有人喜欢,有人不喜欢,但不管怎样,必须遵守这一规定。

④ C 语言书写的格式自由,可以在一行写多个语句,也可以把一个语句写在多行。没有行号(但可以有标号),书写的缩进没有要求。但是建议读者按一定的规范来写,可以给自己带来方便。

⑤每个语句和定义的最后必须有一个分号,分号是 C 语句的必要组成部分。

⑥可以用/ * … * /的形式为 C 程序的任何一部分做注释。在"/ * "开始后,一直到" * /"为止的中间的任何内容都被认为是注释,所以在书写特别是修改源程序时要注意,如果无意之中删掉一个" * /",结果,从这里开始一直要遇到下一个" * /"中的全部内容都被认为是注释。原本好好的一个程序,编译已经通过了,稍进行修改,一下出现了几十甚至上百个错误。初学 C 语言的人往往对此深感头痛,这时就要检查一下,是否存在这样的情况,如果存在,赶紧把这个" * /"补上。

特别地,Keil C 也支持 C++风格的注释,就是用"//"引导的后面的语句是注释,例如:

```
P1_0 = ! P1_0;                    //取反 P1.0
```

这种风格的注释,只对本行有效,不会出现上述问题,而且书写比较方便,所以在只需要一行注释时,往往采用这种格式。但要注意,这只是针对 Keil C 而言的,其他 C 语言编译器未必支持这种格式。

本书的源程序中,这两种注释的方式都会出现。

第 2 章

单片机 C 语言开发环境的建立

　　学习单片机的 C 语言首先要建立一个实验环境,边学边练,这样才能尽快地掌握。由于这里学习 C 语言的目的是进行单片机开发,因此,除了准备在 PC 上使用的软件外,还要准备一个硬件开发平台。

　　目前,常用于 80C51 系列单片机开发的 C 语言开发工具是 Keil 软件。下面首先介绍 Keil 软件的安装与使用,然后介绍作者开发的实验仿真板的使用,最后介绍一个硬件实验平台。

2.1　Keil 软件简介

　　随着单片机开发技术的不断发展,单片机的开发软件也在不断发展,如图 2 - 1 所示是 Keil 软件的界面。Keil 是目前流行的用于开发 80C51 系列单片机和 ARM 系列 MCU 的软件,本书介绍其用于 80C51 单片机开发的部分。该软件提供了包括 C 编译器、宏汇编、链接器、库管理和一个功能强大的仿真调试器等在内的完整开发

图 2 - 1　Keil 软件界面

方案,通过一个集成开发环境(μVision IDE)将这些部分组合在一起。通过 Keil 软件可以对 C 语言源程序进行编译;对汇编语言源程序进行汇编;链接目标模块和库模块以产生一个目标文件;生成 HEX 文件;对程序进行调试等。

Keil 软件的特点如下:

> μVision IDE:μVision IDE 包括一个工程管理器、一个源程序编辑器和一个程序调试器。使用 μVision 可以创建源文件,并组成应用工程加以管理。μVision 是一个功能强大的集成开发环境,可以自动完成编译、汇编、链接程序的操作。

> C51 编译器:Keil C51 编译器遵照 ANSI C 语言标准,支持 C 语言的所有标准特性,并增加一些支持 80C51 系列单片机结构的特性。

> A51 汇编器:Keil A51 汇编器支持 80C51 及其派生系列的所有指令集。

> LIB 51 库管理器:LIB 51 库管理器可以从由汇编器和编译器创建的目标文件建立目标库,这些库可以被链接器所使用,这提供了一种代码重用的方法。

> BL51 链接器/定位器:BL51 链接器使用由编译器、汇编器生成的可重定位目标文件和从库中提取出来的相关模块,创建一个绝对地址文件。

> OH51 目标文件生成器:OH51 目标文件生成器用于将绝对地址模块转为 Intel 格式的 HEX 文件,该文件可以被写入单片机应用系统中的程序存储器中。

> ISD51 在线调试器:将 ISD51 进行配置后与用户程序连接起来,用户就可以通过 8051 的一个串口直接在芯片上调试程序了。ISD51 的软件和硬件可以工作于最小模式,它可以运行于带有外部或内部程序空间的系统并且不要求增加特殊硬件部件,因此它可以工作在像 Philips LPC 系列之类的微型单片机上,并且可以完全访问其 CODE 和 XDATA 地址空间。

> RTX51 实时操作系统:RTX51 实时操作系统是针对 80C51 微控制器系列的一个多任务内核,这一实时操作系统简化了需要对实时事件进行反应的复杂应用的系统设计、编程和调试。

> Monitor - 51:μVision 调试器支持用 Monitor - 51 对目标板进行调试。使用此功能时,将会有一段监控代码被写入目标板的程序存储器中,它利用串口和 μVision2 调试器进行通信,调入真正的目标程序。借助于 Monitor - 51,μVision 调试器可以对目标硬件进行源代码级的调试。

本书提供一个借助于 Keil Monitor - 51 技术制作的实验电路板,该实验板不需额外的仿真机,自身就具备了源程序级调试的能力,这能给广大读者带来了很大的方便。

2.2　Keil 软件的安装

　　Keil 软件是由德国 Keil 公司开发与销售的一个商业软件。用户可以到 Keil 公司的网站(http://www.keil.com)下载 Eval 版本,得到的 Keil 软件是一个压缩包,解开后双击其中的 Setup.exe 即可安装。Keil 软件的安装界面如图 2-2、图 2-3 所示,单击 Next 进入下一步。

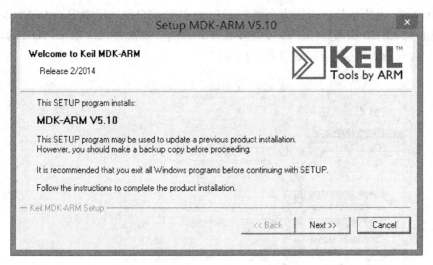

图 2-2　开始安装 Keil 软件

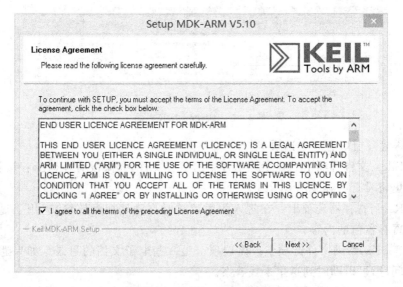

图 2-3　选择同意版权声明

其余的安装方法与一般 Windows 应用程序相似，此处不再介绍。安装完成后，将在桌面生成 μV5 快捷方式。

2.3　Keil 软件的使用

Keil 软件安装完毕后，会在桌面上生成 μV5 图标，双击该图标，即可进入 Keil 软件的集成开发环境 μVison IDE。

如图 2-4 所示是一个较为全面的 μVison IDE 窗口组成示意图。为较为全面地了解窗口的组成，该图显示了尽可能多的窗口。但在初次进入 μVison IDE 时，只能看到工程管理窗口、源程序窗口和输出窗口。

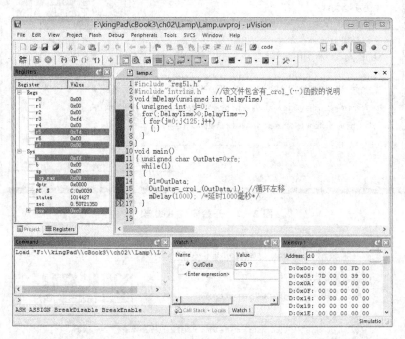

图 2-4　μVision IDE 界面

工程管理窗口有 5 个选项卡：

> Files：文件选项卡。显示该工程中的所有文件，如果没有任何工程被打开，这里将没有内容显示。

> Regs：寄存器选项卡。在进入程序调试时自动切换到该窗口，用于显示有关寄存器值的内容。

> BooKs：帮助文件选项卡。该选项卡是一些电子文档的目录。如果遇到疑难问题，可以随时到这里来找答案。

> Functions：函数窗口选项卡。这里列出了源程序中所有的函数。

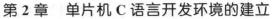

> Templates：模板窗口选项卡。双击这里的关键字，可在当前编辑窗口得到该关键字的使用模板。

图 2-4 中还有内存窗口、变量观察窗口等，这些窗口只有进入系统调试后才能看到。

工程管理器窗口右边用于显示源文件，在初次进入 Keil 软件时，由于还没有打开任何一个源文件，所以显示一片空白。

2.3.1　源文件的建立

μVision 内集成有一个文本编辑器，该编辑器可对汇编或 C 语言中的关键字变色显示。选择 File→New 在工程管理器的右侧打开一个新的文件输入窗口，在这个窗口里输入源程序。输入完毕之后，选择 File→Save 出现 Save as 对话框，给这个文件取名保存。取名字时必须加上扩展名，汇编程序以".ASM"或".A51"为扩展名，而 C 语言则应该以".C"为扩展名。

μVision 默认的编码选项为 Encode in ANSI，对于中文支持不佳，会出现光标移到半个汉字处、出现不可见字符等现象，因此需要修改 Encoding 项。选择菜单 Edit→Configuration… 项，打开 Configuration 对话框，选择 Encoding 为 Chinese GB2312（Simplifed）项，如图 2-5 所示。

15

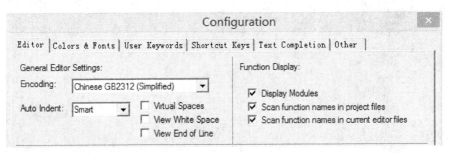

图 2-5　设置编码选项

也可以使用其他编辑器来编辑源程序，μVision 能自动识别由外部改变了的源文件，即如果用 μVision 打开了一个文件，而该文件又由其他编辑器编辑并存盘，只要切换回 μVision，μVision 就能感知文件已发生变化，并询问是否重新加载。如图 2-6 所示为 μVision 询问是否要重新加载源程序。

2.3.2　工程的建立

80C51 单片机系列有数百个不同的品种，这些 CPU 的特性不完全相同，开发中要设定针对哪一种单片机进行开发；指定对源程序的编译、链接参数；指定调试方式；指定列表文件的格式等。因此在项目开发中，并不是仅有一个源程序就行了。为管理和使用方便，Keil 使用工程（Project）这一概念，将所需设置的参数和所有文件都

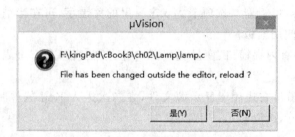

图2-6　询问是否重新加载源程序

加在一个工程中，只能对工程而不能对单一的源程序进行编译、链接等操作。

选择 Project→New Project，出现创建新工程的对话框，如图 2-7 所示，要求起一个工程名称并保存。一般应把工程建立在与源文件所在的同一个文件夹中，不必加扩展名，单击"保存"即可。

图2-7　创建新的工程

进入下一步，选择目标 CPU，如图 2-8 所示。这里选择 Atmel 公司的 89S52 作为目标 CPU，单击 Atmel 展开，选择其中的 AT89S52，右边有关于该 CPU 特性的一般性描述，单击 OK 按钮进入下一步。

工程建立好之后，返回到主界面，此时会出现如图 2-9 所示的对话框，询问是否要将 8051 的标准启动代码的源程序复制到工程所在文件夹并将这一文件加入到工程中，这是为便于设计者修改启动代码。在刚刚开始学习 C 语言时，尚不知如何修

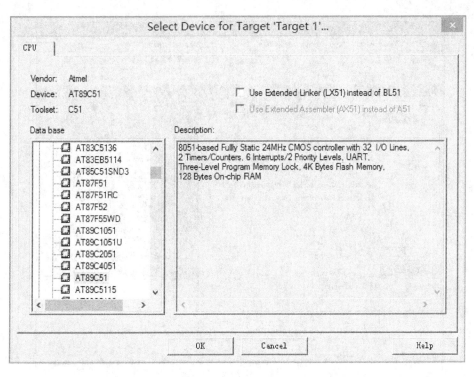

图 2 - 8　选择 CPU

改启动代码，应该选"否"。

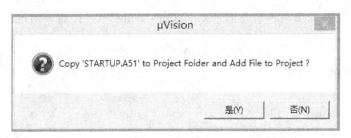

图 2 - 9　询问是否需要将 8051 的标准启动代码源程序复制到文件夹

　　下一步的工作是为这个工程添加自编的源程序文件。可以将一个已在其他编辑器中写好的源程序加入工程，也可以从建立一个空白的源程序文件开始工作。

　　如图 2 - 10 所示，单击 Target 1 下一层的 Source Group 1，使其反白显示，然后右击该行，在出现的快捷菜单中选择其中的 Add File to Group 'Source Group 1'，出现如图 2 - 11 所示的对话窗口。

　　Keil 默认加入 C 语言源文件。如果要加入汇编语言源文件，要单击"文件类型"，弹出下拉列表，选中 Asm Source file（ * .a * ；* .src），这时才会将文件夹下的 * .asm 文件显示出来。双击要加入的文件名，或者单击要加入的文件名后单击 Add

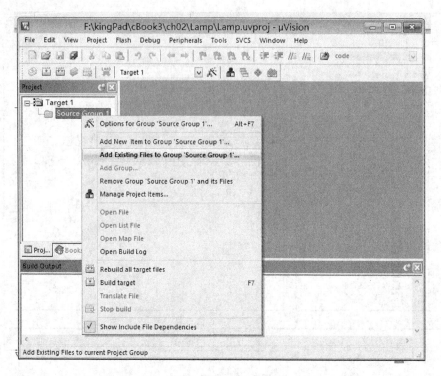

图 2 - 10　加入源程序

按钮,都可将这个文件加入工程中。文件加入以后,对话框并不消失,可以加入其他文件到工程中去,如果不再需要加入其他文件,单击 Close 按钮关闭这个对话框。

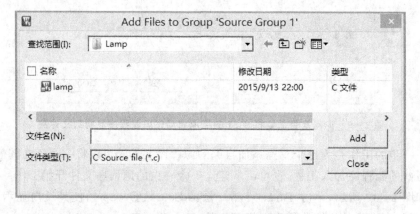

图 2 - 11　加入源程序的对话框

　　注意:由于在文件加入工程中后,这个对话框并不消失,所以一开始使用这个软件时,常会误以为文件加入没有成功而再次双击文件或再次单击 Add 按钮。

　　关闭对话框后将回到主界面,此时,这个文件名就出现在工程管理器 Source

Group 1 的下一级,双击这个文件名,即在编辑窗口打开这个文件。

2.3.3　工程设置

工程建立好以后,还要对工程进行进一步的设置,以满足要求。

首先单击 Project Workspace 窗口中的 Target 1,然后选择 Project→Option for target 'target1' 打开工程设置的对话框。这个对话框非常复杂,共有多个选项卡,要全部搞清可不容易,好在绝大部分设置项取默认值就行了。下面对选项卡中的常用设置项进行介绍。

1. Target 选项卡

设置对话框中的 Target 选项卡如图 2-12 所示。

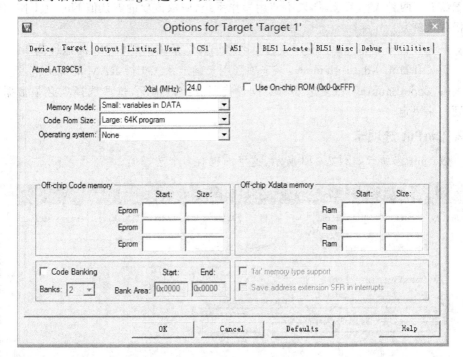

图 2-12　设置 Target 选项卡

① Xtal:Xtal 后面的数值是晶振频率值,默认值是所选目标 CPU 的最高可用频率值。对于建立工程时所选的 AT89S52 而言是 33 MHz,该数值与编译器产生的目标代码无关,仅用于软件模拟调试时显示程序执行时间。正确设置该数值可使显示时间与实际所用时间一致,为调试工作带来方便。通常将其设置成与所用硬件晶振频率相同,如果只是做一般性的实验,建议将其设为 12 MHz,这样一个机器周期正好是 1 μs,观察运行时间较为方便。

② Memory Model:用于设置 RAM 使用情况,有 3 个选择项。

➢ Small：所有变量都在单片机的内部 RAM 中；

➢ Compact：可以使用一页外部扩展 RAM；

➢ Large：可以使用全部外部的扩展 RAM。

③ Code Rom Size：用于设置 ROM 空间的使用，同样也有 3 个选择项。

➢ Small 模式：只用低于 2 KB 的程序空间；

➢ Compact 模式：单个函数的代码量不能超过 2 KB，整个程序可以使用 64 KB 程序空间；

➢ Large 模式：可用全部 64 KB 空间。

④ Use On-chip ROM：该复选框用于确认是否使用片内 ROM。

⑤ Operating system：该下拉列表框用于操作系统选择。Keil 提供了 Rtx tiny 和 Rtx full 两种操作系统，如果不使用操作系统，应取该项的默认值 None（不使用任何操作系统）。

⑥ Off-chip Code memory：该选项区用于确定系统扩展 ROM 的地址范围。

⑦ Off-chip Xdata memory：该选项区用于确定系统扩展 RAM 的地址范围。

⑧ Code Banking：该复选框用于设置代码分组的情况，这些选择项必须根据所用硬件来决定。

2. OutPut 选项卡

Output 选项卡如图 2 - 13 所示，这里面也有多个选择项。

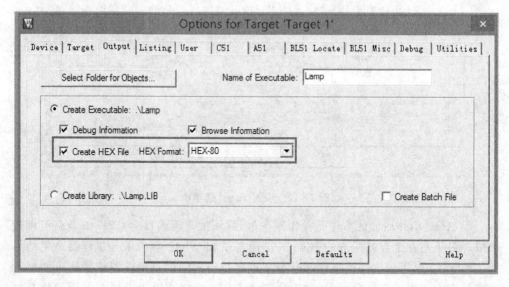

图 2 - 13　设置 OutPut 选项卡

① Create HEX File：该复选框用于生成可执行代码文件。该文件用编程器写入单片机芯片，文件格式为 Intel HEX 格式文件，文件的扩展名为.HEX，默认情况下该项未被选中。如果要写片做硬件实验，就必须选中该项。这一点是初学者易疏忽的，

在此特别提醒注意。

② Debug Information：该复选框将会产生调试信息。如果需要对程序进行调试，应当选中该项。

③ Browse Information：该复选框会产生浏览信息。该信息可以用菜单 view→Browse 来查看，这里取默认值。

④ 按钮 Select Folder for Objects：用来选择最终的目标文件所在的文件夹，默认是与工程文件在同一个文件夹中。

⑤ Name of Executable：该文本框用于指定最终生成的目标文件的名字，默认与工程的名字相同，这两项一般不需要更改。

⑥ Create Libary：该单选按钮用于确定是否将目标文件生成库文件。

3. Listing 选项卡

Listing 选项卡用于调整生成的列表文件选项，如图 2－14 所示。在汇编或编译完成后将产生（＊.lst）的列表文件，在链接完成后也将产生（＊.m51）的列表文件。该选项卡用于对列表文件的内容和形式进行细致的调节，其中比较常用的选项是 C Compiler Listing 选项区的 Assembly Code 项。选中该项可以在列表文件中生成 C 语言源程序所对应的汇编代码。

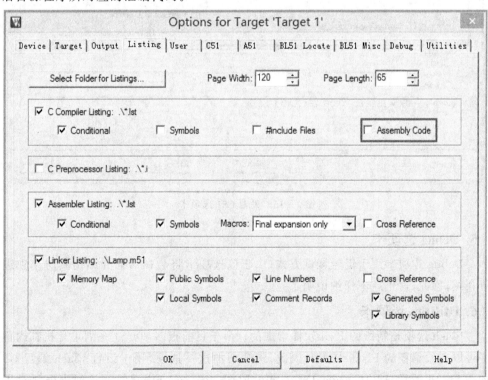

图 2－14　设置 Listing 选项卡

4. C51 选项卡

　　C51 选项卡用于对 Keil 的 C51 编译器的编译过程进行控制，如图 2−15 所示。其中比较常用的是 Code Optimization 选项区域，该选项区域中 Level 是优化等级。C51 在对源程序进行编译时，可以对代码多至 9 级优化，默认使用第 8 级，一般不必修改。如果在编译中出现一些问题，可以降低优化级别试一试。Emphasis 是选择编译优先方式，第 1 项是代码量优化（最终生成的代码量小）；第 2 项是速度优先（最终生成的代码速度快）；第 3 项缺省。默认的是速度优先，可根据需要更改。

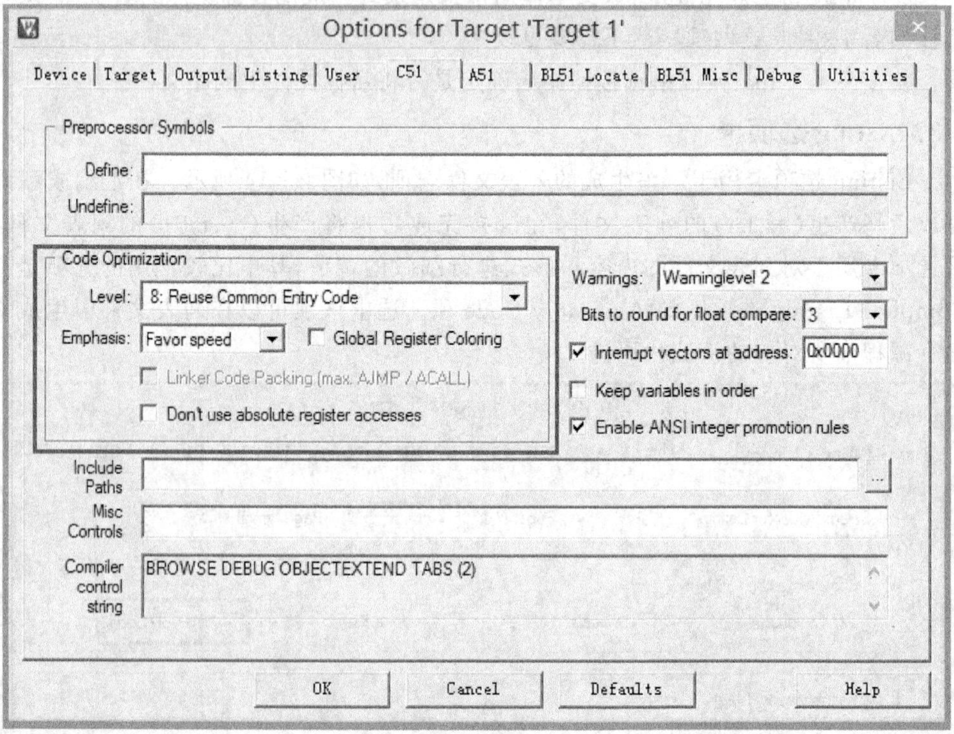

图 2−15　设置 C51 选项卡

5. Debug 选项卡

　　Debug 选项卡用于设置调试方式，由于该选项卡将会在后面介绍仿真时单独进行介绍，因此，这里就不详细说明了。

6. Utilities 选项卡

　　Flash 选项是新版的 Keil 软件增加的。由于目前很多 80C51 系列单片机都内置了可以在线编程的 Flash ROM，因此，Keil 增加这一选项，用于设置 Flash 编程器。如图 2−16 所示，Use Target Driver for Flash Programming 的下拉列表框显示了 Keil 软件支持的几种工具，如用于 LPC9000 系列的 Flash 编程器等。下拉列表框的内容与所安装的 Keil 软件版本及安装的插件有关,不一定与图 2-16 显示的完全相同。如果手边并没有下拉列表框所示的工具而有其他下载工具,也可以使用 Use External Tool for Flash Programming 来选择所用的程序。设置完成后,菜单 Flash 中的有关内容即可使用,而工具条上的 图标也由灰色变为可用状态。

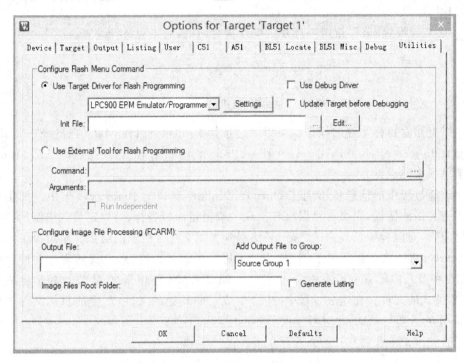

图 2-16　设置 Utilities 选项卡

设置完成后单击 OK 按钮返回主界面,工程文件建立、设置完毕。

2.3.4　编译、链接

在设置好工程后,即可进行编译、链接。如图 2-17 所示是有关编译、链接、工程设置的工具栏按钮,其具体含义如下。

① 编译或汇编当前文件:根据当前文件是汇编语言程序文件还是 C 语言程序文件,使用 A51 汇编器对汇编语言源程序进行汇编处理,或使用 Cx51 编译器对 C 语言程序文件进行编译处理,得到可浮动地址的目标代码。

② 建立目标文件:根据汇编或编译得到的目标文件,并调用有关库模块,链接产生绝对地址的目标文件。如果在上次汇编或编译过后又对源程序进行了修改,将先对源程序进行汇编或编译,然后再链接。

③ 重建全部:对工程中的所有文件进行重新编译、汇编处理,然后再进行链接产生目标代码。使用这一按钮可以防止由于一些意外(如计算机系统日期不正确)而造

成的源文件与目标代码不一致的情况。

④ 批量建立:选择多重项目工作区中的各项目是否同时建立。

⑤ 停止建立:在建立目标文件的过程中,可以单击该按钮停止这一工作。

⑥下载到 Flash ROM:使用预设的工具将程序代码写入单片机的 Flash ROM 中。

⑦ 工程设置:该按钮用于打开工程设置对话框,对工程进行设置。

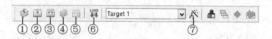

图 2-17 有关编译、链接、工程设置的工具栏

以上建立目标文件的操作也可以通过选择 Project→ Translate、Project→ Build target、Project→Rebuild All target files、Project→Batch Build、Project→Stop Build 等菜单项来完成。

编译过程中的信息将出现在 Output Window 窗口的 Build 选项卡中。如果源程序中有语法错误,则会有错误报告出现。双击错误报告行,可以定位到出错的源程序相应行,对源程序反复修改之后,最终得到如图 2-18 所示的结果。结果报告本次对 Startup.a51 文件进行了汇编,对 ddss.c 进行了编译,链接后生成的程序文件代码量(71 字节)、内部 RAM 使用量(9 字节)、外部 RAM 使用量(0 字节),提示生成了 HEX 格式的文件。在这一过程中,还会生成一些其他的文件,产生的目标文件被用于 Keil 的仿真与调试,此时可进入下一步的调试工作。

有关调试工作将在 4.4 节进行介绍。

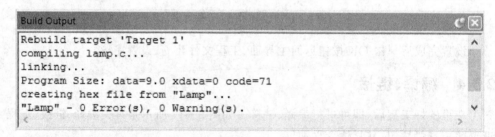

图 2-18 正确编译、链接之后得到的结果

2.4 实验仿真板简介与使用

Keil 软件的功能强大,不过,对于初学者来说,其调试过程并不直观。在调试时看到的是一些数值,并没有看到这些数值所引起的外围电路的变化,如数码管点亮、发光管发光等。为便于读者学习,作者利用 Keil 提供的 AGSI 接口开发了一些仿真实验板。这些仿真板将枯燥无味的数字用形象的图形表达出来,可以使初学者在没

有硬件时就能感受到真实的学习环境。

如图 2-19 所示是键盘、LED 显示实验仿真板图。从图中可以看出,该板比较简单,板上有 8 个发光二极管和 4 个按钮。图 2-20 是另一块实验仿真板,其中有 8 位数码管、8 位 LED、4 位按键和 1 个秒信号发生器。这是参照 2.5 节介绍的硬件实验电路板制作的,可以完成更多的实验,以后的章节将利用这一块实验仿真板来做一些实验。

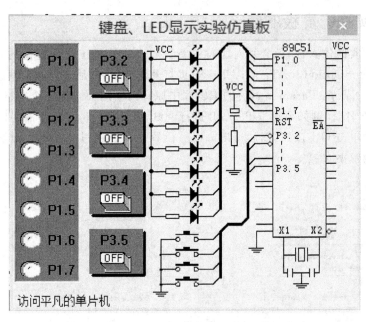

图 2-19 键盘、LED 显示实验仿真板

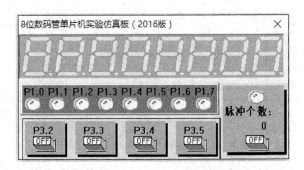

图 2-20 dpj.dll 实验仿真板

2.4.1 实验仿真板的安装

这些仿真实验板实际上是一些.dll 文件,在本书的配套资料中提供。键盘 LED 实验仿真板的文件名称是 ledkey.dll,将这个文件复制到 Keil 软件安装文件夹下的

单片机 C 语言轻松入门（第 3 版）

c51\Bin 文件夹中即安装成功。如用户的 Keil 软件安装在 C 盘，那么应该把 LedKey.dll 文件复制到 C:\Keil\C51\Bin 文件夹中。

注意：由于扩展名为.dll 的文件是系统文件，而 Windows 操作系统默认不显示系统文件，因此，开启配套资料文件夹后，可能无法看到这些实验仿真板文件，需要对 Windows 的文件管理器进行设置才能看到。不同版本 Windows 设置的方法各不相同，这里不再介绍，请参考有关 Windows 基本操作的书籍。

2.4.2　实验仿真板的使用

要使用实验仿真板，就必须对工程进行设置。先选择工程管理窗的 Tragert 1，单击 Project→Option for Target 'Target1'打开对话框，然后在该对话框选择 Debug 选项卡，在 Dialog :Parameter:后的编辑框中原有内容后面输入一个空格，然后再输入"－d 文件名"。例如要用 ledkey.dll 进行调试，就输入－dledkey，如图 2－21 所示。输入完毕后单击 OK 按钮，然后退出。以上设置也可以通过单击项目设置的设置向导工具按钮 来实现。

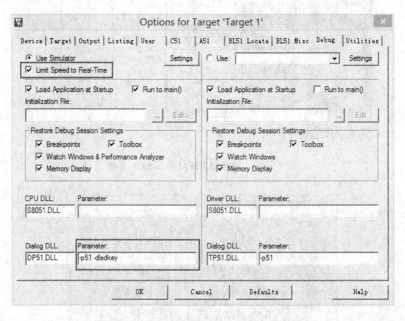

图 2－21　设置使用 Ledkey 实验仿真板

进入调试后，单击菜单栏中的 Peripherals，可以看到多出了一项"键盘 LED 仿真板（K）"，如图 2－22 所示。选中该项，出现如图 2－19 所示键盘 LED 实验仿真板的界面。

注：本书配套资料中有一个文件：KeilUse.avi，该文件较详细地记录了如何打开 Keil 软件输入源程序、建立工程、加入源程序、设置工程、生成目标文件，最后用实验

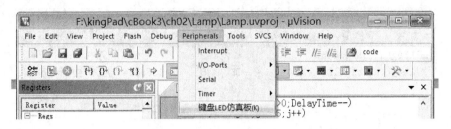

图 2-22　进入调试后打开"键盘 LED 仿真板"

仿真板获得实验结果这一完整的过程,读者可以作为参考来学习 Keil 软件的使用。

2.4.3　实验仿真板资源

实验仿真板使用 Keil 软件提供的 AGSI 接口开发而成。Keil 公司提供了利用 AGSI 开发仿真接口的方法,在 http://www.keil.com/appnotes/docs/apnt_154.asp 网址可以找到详细的文档和开发实例。一般读者可能更多的是希望得到能够直接使用的仿真文件,在 http://www.c51.de/c51.de/Dateien/uVision2DLLs.php? Spr = EN 页面提供了更多的实例,如示波器、LCD 仿真、LED 仿真等,这些仿真文件的用法与作者提供的实验仿真板用法相同。下面介绍一个仿真文件,看一看它是如何工作的。

通常每个仿真文件都同时提供使用这个仿真文件的例子,如图 2-23 所示是 LED simulation 的下载列表,其中 Led.zip 就是仿真文件,而 Examples 则是提供的如何使用这一仿真文件的实例。

LED simulation

category	filename	date	short text	Downl.
Buecher	led.ZIP more Infos...	2002-10-12	LED simulation V0.11 Single and multi collored LEDs and 7-Segment displays will be supported. A connection to SFR, Memory and virtual registers can be made. If a byte address is used the LED is on, if content of byte address is != 0.	

Examples

category	filename	date	short text	Downl.
Software	Traffic_Example.ZIP	2002-10-12	LED Examples Example 1 For project Traffic.uv2 (KeilExamples) a LED example is available. For a brief instruction see attached Readme.txt.	

图 2-23　下载 LED simulation 的页面

将两个文件下载后,解压缩 LED.ZIP,可以得到如图 2-24 所示的两个文件。

将这两个文件解压缩到 Keil\c51\bin 文件夹中。解压缩 Triffic_Example.zip 文件,可以看到如图 2-25 所示的两个文件。

将这两个文件解压缩到 Keil\C51\RtxTiny2\Examples\Traffic 文件夹中,这是

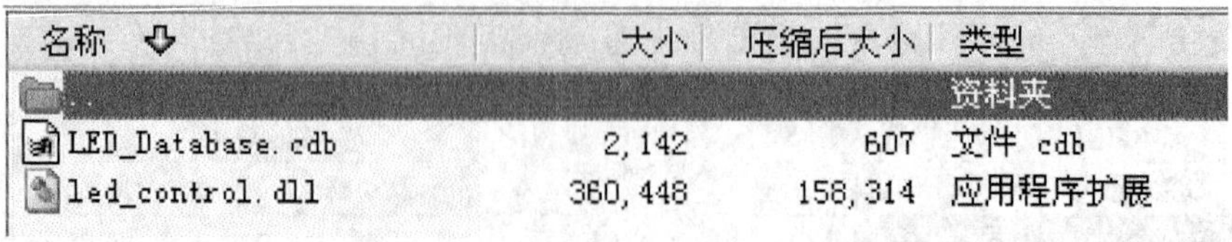

名称 ↓	大小	压缩后大小	类型
			资料夹
LED_Database.cdb	2,142	607	文件 cdb
led_control.dll	360,448	158,314	应用程序扩展

图2-24 LED.ZIP 压缩包内的文件

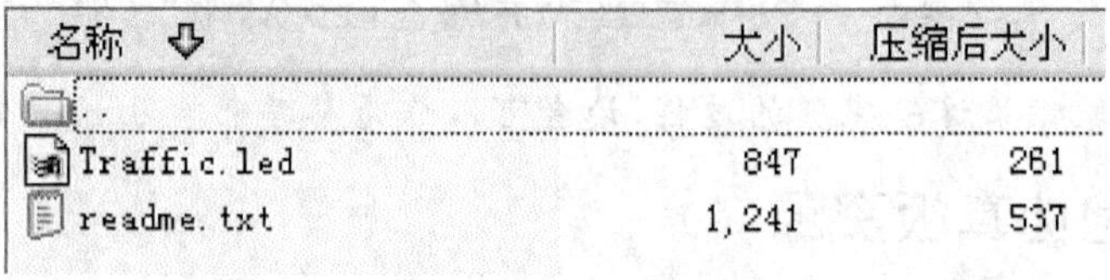

名称 ↓	大小	压缩后大小
Traffic.led	847	261
readme.txt	1,241	537

图2-25 使用 keil 提供的交通灯例子来演示所需要的文件

Keil 提供的一个交通灯的实例。双击这一文件夹中的 Traffic.uv2 打开这个例子,进入设置,在 Parameter 后增加- dled_control.dll,如图2-26所示。

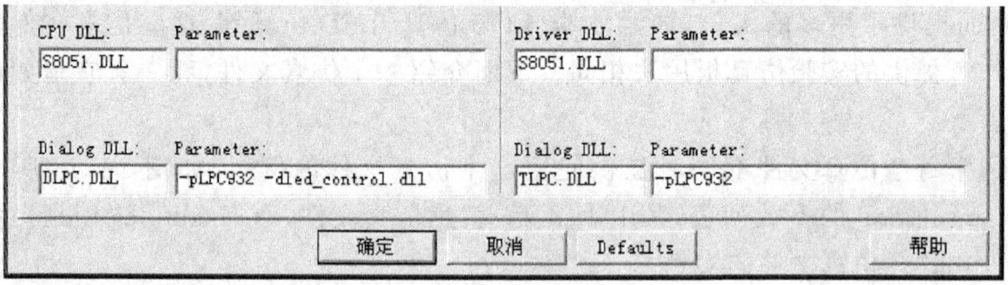

CPU DLL:	Parameter:		Driver DLL:	Parameter:
S8051.DLL			S8051.DLL	
Dialog DLL:	Parameter:		Dialog DLL:	Parameter:
DLPC.DLL	-pLPC932 -dled_control.dll		TLPC.DLL	-pLPC932

确定　取消　Defaults　帮助

图2-26 设置仿真文件

编译、链接后按 Cntr+F5 键进入仿真,单击 Perialphal 菜单,找到 LED 选项,单击打开 LED 窗口,如图2-27所示。

在窗口空白处右击,从快捷菜单中选择 File-Load,打开文件对话框,如图2-28所示。

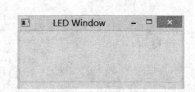

图2-27 LED 窗口

找到 Traffic 文件夹选中 Traffic.led 文件并打开,LED 窗口如图2-29所示。

按下 F5 键全速运行程序,就可以看到 LED 如同交通灯一样地交烁变化。

画面中每个 LED 都可以移动位置,且都可以设置为与某一个特定的引脚相连。在画面空白处右击可调出快捷菜单,选择 Add Led 可以选择 LED 的种类,并选择该 LED 与哪一个引脚相连,如图2-30所示。

从图中可以了解到,这个仿真文件具有较强的功能,但是它的设置也复杂一些,需要更多的专业知识。

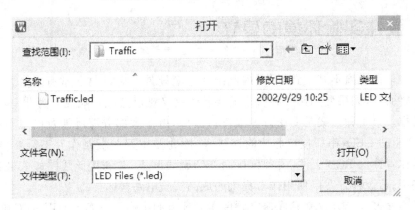

图 2 - 28　打开预设的 LED 文件

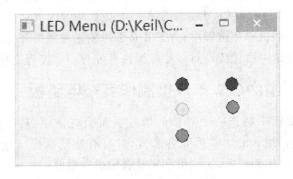

图 2 - 29　调入预设的 LED 文件

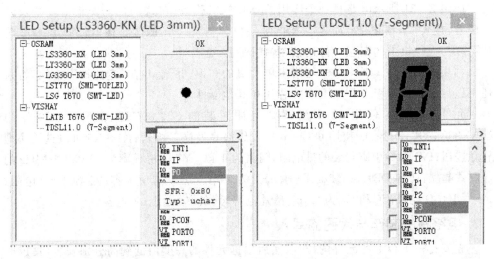

图 2 - 30　为窗口自定义 LED 选择 LED 品种并匹配引脚

2.5　硬件实验环境的建立

学习单片机离不开实践操作,因此准备一套硬件实验器材非常有必要。但作为一本教材而言,如果使用某一种特定的实验器材又难以兼顾一般性。为此,本书作了多种安排。第 1 种方案是使用万能板自行制作,由于大部分课题涉及的电路都较为简单,如驱动 LED、串行接口芯片的连接等,因此使用万能板制作并不困难;第 2 种方案是作者提供 PCB 文件,读者自行制作印刷线路板,并利用此线路板安装制作实验电路板;第 3 种方案是使用作者提供的成品实验电路板。

下面通过 3 个方案来完成建立硬件实验环境的工作。方案 1 使用 STC89C52 单片机来制作单片机实验板,这是一个制作简单又具有很高性价比的方案,便于读者自制;方案 2 使用 SST89E554RC 芯片来制作具有仿真功能的实验板,仿真功能可以大大方便读者学习和调试单片机程序;方案 3 是学习使用作者所开发的成品实验板,对于成品电路板的介绍可以让读者对单片机工作系统有一个较为完整的概念。

2.5.1　使用 STC89C52 单片机制作实验电路板

本方案用万能板来制作一个简单的单片机实验电路板,其中使用的主芯片为 STC89C52。这是一块 80C51 系列兼容芯片,并具有能使串行口直接下载代码的特点,因而不需要专门的编程器,这使得本实验板的成本很低。

1. 电路原理图

如图 2-31 所示电路是一个实用的单片机实验板,在这个板上安装了 8 个发光二极管,接入了 4 只按钮,加装了 RS232 接口。利用这个 RS232 接口,STC89C52 芯片可以与上位机中的编程软件通信,将代码写入芯片中。

利用这个电路读者可以学习诸多单片机的知识,并预留有一定的扩展空间,将来还可以在这块电路板上扩展更多的芯片和其他器件。

元件选择:U1 使用 40 引脚双列直插封装的 STC89C52RC 芯片;U2 使用 MAX232 芯片;D1～D8 使用 Φ3 mm 白发红高亮发光二极管;K1～K5 可以选用小型轻触按钮;PZ1 为 9 引脚封装的排电阻,阻值为 1 kΩ;Y1 选用频率为 11.059 2 MHz 的小卧式晶振;J1 为 DB9(母)装板用插座;E1 为 10 μF/16 V 电解电容;R1 为 1 kΩ 电阻;R2 为 100 Ω 电阻;C6 和 C7 为 27 pF 磁片电容,其余均为 0.1 μF 电容。

2. 电路板的制作与代码的写入

先安排一下板上各元件的位置,然后根据元件的高度由低到高分别安装,集成电路的位置先安装集成电路插座。

所有元件安装完成以后,先不要插上集成电路,在通电之前应先检测 VCC 和地之间是否有短路的情况。如果没有短路,可以接上 5 V 电源,然后测量 U1 的 40 脚

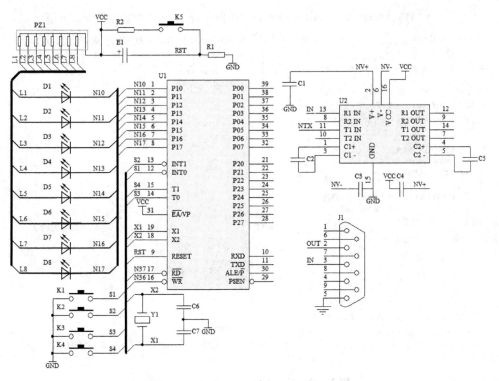

图 2－31　单片机实验电路板原理图

对地是否为 5 V 电压,9 脚对地是否为 0 V 电压,U2 的 16 脚对地是否为 5 V 电压。如果一切正常,则可将万用表调至 50 mA 电流挡,黑表棒接地,用红表棒逐一接 P1.0～P1.7 各引脚,观察 LED 是否被点亮。如果 8 个 LED 分别点亮,可以进入下一步,否则应检查并排除故障。断开电源,将 U1 和 U2 插入集成电路插座,切记一定不能插反。

将代码写入单片机芯片,也称为芯片烧写、芯片编程、下载程序等,通常必须用到编程器(或称烧写器)。但是随着技术的发展,单片机写入的方式也变得多样化了。本制作中所用到的 STC89C52 单片机具有自编程能力,只需要电路板能与 PC 进行串行通信即可。

芯片烧写需要用到一个专用软件,该软件可以免费下载。下载的地址为 http://www.stcmcu.com。打开该网址,找到关于 STC 单片机 ISP 下载编程软件的下载链接。下载、安装完毕运行程序,出现如图 2－32 所示界面。

单击"打开程序文件"按钮,开启一个打开文件对话框,找到课题 1 中所生成的 ex02.hex 文件。

打开文件后,还可以进行一些设置,如所用波特率、是否倍速工作、振荡电路中的放大器是否半功率增益工作等,这些设置暂时都可取默认值。确认一下此时电路板尚未

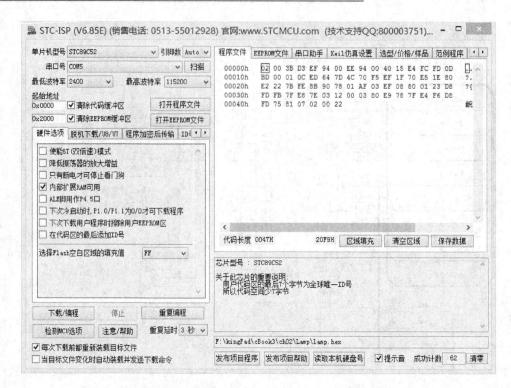

图 2 - 32　打开 STC 单片机 ISP 下载软件

通电，然后单击"下载/编程"按钮，下载软件就开始准备与单片机通信了，如图 2 - 33
所示。

图 2 - 33　开始下载代码

此时给电路板通电，如果电路板制作正确，就会有图 2 - 34 所示界面出现。

说明： 由于 ex02.hex 文件太短，编程时间很短，很多提示信息看不到，因此图 2 - 34
是在下载一段较长代码时截取的。

下载完成后，结果如图 2 - 35 所示，显示代码已被正确下载。

此时硬件电路板上 P1.0 所接 LED 应该被点亮。

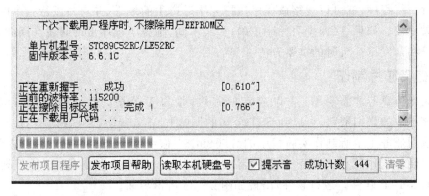

图 2 – 34　开始下载程序

图 2 – 35　正确下载程序后的提示

2.5.2　让实验电路板具有仿真功能

本电路板可以采用"软件仿真＋写片验证"的方案来学习单片机，也就是在 Keil 软件中进行程序的调试，当认为程序调试基本正常以后，将程序代码写入单片机芯片中观察运行结果。这种方案有时并不完善，例如，当程序出错时，使用者只能凭观察到的现象猜测可能的出错原因，到 Keil 软件中修改源程序，然后再写片验证，效率较低；又如，当硬件电路运行中接收外部数据时，软件仿真无法模仿。这种方法适宜初学者做验证性实验，也适宜熟练的开发者进行程序开发工作，但不适宜初学者的探索性学习及开发工作。

单片机程序开发时，通常都需要使用仿真机来进行程序的调试。商品化的仿真机价格较高，本节利用 Keil 提供的 Monitor – 51 监控程序来实现一个简易的仿真机。该仿真机比目前市场上商品化的仿真机性能要略低一些，但完全能满足学习和一般开发工作的需要。其成本非常低，仅仅是一块芯片的价格。

1. 仿真的概念

仿真是一种调试方案，它可以让单片机以单步或者过程单步的方式来执行程序。

每执行一行程序，就可以观察该程序执行完毕后产生的效果，并与写该行指令时的预期效果比较。如果一致，说明程序正确；如果不同，则说明程序出现问题。因此，仿真是学习和开发单片机时的重要方法。

2. 仿真芯片制作

制作仿真芯片需要用到一块特定的芯片，即 SST 公司的 SST89E516RD 芯片，关于该芯片的详细资料，可以到 SST 公司的网站 http://www.sst.com 查看。

取下任务 1 中所制作实验板中的 STC89C52 芯片，插入 SST89E516RD 芯片，即完成了硬件制作工作。接下来要使用软件将一些代码写入该芯片，这里需要用到 SST EasyIAP 软件。运行软件，出现如图 2-36 所示界面。

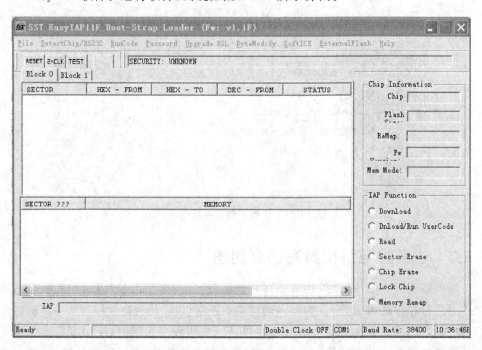

图 2-36 运行 SST EasyIAP 软件

选择 DetectChip/RS232→Dectect Target MCU for firmware1.1 F and RS232 config，出现如图 2-37 所示对话框。

这个对话框用来选择所选用的芯片及存储器工作模式。由于这里使用的是 SST89E516RD2 芯片，因此，选择该芯片。在 Memory Mode 一栏中有两个选择项，一项是使用芯片内部的存储器，这要求芯片的 EA 引脚接高电平；另一项是选择外扩的存储器，这要求芯片的 EA 引脚接低电平。任务 1 中 EA 引脚被接于高电平，因此，这里选择 Internal Memroy(EA♯=1)。单击 OK 按钮，进入下一步，显示 RS232 接口配置对话框，如图 2-38 所示。

Comm Port 下拉列表框是选择所用串行口，如果实验板并非接在 COM1 口，那

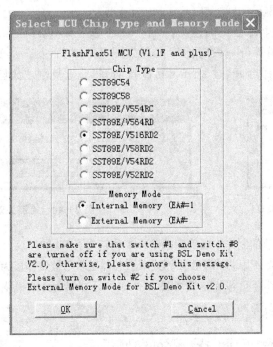

图 2 - 37　选择芯片及存储器工作模式的对话框

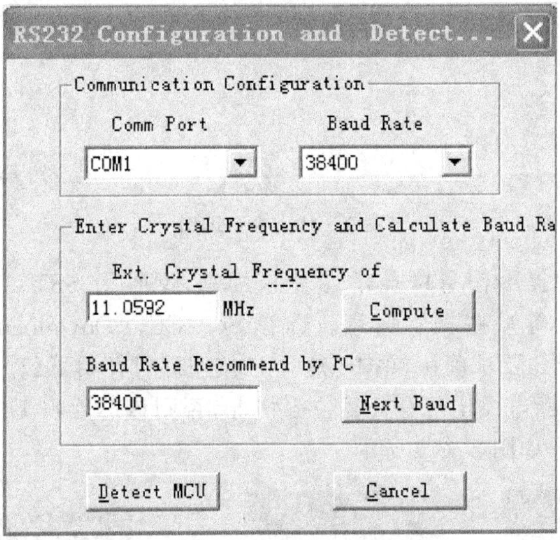

图 2 - 38　RS232 配置

么应改为所用相应的 COM 口。如果所用的晶振并非 11.059 2 MHz,那么应更改 Ext.Crystal Frequency of 项中晶振频率值,并单击 Compute 按钮计算所用的波特率。设置完毕,单击 Detect MCU 按钮开始检测 MCU 是否可用。此时将出现

图 2-39 所示对话框。

　　确认实验板的电源已正确连接,单击"确定"按钮,开始检测 MCU。正常时立即就有结果出现,如果等待一段时间后出现如图 2-40 所示提示,则说明硬件存在问题。通常可以将电源断开,过 3～5 s 再次接通,然后重复刚才的检测工作。

图 2-39　检测 MCU

图 2-40　检测失败

　　由于在 2.5.1 小节的制作中已确定电路板工作正常,因此如果反复检测仍出现图 2-40 的提示,则要重点怀疑所用芯片是否损坏或者该芯片是否已被制作成为仿真芯片。

　　排除故障,直到检测芯片出现如图 2-41 所示的提示,则说明检测正确。

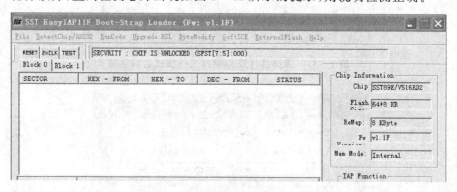

图 2-41　检测正确

　　如图 2-41 的提示信息中显示芯片未加锁,型号为 SST89E/v516RD2,Flash Rom 为 64+8 KB 等一些提示信息。选择 SoftICE→Download SoftICE,出现如图 2-42 所示对话框,要求确认,单击"是(Y)"按钮即可开始下载。

　　下载期间不能断电及出现意外复位等情况,否则该芯片将无法再用这种方法下载代码。下载完毕,如图 2-43 所示。

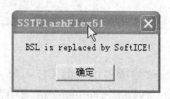

图 2-42　下载确认

图 2-43　下载完成

做好后的仿真芯片即具有了仿真功能,但在本任务中,暂不对仿真功能进行测试,所以可以将做好后的芯片取出,并贴上一个不干胶标签,以便与未制作仿真功能的芯片区分开。

2.5.3　认识和使用成品实验板

作者设计了一块硬件电路板,以便通过硬件调试来学习各类嵌入式芯片。本实验板由底板和 CPU 板两部分组成,底板的外形如图 2-44 所示。CPU 板可以根据自己的需要使用万能板自行焊接或者根据底板插座定义自行设计制作。

图 2-44　组合式单片机实验板

1. 实验板简介

本实验板上安装了 8 位数码管和 8 个发光二极管;8 个独立按钮开关和 16 个矩阵接法的按钮开关;1 个 PS2 接口插座;1 个音响电路;1 个 555 振荡电路;1 个 EC11 旋转编码器;At24C02 芯片;93C46 芯片;RS232 串行接口;DS1302 实时钟芯片,带有外接电源插座,可外接电池用于断电保持;1 个 20 引脚的复合型插座,可以插入 16 引脚的字符型 LCM 模块、20 引脚的点阵型 LCM 模块、6 引脚的 OLED 模块;1 个 34 芯并行接口的 2.8 寸彩屏显示器。彩屏显示器下方有一个 595 芯片制作的交通灯模块;提供的双 4 芯插座可以直接接入 NRF2401 无线遥控模块和 EC28J60 网络模块;

提供了 4 个单排孔插座,可以插入市场上常见的各类功能模块,如无线 WiFi、蓝牙、超声波测距、一线制测温芯片、湿度测试芯片、数字光强计、红外遥控接收头、三轴磁场测试模块接口等,几乎囊括了市场上各种常见的功能模块板,充分利用了当前的嵌入式系统的学习生态,极大地拓展了本实验系统的应用范畴。

使用这块实验板可以进行流水灯、人机界面程序设计、音响、中断、计数器等基本编程练习,还可以学习 I^2C 接口芯片使用、SPI 接口芯片使用、字符型液晶接口技术、与 PC 进行串行通信等目前较为流行的技术。

2. 硬件结构

(1) 电 源

电路板上有两路供电电路,如图 2-45 所示。第 1 路是通过 J6 输入 8~16 V 交/直流电源,经 BR1 整流、E1 滤波后,经 MP1 稳压成为 5 V 电源,通过自恢复保险丝 F1 后提供给电路板使用。另一路是通过 USB 插座 J3 直接从计算机中取电,经过 D5 隔离,自恢复保险丝 F2 后提供给电路板使用。大部分情况下,只需要一根 USB 连接线就可以完成板上的各个练习项目,但如果遇到所用计算机的供电能力较弱或其他特殊情况,也可以通过外接电源供电。

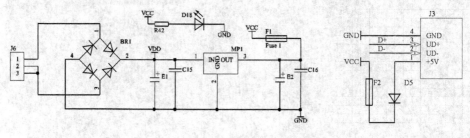

图 2-45 电路板的电源电路

(2) 发光二极管

图 2-46 是电路板上的 8 个发光二极管原理图及其 PCB 布置图。8 个发光二极管的阳极通过限流排阻 PZ1 连接到电源端,阴极可以连接到单片机的 P1 口,选择插座 P15 可以选择这些发光管是否接入电路。这些发光二极管在 PCB 上被排列成圆形,除了做一般意义上的流水灯等练习项目以外,还可以做风火轮等各种有趣的练习项目。

(3) 数码管

电路板上设计了 8 只数码管,使用了 2 个 4 位动态数码管。虽然目前各类嵌入式芯片一般都能提供较大的驱动电流,即便不使用驱动电路,直接用单片机引脚驱动也是可以的。但为了保护单片机芯片及提供更好的通用性,电路板上使用了 2 片 74HC245 芯片作为驱动之用,如图 2-47 所示。其中一片 74HC245 芯片的 E 脚被接入选择端子 P11,如果 E 端被接入 VCC,那么芯片被禁止,这样数码管就不能显示了。在做 LCM 模块实验时,可以避免各功能模块之间的相互干扰。

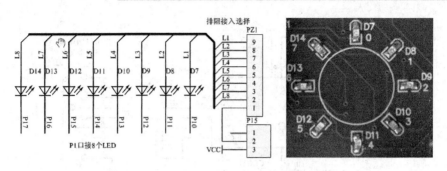

图 2 - 46　发光二极管电路原理图及 PCB 布置图

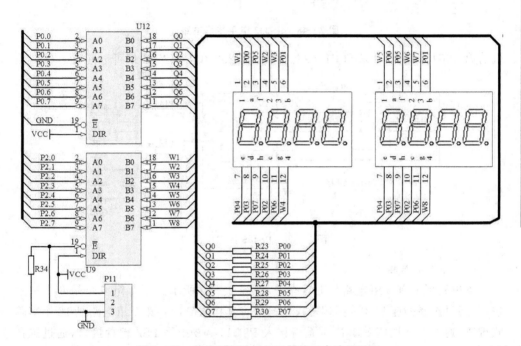

图 2 - 47　单片机实验板显示器接口电路原理图

（4）串行接口

串行通信是目前单片机应用中经常要用到的功能。80C51 单片机的串行接口电路具有全双工异步通信功能，但是单片机输出的信号是 TTL 电平，为获得电平匹配，实验板上应安装 HIN232 芯片，如图 2 - 48 所示。利用该芯片进行电平转换，芯片内部有电荷泵，只要单一的 5 V 电源供电即可自行产生 RS232 所需的高电压，使用方便。

实验电路板上同时还安装了 MAX485 芯片，可以进行 RS485 通信实验，如图 2 - 49 所示。RS485 串行通信可以选择 2 组不同的端子接入，AT89C52、STC89C52 等芯片上只有 1 组串行接口，可以用选择端子 P21 选择将 RS485 串行通信接入串行口的 TXD 和 RXD 端，这时 RS232 接口就不能接入。而一些型号的 80C51 单片机是有 2 组或者 2 组以上的串行接口，使用 P21 选择端子，可以将 RS485 通信接口接入单片

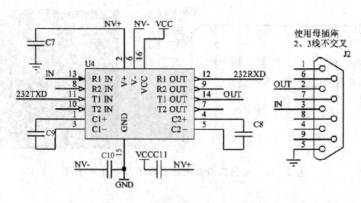

图 2 - 48 RS232 电平转换电路

机的第 2 串口,即 P1.3 端和 P1.2 端。这时 RS232 和 RS485 通信可以同时进行。

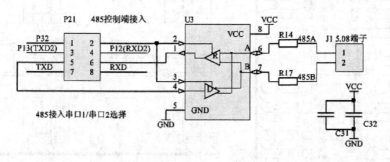

图 2 - 49 RS485 接口电路

(5) 各类键盘输入

本电路板上有 3 组电路与键盘有关,如图 2 - 50 所示。第 1 组电路是 8 个独立按键,通过选择插座 P13 选择端子决定是否将其接入 P3 口;第 2 组电路是 16 个矩阵式键盘,通过选择插座 P12 决定是否接入 P3 口;第 3 组是 PS2 键盘接口,通过选择插座 P16 决定是否接入 P3.6 和 P3.7 引脚。这是一个"有源"键盘接口,可以接入各种 PS2 接口的标准键盘。

(6) 计数信号源

本实验板上设计了多路脉冲信号,第 1 路是通过 555 集成电路及相关阻容元件构成典型的多谐振荡电路,输出矩形波。这个信号可以通过 JP1 选择是否接入单片机的 T0 端。第 2 路是电路中安装了 EC11 旋转编码器,转动 EC11 编码器手柄,就可以产生计数信号。第 3 路是电路中设计了 LM393 整形电路,可以将不规则的波形整形为矩形波,这是为测速电机准备的,但同样可以接入其他信号,如正弦波等用来做测频等实验。第 4 路是通过外接 CS3020 等霍尔集成电路、光电传感器等来进行相应的计数实验。

EC11 是一种编码器,广泛用于各类音响、控制电路中。EC11 的外形及其内部

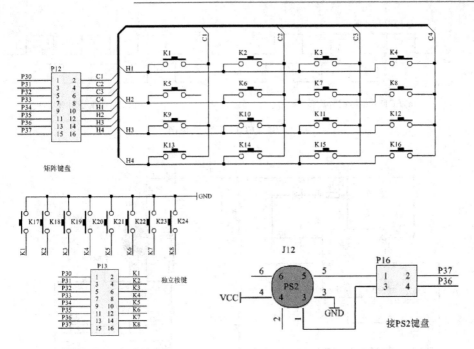

图 2 - 50　实验板上的键盘电路

电路示意图如图 2-51 所示。

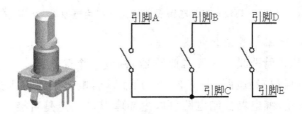

图 2 - 51　EC11 编码器外形及电路连接示意图

　　EC11 共有 5 个引脚，其中 AC、BC 分别组成 2 个开关。旋转开关时，两组开关依次接通、断开；旋转方向不同时，两组开关接通和关闭的顺序不同。顺时针旋转 EC11 编码器时，电路的输出波形如图 2 - 52(a) 所示；逆时针旋转编码器时，电路的输出波形如图 2 - 52(b) 所示。适当编程，EC11 可用于音量控制、温度升降等各种场合。EC11 还有两条引脚 D 和 E，组成一个开关。按下手柄，开关接通；松开手柄，开关断开。

　　图 2-53 是电路板上 555 振荡电路及 EC11 编码器相关电路。通过选择插座 P8 可以决定是否将 555 振荡电路的信号接入 P3.4（T0 计数端）；EC11 的两个输出端是否接入 P3.3 和 P3.5（T1 计数端）；整形电路的输出端是否接入 P3.3 和 P3.5；EC11 的一路独立开关是否接入 P4.5 引脚。

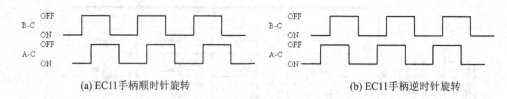

(a) EC11手柄顺时针旋转　　　　　　　　　(b) EC11手柄逆时针旋转

图 2-52　EC11 工作波形图

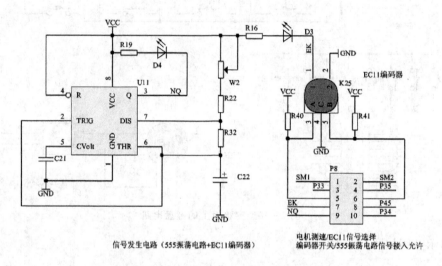

信号发生电路（555振荡电路+EC11编码器）

电机测速/EC11信号选择
编码器开关/555振荡电路信号接入允许

图 2-53　电路板上的信号产生电路

（7）音响电路和继电器控制电路

电路板上的三极管驱动一个无源蜂鸣器，构成一个简单的音响电路，Q2 及驱动电路构成一个继电器控制电路，如图 2-54 所示。音响电路可以由选择插座 P10 决定是否接入 P3.5 端；继电器控制电路可以由插座 P32 决定是否接入 P1.7 端。

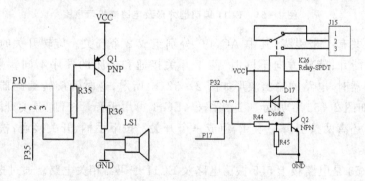

图 2-54　音响电路和继电器控制电路

（8）串行接口芯片

传统的接口芯片与单片机连接时往往采用并行接口方式，如经典的 8255 等芯片。并行接口方式需要较多的连接线,而目前各类与单片机接口的芯片越来越多地使用串行接口,这种连接方式仅需要很少数量的连接线就可以了,使用方便。图 2-55 是电路板上提供的 3 种典型串行接口芯片的电路图。

① AT24C×××芯片接口。24 系列是 EEPROM 中应用广泛的一类,该系列芯片仅有 8 个引脚,采用 2 线制 I²C 接口。本板设计安装了 AT24C02 芯片,可以做该芯片的读/写实验。

② 93C46 接口芯片。93C46 三线制 SPI 接口方式芯片,这也是目前一个应用比较广泛的芯片。通过学习这块芯片与单片机接口的方法,还可以了解和掌握三线制 SPI 总线接口的工作原理及一般编程方法。

③ DS1302 接口芯片。DS1302 芯片是美国 DALLAS 公司推出的具有涓细电流充电能力的低功耗实时时钟电路。它可以对年、月、日、周日、时、分、秒进行计时,且具有闰年补偿等多种功能。本电路板上装有 DS1302 芯片及后备电池座,可用于制作时钟等。

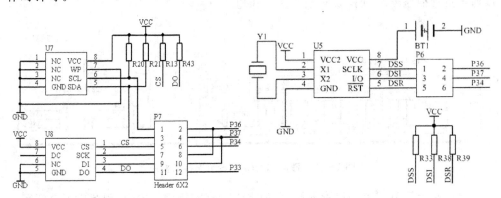

图 2-55　3 种典型串行接口原理图

(9) 显示模块接口

液晶显示器由于具有体积小、质量轻、功耗低等优点,日渐成为各种便携式电子产品的理想显示器。从液晶显示器显示内容来分,可分为段式、字符式和点阵式 3 种。字符式液晶显示器以其价廉、显示内容丰富、美观、无须定制、使用方便等特点成为 LED 显示器的理想替代品。字符型液晶显示器专门用于显示数字、字母、图形符号并可显示少量自定义符号。这类显示器均把 LCD 控制器、点阵驱动器、字符存储器等做在一块板上,再与液晶屏一起组成一个显示模块,这类显示器安装与使用都较简单。字符型液晶一般均采用 HD44780 及兼容芯片作为控制器,因此,其接口方式基本是标准的。

点阵型液晶显示屏的品种更多,而接口种类也要多一些,本电路板选择的是一款经典的 128×64 点阵型液晶显示屏接口。

OLED(有机电激光显示)日渐成为当前流行的显示模块,广泛应用于各类电子产品中,本电路板提供了对 OLED 显示模块的支持。

图 2-56 是这 3 种常见显示模块的外形图,从左至右分别是 1602 字符型液晶、12864 点阵液晶、12864OLED 显示模块。

图 2-56　3 种常见的显示模块

如图 2-57 所示是本电路板上的显示模块插座。经过独特的设计,一条 20 引脚的插座可以兼容至少 3 种不同型号的显示器:16 引脚的字符型液晶、20 引脚的点阵型液晶模块和 6 引脚的 OLED 显示模块。此外,市场上还有很多彩屏模块使用了与 1602 相同的标准接口,这条插座也同时兼容这些模块。为了提供良好的兼容性,可以通过选择插座 P24 选择 5 V 或者 3 V 供电。

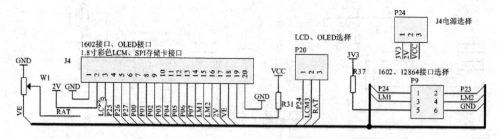

图 2-57　液晶和 OLED 显示器接口插座

电路板上还有一个并口彩屏接口,但本书没有安排相关内容,因此就不介绍了。

(10) 交通灯电路

电路板上使用了 1 片 74HC595 芯片作为串并转换芯片,利用这一芯片控制 8 个 LED,排列成交通灯的状态,如图 2-58 所示,便于进行交通灯相关实验。交通灯实验看似简单,其实要做好并不容易,针对这一应用设计实验,可以学到状态转移法编程、各种实用延时程序设计方法等知识。

(11) 电机驱动电路

电路板上设计了 L298 电机驱动模块,如图 2-59 所示。这一模块可以用来驱动两路独立的直流电机,实现直流电机的 PWM 调速等实验;也可用来驱动 2 相 4 线步进电机,用来进行步进电机驱动的实验。电路中同时设计了 LM393 制作的波形整形电路,这是用来与带有光电测速板的测速电机配套的,用来测量电机转速。由于市售的简易测速电机中仅仅只有一个简单的光耦电路,输出的波形不标准,通过整形电路,可以获得较好的矩形波。此外,利用这一整形电路还可以将各类信号直接从 J17 输入,包括正弦交流电等都可以。在矩形波不是特别窄的情况下,LM393 可以工作

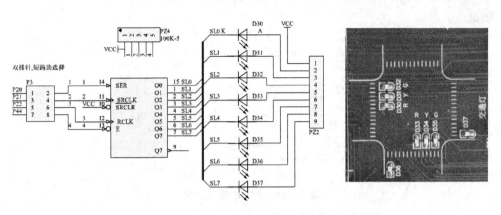

图 2-58　74HC595 控制的 LED 及其组成的交通灯电路

到数百 kHZ,可以用来做频率计等练习。

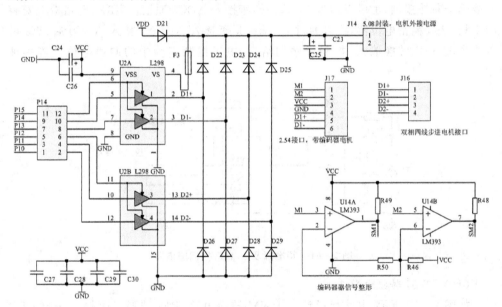

图 2-59　电机驱动及电机测速信号处理电路

（12）PT100 测温电路

电路板上专门设计了针对 PT100 温度传感器的测温电路,如图 2-60 所示。使用一片 Rail-Rail 运放 LMV358,可以获得最大的动态范围。温度的变化使得 PT100 的阻值发生变化,通过电路转化为 U1B 的 7 引脚电压的变化,这个电压值通过芯片上的 A/D 转换通道就可以测量出来,通过相应的数据处理程序即可获得相应的温度值。设计一个温度计,学习者可以获得一般性实验不会接触到的知识,如传感器标定、程序归一化处理等,是进阶学习的好素材。配合继电器来驱动大功率电阻,或者用电机驱动模块来驱动大功率电阻,PT100 用来测温,学习 PID 等控制工程方面的知识。

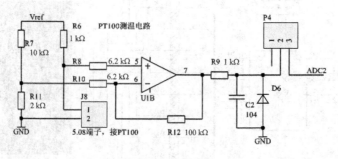

图 2-60　PT100 测温电路

（13）基准源及 A/D 转换电路

电路板上设计了 2.5 V 的基准源，如图 2-61 所示。这个基准源可以通过 J10 外接端子向外接供，也可以通过 P2 选择插座接入 ADC3 通道。W3 是电路板上安装的 1 只 3296 精密电位器，可以通过 P1 选择是否接入 ADC0。接入 ADC0 后，W3 可以用来做 A/D 转换输入、控制程序的给定、电机控制实验中的调速电位器等多种用途。

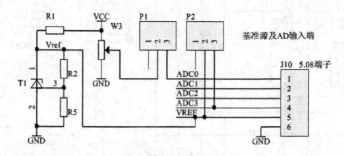

图 2-61　基准源及 A/D 转换插座电路

（14）PWM 转换电路

如图 2-62 所示，电路板设计了 PWM 转换电路，P19 选择是否接入来自 CPU 的 PWM 信号。接入的 PWM 信号经过一阶滤波后输出；利用这一功能，可以测试单片机的 PWM 模块，学习 PWM 模块的使用方法。

（15）各种接口插座

如图 2-63 所示是电路板上的 4 个单排孔插座，J11 和 J19 是 6 孔插座；J20 是 4 孔插座；J23 是 5 孔插座。图中 1 V 的标号是电源，它由 P23 选择是 5 V 供电还是 3.3 V 供电。

J11 主要是针对市场上销售的蓝牙模块设计的，当只使用其中部分引脚时，它的引脚排列顺序又有多种变化，可以适应各种不同的功能模块的引脚排列。

J19 插座是专门针对市场上广泛销售的 DS18B20、DTH20 湿度传感器等一线制

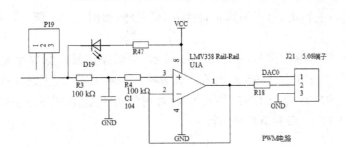

图 2-62 PWM 转换电路

器件,数字压力传感器模块,舵机接口等设计的,同时它还有一路 A/D 转换接口,因此可与市场上销售的带模拟量输出的模块连接。

J20 是通用 4 线制接口,主要为超声波测距模块而设计,同时它也是一种通用的 4 线制接口。

J23 是 5 线制通用接口,市售的光强计、光敏传感器模块等可以直接插入该插座。

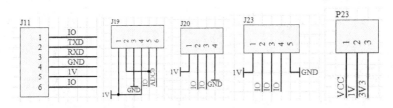

图 2-63 电路板上的各类单排孔插座

J13 是一个双排 12 孔的插座,该插座孔在两端分别交叉放置了 3.3 V 电源和 GND,如图 2-64 所示。这是分析市场上 3 种常用模块,即 NRF24L01 无线遥控模块、EJN280 网络模块及无线 WiFi 模块后设计的插座,它们都可以直接插入插座使用。

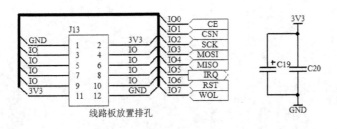

图 2-64 电路板上的双排孔插座

(16) CPU 模块

CPU 模块上放置了 40 芯锁紧座、10 引脚 ISP 插座、4 引脚串口插座、晶振插座、复位按钮、P0 口上拉电阻(可选择是否接入)等元件,如图 2 - 65 所示,模块可以直接插入底板中。

　　CPU 板上带有编程插座,如图 2 - 66 所示,可以使用带有标准编程插座的编程器对插在 CPU 板上的 AT89S 系列单片机编程。此外,CPU 板上还焊有 4 针串行接口,包括 VCC、RXD、TXD、GND 共 4 条线,可用常用的 USB 转串行接口板对目标板上的 STC89、STC12 系列单片机编程。

图 2 - 65　可以接入 AT89S 系列、
STC89 系列的 CPU 插座

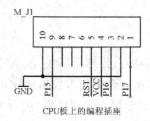

图 2 - 66　CPU 板上的 AT89S 编程插座

第**3**章
数据类型、运算符与表达式

数据是计算机处理的对象,计算机要处理的一切内容最终将以数据的形式出现,因此,程序设计中的数据有着很多种不同的含义,它们往往以不同的形式表现出来;而且这些数据在计算机内部进行处理、存储时有着很大的区别,所以本章介绍 C 语言数据类型的有关知识。

3.1　数据类型概述

C 语言中常用的数据类型有:整型、字符型、实型等。

C 语言中数据有常量与变量之分,它们分别属于以上这些类型,由以上这些数据类型还可以构成更复杂的数据类型。程序中用到的所有的数据必须指定类型。图 3－1 为 C 语言的数据类型。

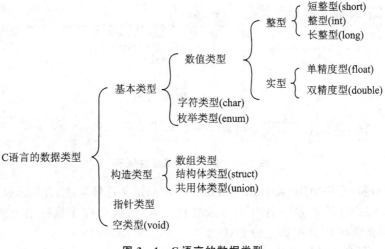

图 3－1　C 语言的数据类型

单片机 C 语言轻松入门（第 3 版）

3.2　常量与变量

在程序运行过程中，其值不能被改变的量称为常量；其值可以改变的量称为变量。

3.2.1　常　量

使用常量时可以直接给出常量的值，如 3、5、0xfe 等，也可以用一些符号来替代常量的值，这称为符号常量。

【例 3-1】　在 P1 口接有 8 个 LED，要求点亮 P1.0 所接的 LED。

```
#define  Light0  0xfe
#inlcude"reg51.h"
void      main()
{    P1 = Light0;
}
```

程序实现： 如图 3-2 所示，输入源程序并命名为 light.c，建立名为 light 的工程，将 light.c 加入工程，再设置工程。参考 2.4 节内容，通过设置 debug 选项卡来使用 LED 实验仿真板进行调试。编译、链接正确后，按 Ctrl＋F5 键进入调试，选择菜单 Peripherals→"键盘 LED 实验仿真板"，调出键盘 LED 实验仿真板，按 F10 单步执行程序，可以观察到实验板的发光管被点亮。

注： 本书配套资料\exam\ch03\light 文件夹下的 light.avi 文件记录了实验过程，可供读者参考。

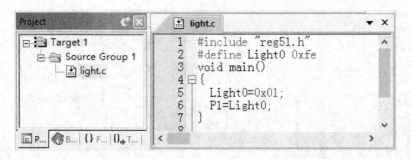

图 3-2　使用符号常量的例子

程序分析： 程序中用"#define Light0 0xfe"来定义符号常量 Light0，以后程序中所有出现 Light0 的地方均会用 0xfe 来替代。因此，这个程序执行结果就是 P1＝0xfe，即点亮接在 P1.0 引脚上的 LED。

使用符号常量的优点如下：

① 含义清楚。在书写程序时，有一些量是具有特定含义的，如某单片机系统扩

展了一些外部芯片,每一块芯片的地址即可用符号常量定义,如:

```
#define  PORTA  0x7FFF
#define  PORTB  0x7FFE
```

程序中可以用 PORTA、PORTB 来对端口进行操作,而不必写 0x7FFF、0x7FFE。显然,这两个符号比两个数字更能令人明白其含义。在给符号常量起名字时,要尽量做到"见名知意"。

② 在需要改变一个常量时能做到"一改全改"。如果由于某种原因,端口的地址发生了变化(如修改了硬件),由 0x7FFF 改成了 0x3FFF,那么只要将所定义的语句改动一下即可:

```
#define  PORTA  0x3FFF
```

这样不仅方便,而且能避免出错。设想一下,如果不用符号常量,要在成百上千行程序中把所有表示端口地址的 0x7FFF 找出来并改掉可不是件容易的事,特别是如果程序中还有其他量正好也是 0x7FFF 时,极易引起混淆而产生错误。

3.2.2　变　量

变量在内存中占据一定的存储单元,若在该存储单元中存放变量的值,那么应该为这个存储单元命名。注意变量名与变量值的区别。下面从 80C51 汇编语言的角度对此进行解释。没有学过 80C51 汇编的读者可以不看这一部分。

使用汇编语言编程时,必须自行确定 RAM 单元的用途。如某仪表有 4 位 LED 数码管,编程时将 3CH～3FH 作为显示缓冲区,当要显示一个字串"1234"时,汇编语言可以这样写:

```
MOV    3CH, #1
MOV    3DH, #2
MOV    3EH, #3
MOV    3FH, #4
```

程序处理后,在数码管上显示 1234。这里的 3CH 就是一个存储单元,而送到该单元中去的 1 是这个单元中的数值,显示程序中需要的是待显示的值 1,但不借助于 3CH 又没有办法来用这个 1,这就是数据与该数据所在的地址单元之间的关系。同样,在高级语言中,变量名仅是一个符号,需要的是变量的值,但是不借助于该符号又无法来使用该值。实际上如果在程序中有如下语句:

```
x1 = 5;
```

经过 C 编译程序的处理之后,也会变成如下语句:

```
MOV  3CH, #5
```

只是究竟是使用3CH还是其他地址单元（如3DH、4FH等）作为存放x1内容的单元，是由C编译器根据实际情况确定的。

在C语言中，要求对所有用到的变量强制定义，也就是"先定义，后使用"。

1. 常量与变量的区别

初学者往往难以理解常量和变量在程序中各有什么用途，下面通过一个例子来说明。

在本书1.2.1节例1-2中用到了延时程序，其中main函数中调用延时程序为：

```
mDelay(1000);
```

其中，括号中参数1 000决定了延时时间，即决字了灯流动的速度。它作为常量在编写程序时确定。在程序编译、链接产生目标代码并将目标代码写入芯片后，这个数据不能在应用现场被修改，如果使用中有人提出希望改变流水灯的速度，那么只能重新编程、编译、产生目标代码，再将目标代码写入芯片才能更改。

如果在现场有修改流水灯速度的要求，括号中就不能写入一个常数。为此可以定义一个变量（如Speed）。main()函数编写如下：

```
mDelay(Speed);
```

然后再编写一段程序，使Speed的值可以通过按键来修改；这样，流水灯的速度就可以在现场修改了。

2. 符号常量与变量的区别

初学者往往会把符号常量和变量混淆起来，它们之间有什么区别呢？

变量的值在程序运行过程中可以发生变化；而符号常量不等同于变量，它的值在整个作用域范围内不能改变，也不能被再次赋值。如上述程序中如果写入：

```
Light0 = 0x01;
```

将会产生如图3-3所示的错误报告。

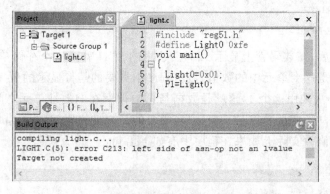

图3-3　试图给符号常量赋值而出现的错误

3.3 整型数据

3.3.1 整型常量

整型常量即整常数。C语言的整常数可用以下3种形式表示：

① 十进制整数。如100，−200，9等为十进制数。

② 八进制整数。用数字"0"开头的数是八进制数。如0224表示八进制数224，即$(224)_8$，其值为$2\times8^2+2\times8^1+4\times8^0=128+16+4=148$。−023表示八进制数−23，即$-(23)_8$，相当于十进制的−19。

③ 十六进制整数。以数字"0"和字母"x"开头的数是十六进制数，如0x224，即$(224)_{16}$，其值为$2\times16^2+2\times16^1+4\times16^0=512+32+4=548$。−0x23表示十六进制数−23，即$-(23)_{16}$，相当于十进制的−35。

3.3.2 整型变量

1. 整型数据在内存中的存放形式

设有一个整型变量i=10，那么这个数字10在内存中如何存放呢？

在Keil C中规定使用两个字节表示int型数据，变量i在内存中的实际占用情况如下：

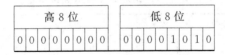

事实上，数据在内存中以补码的形式存在，一个正数的补码和其原码的形式是相同的，而负数的补码则不同。求负数的补码的方法是将该数的绝对值的二进制形式取反加1。如当求数−10的补码时，首先取−10的绝对值10，其二进制编码是1010，由于是整型数占2字节（16位），所以其二进制形式为：

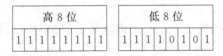

然后取反变为：

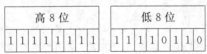

最后再加1变成了：

高8位	低8位
1 1 1 1 1 1 1 1	1 1 1 1 0 1 1 0

这就是数 -10 在内存中的存放形式。

2. 整型变量的分类

整型变量的基本类型是 int, 可以加上有关数值范围的修饰符。这些修饰符分两类, 一类是 short 和 long, 另一类是 unsigned, 两类修饰符可以同时使用。

在 int 前加上 short 或 long 用来表示数的范围。对于 Keil C 来说, 加 short 和不加 short 是一样的(在有一些 C 语言编译系统中是不一样的)。如果在 int 前加上 long 修饰符, 那么这个数就被称为"长整数"。

在 Keil C 中, 长整数用 4 字节来存放, 而基本 int 型用 2 字节存放。显然, 长整数所能表达的范围比整数要大, 一个长整数表达的范围为:

$$-2^{31} \leqslant x \leqslant 2^{31}-1$$

即

$$-4\,294\,967\,296 \leqslant x \leqslant 4\,294\,967\,295$$

而不加 long 修饰的 int 型数据的范围是 $-32\,768 \sim 32\,767$, 可见二者相差很远。

另一类修饰符是 unsigned, 即无符号的意思。加上这个修饰符, 说明其后的数是一个无符号的数。无符号、有符号的区别在于数的范围不一样。对于 unsigned int 而言, 仍是用 2 字节(16 bit)表示一个数, 但其数的范围是 $0 \sim 65\,535$; 对于 unsigned long int 而言, 仍是用 4 字节(32 bit)表示一个数, 但其数的范围是 $0 \sim 2^{32}-1$。

下面以 Keil C 为例, 将整型数据进行总结, 如表 3-1 所列。

表 3-1　整型变量的数据类型

符　号	说　明	字节数/byte	数据长度/bit	表示形式	数值范围
带符号	基本型	2	16	int	$-32\,768 \sim +32\,767$
	短整型	2	16	short	$-32\,768 \sim +32\,767$
	长整型	4	32	long	$-2\,147\,483\,648 \sim +2\,147\,483\,647$
无符号	基本型	2	16	unsigned int	$0 \sim 65\,535$
	短整型	2	16	unsigned short	$0 \sim 65\,535$
	长整型	4	32	unsigned long	$0 \sim 4\,294\,967\,295$

3. 整型变量的定义

C 语言中的变量均需先定义、后使用。定义整型变量的方法是:

修饰符 变量名

定义整型变量用的修饰符是 int, 可以在其前面加上表示长度和符号的修饰符。例如:

```
int      a,b;                    /*定义两个整型变量 a 和 b*/
long     a1,b1;                  /*定义两个长整型变量 a1 和 b1*/
unsigned     int     x;         /*定义无符号的整型变量 x*/
unsigned     long     int     x1;   /*定义无符号的长整型变量 x1*/
```

3.4 字符型数据

3.4.1 字符常量

C 语言中的字符常量是用单引号括起来的一个字符。如'a'、'x'、'1'等都是字符常量,注意,'a'和'A'不是同一个字符。

查看 ASCII 字符表,可以发现,有一些字符没有"形状",如换行(ASCII 值为10)、回车(ASCII 值为 13)等;有一些虽有"形状",却无法从键盘上输入,如 ASCII 值大于 127 的一些字符等;还有一些字符在 C 语言中有特殊用途,无法直接输入,如单引号"'"用于界定字符常量,但其本身就没法用这种方法来表示。如果 C 程序中要用到这一类字符,则可以用 C 语言提供的一种特殊形式进行输入,就是用一个"\"开头的字符序列来表示字符。如用"\r"来表示换行,用"\n"来表示回车。

常用的以"\"开头的特殊字符如表 3-2 所列。

单片机 C 语言轻松入门(第 3 版)

表 3-2 转义字符及其含义

字符形式	含　义	ASCII 字符(十进制)
\n	换行,将当前位置移到下一行开头	10
\t	水平制表(跳到下一个 TAB 位置)	9
\b	退格,将当前位置移到前一列	8
\r	回车,将当前位置移到本行开头	13
\f	换页,将当前位置移到下页开头	12
\\	反斜杠字符"\"	92
\'	单引号字符	39
\"	双引号字符	34

此外,C 语言还规定,用反斜杠后面带上八进制或十六进制数字直接表示该数值的 ASCII 码。这样,不论什么字符,只要知道了其 ASCII 码,就可以在程序中用文本书写的方式表达出来了。

例如,可以用"\101"表示 ASCII 码八进制数为 101(即十进制数 65)的字符'A'。而"\012"表示八进制的字符 012(即十进制数 10)的字符换行(\n)。用\376 表示图形字符"■"。

3.4.2 字符变量

字符型变量用来存放字符常量。一个变量只能存放一个字符。

字符变量的定义形式为:

修饰符　变量名

定义字符型变量所用的定义修饰符是 char。例如：

```
char  c1,c2;
```

它表示 c1 和 c2 为字符型变量，可以各存放一个字符。可以使用下面的语句对其进行赋值：

```
c1 =       'a';
c2 =       'b';
```

1. 字符型数据在内存中的存放形式

将一个字符型常量放到一个字符型变量中，实际上是将该字符的 ASCII 码放到存储单元中。例如：

```
char  c = 'a';
```

该语句定义一个字符型的变量 c，然后将字符'a'赋给该变量。进行这一操作时，将字符'a'的 ASCII 码值赋给变量 c，因此，完成后，c 的值是 97。

既然字符最终也是以数值来存储的，那么同以下的语句

```
int     i = 97;
```

究竟有多大的区别呢？实际上它们是非常类似的，区别仅仅在于 i 是 16 位的，而 c 是 8 位的。当 i 的值不超过 255 时，两者在程序中可以互换。C 语言字符型数据进行这样的处理使得程序设计时自由度增大了。

51 系列单片机是 8 位机，进行 16 位数的运算要比做 8 位数的运算慢很多，因此在使用单片机的 C 语言程序设计中，只要预知其值的范围不会超过 8 位所能表示的范围，就可以用 char 型数据来表示。

2. 字符型变量的分类

字符型变量只有一个修饰符 unsigned，即无符号修饰符。对于一个字符型变量来说，其表达的范围是 $-128 \sim +127$；而加上了 unsigned 后，其表达的范围变为 $0 \sim 255$。

使用 Keil C 编写程序时，不论是 char 型还是 int 型，都要尽可能采用 unsigned 型数据，因为在处理有符号的数时，程序要对符号进行判断和处理，运算的速度会减慢；对单片机而言，速度比不上 PC，又工作于实时状态，因此任何提高效率的方法都要考虑。

3.5　数的溢出

一个有符号的字符型数可以表达的最大值是 127；无符号字符型数可以表达的最大值是 255；一个有符号的整型数可以表达的最大值是 32 767；无符号整型数可以

表达的最大值是 65 535。如果某变量已是本类型可表达的最大值,再给其加 1,会出现什么情况呢? 下面用一个例子来说明。

【例 3 - 2】　演示字符型数据和整型数据溢出。

```
# include "reg51.h"
void    main()
{    unsigned char a,b;
     int c,d;
     a = 255;
     b = a + 1;
     c = 32767;
     d = c + 1;
}
```

程序实现:输入源程序,命名为 overflow.c,建立名为 overflow 的工程,加入 overflow.c 源程序。设置工程时在 C51 选项卡中将优化级别设为 0,避免 C 编译器认为这种程序无意义而自动优化,使我们不能得到想要的结果。如图 3 - 4 所示,在 C51 选项卡的 Code Optimization 选项区域中打开 Level 的下拉列表框,选择其中的 "0:Constant folding"。单击 OK 按钮后,退出设置。

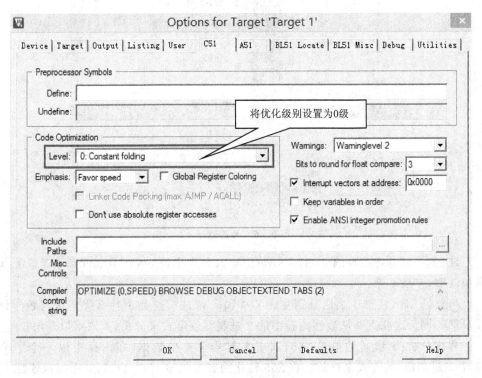

图 3 - 4　设置优化级别

单片机 C 语言轻松入门 (第 3 版)

编译、链接后,按 Ctrl＋F5 键进入调试。此时,观察窗口中变量名 a 后面的值为 0。右击该值,在弹出的快捷菜单去掉 Hexadecimal Display 前面的勾,即按十进制观察数据,如图 3－5 所示。其他变量也按此步骤设置。按 F10 单步执行程序,同时在变量观察窗口观察变量,结果如图 3－6 所示。

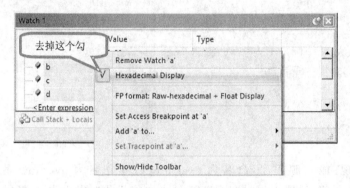

图 3－5　设置被查看数据的显示格式

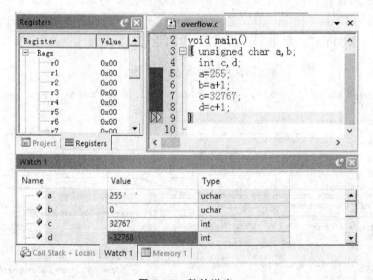

图 3－6　数的溢出

注:本书配套资料\exam\ch03\overflow 文件夹中的 overflow.avi 记录了设置及实验过程,可供参考。

可见,b 和 d 在加 1 之后分别变成了 0 和－32 768,这是为什么呢? 这与数学计算显然不同。这就需要从数在内存中的二进制存放形式来分析,否则难以理解。

程序分析:变量 a 的值是 255,属于无符号字符型数据,在内存中以一个字节 (8 个二进制位) 的方式来存放。将 255 转化为二进制即 1111 1111,如果将该值加 1,结果是 1 0000 0000,即一共有 9 位二进制码,最高位为 1,低 8 位均为 0。由于字符

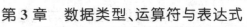

型变量在内存中使用一个字节存储,只能存储 8 个二进制位,所以最高位的 1 丢失,于是该数字变成了 0000 0000,自然就是十进制的 0 了。其实这也不难理解,例如一个共有 3 位的计数器,当转到 999 后,再转一圈,本应是 1000,但实际看到的是 000,除非借助于其他方法,否则无法判断其是转了 1000 圈还是根本没有动。

在理解了无符号的字符型数据的溢出后,整型变量的溢出也容易理解了。32 767 在内存中存放的形式是 0111 1111 1111 1111,当其加 1 后就变成了 1000 0000 0000 0000;而这个二进制数正是 −32 768 在内存中的存放形式,所以变量 c 加 1 后就变成了 −32 768。

同样,对于 char 型数据,如果某变量的值为 127,那么加 1 后会变成 −128;而对于 unsigned int 型数据,如果某变量的值为 65 535,那么加 1 后会变成 0。

通过实验还可以看到,在出现这样的问题时,C 编译系统不会给出提示(其他语言如 BASIC 等会报告出错),这有利于程序的灵活性,但也会引起一些副作用。这就要求 C 程序员对硬件知识有较多的了解,而且对于数在内存中的存放形式等基本知识必须清楚。

3.6　实型数据

3.6.1　实型常量

实数又称为"浮点数(floating-point number)"。实数有两种表示形式。

① 十进制小数形式。它由数字和小数点组成(注意必须有小数点)。.123、123.、12.3 等都是十进制小数形式。

② 指数形式。如 123e3 或 123E3 都代表 123×10^3。注意:字母 e 或 E 之前必须有数字,而 e 后面的指数必须为整数,如 e3、2.1e3.5、.e3 等都不是合法的指数形式。

一个实数可以有多种指数形式表示。例如 123.456 可以表示为 123.456e0,也可以表示成 12.345 6e1、1.234 56e2、0.123 456 e3、0.012 345 6e4 等。其中 1.23456e2 被称为"规范化的指数形式";即在字母 e(或 E)之前的小数部分中,小数点左边有且只有 1 位非零的数字。2.345 6e10、3.233 e5 等都是规范化的指数形式,而 12.334e1、0.001 23e10 等都不是规范化的指数形式。

3.6.2　实型变量

对每一个实型变量都应在使用前定义,实型变量的定义形式如下:

修饰符　变量名

定义实型变量的修饰符是 float 和 double。例如:

```
float     f1;
double    f2;
```

这里,定义 f1 为实型数据,定义 f2 为双精度的实型数据。

1. 实型数据在内存中的存放形式

一个实型数据一般在内存中占 4 字节(32 位)。与整型数据的存储形式不同,实型数据是按照指数形式存储的。Keil 中的浮点变量数据类型的使用格式与 IEEE—754 标准(32)有关,具有 24 位精度,且尾数的高位始终为 1,因而不保存。实型数据中各位的分布如下:

> 1 位符号位;

> 8 位指数位;

> 23 位尾数。

符号位是最高位,尾数为最低的 23 位,内存中按字节存储如下:

地　址	+0	+1	+2	+3
内　容	SEEE　EEEE	EMMM　MMMM	MMMM　MMMM	MMMM　MMMM

其中,S:符号位,1 表示负,0 表示正;

E:阶码(在两个字节中)偏移为 127;

M:23 位尾数,最高位为 1。

借助于 Keil 软件的调试功能,可以方便地观察到任意一个 float 型数据在内存中的存放方式。

【例 3 - 3】 观察浮点型数据在内存中的存放形式。

```c
# include "reg51.h"
void main()
{   union {
        float f1;
        unsigned char c1[4];
    }Num;
    Num.f1 = 1000.111;
    for(;;)
    {   Num.f1 ++ ;
    }
}
```

程序实现:参考图 3 - 7 输入源程序,命名为 num1.c,建立名为 num1 的工程,将程序加入其中。编译、链接通过后,进入调试。此时,右下角的 Num 前为"+",单击"+"展开,然后再单击 c1 前面的"+"展开,按 F10 单步运行,即可观察到 f1 数值的变化,而其下 c1 的值也随之变化。也可以直接选中调试窗口的 f1 后的 Value,按 F2 修改 f1 的值,c1 的值也会随之发生变化。

本程序中用到了一个尚未学到的知识 union,这是 C 语言中的一种数据结构,称为"共用体"。这里使用 union 使 c1 这一变量占用的内存位置与 f1 所占内存位置一致，以便观察 f1 在内存中的存储。关于 union 的更详细的知识将在 6.3 节中介绍。

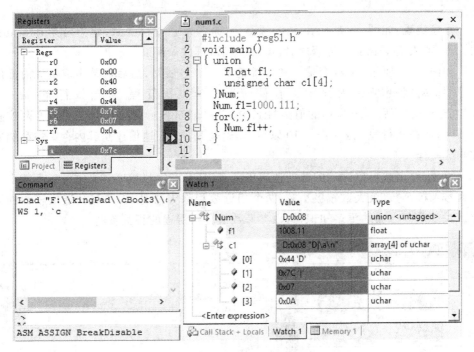

图 3 - 7　观察 **float** 型数据在内存中的保存形式

2. 实型变量的分类

实型变量分为单精度（float）型、双精度（double）型和长双精度度（long double）型 3 类，其中 float 型占用 4 字节，而 double 型占用 8 字节，long double 型则占用 16 字节。需要说明的是，Keil C 目前不支持 double 型和 long double 型，因此，对于这两种类型不进行介绍。

3. 实型数据的舍入误差

由于实型变量是用有限的存储单元存储的，因此能提供的有效数字总是有限的。由于有效位以外的数字被舍去，因此可能会产生一些误差，例如某数加上 10 的结果肯定应该比原来的数大，但下面的这个例子却有"意外"。

【例 3 - 4】　演示实型数据的舍入误差。

```
void main()
{    union{ float x;
             unsigned char   c[4];
         }a,b;
```

```
        a.x = 1234567890.0;
        b.x = a.x + 10;
    }
```

程序实现：如图3－8所示，输入源程序，命名为flaoatnum.c，建立名为floatnum的工程，加入floatnum.c源程序，编译、链接后，再进入调试。

如图3－8所示，单击变量a和b前面的"＋"号展开，然后再单击成员c前面的"＋"号，观察变量在内存中的存储情况。单步执行程序，当执行完"a.x＝1234567890.0;"后，a.x显示的值是"1.234568＋009"，显示尾数部分已丢失了两位有效数字；而在执行完b.x＝a.x＋10以后，无论是b.x的表达值还是其内存中的存储值都与a一样。

可见，浮点数可以表达的数的范围仍是有限的，在编写程序时必须注意不能出现极大数加极小数、极大数减极小数、两个相近数相除等情况，否则都会造成较大的误差。关于这些方面的更多知识，可以参考数值分析课程的相关资料。

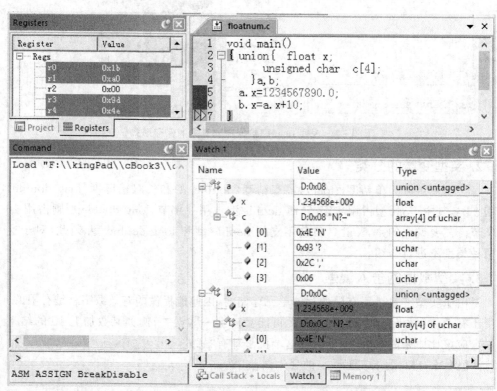

图3－8　观察实型数据的舍入误差

4. 单片机中使用浮点数的几点说明

在8位机中尽量不要用浮点数，尤其要小心不要因为无意中输入小数点而造成浮点运算,因为这会无谓地降低程序运行速度和增加程序长度。有时,仅仅增加一个函数,就会使程序的长度增加很多,这时就要注意,是否无意中引入了浮点数。作为一个习惯,在使用 Keil 编译、链接完程序后,应该及时注意输出窗口中的 ROM、RAM 使用信息。如图 3-9 所示,表明这个程序使用了 17 字节的内部 RAM,程序代码长度为 376 字节,没有使用外部 RAM。

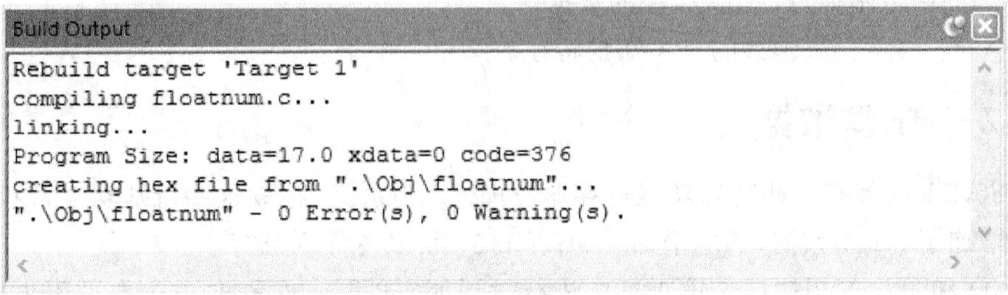

```
Build Output
Rebuild target 'Target 1'
compiling floatnum.c...
linking...
Program Size: data=17.0 xdata=0 code=376
creating hex file from ".\Obj\floatnum"...
".\Obj\floatnum" - 0 Error(s), 0 Warning(s).
```

图 3-9 输出窗口中的信息

程序中之所以要用浮点数,是因为用其他数的范围不够大,而不是因为需要用小数点。

很多时候,可以用长整型数替代浮点数,有时甚至可以用整型数替代浮点数。例如某仪器在获得一个测量值后,要乘以一个系数,然后将这个数据显示出来。其中系数值在仪器使用过程中可以调整,其范围是 0.001~9.999。如果使用 PC 编程,那么系数值可以用一个浮点数来表示,但在使用单片机编程时,却往往用一个 int 型的数据,因为 0.001~9.999 也可视做 1~9 999,只要在最终运算以后将运算结果除以 1 000 就可以了。

3.7 Keil 特有的数据类型

除了支持标准 C 的各种数据类型外,为了更有效地使用 80C51 单片机,Keil 增加了一些数据类型,下面分别说明。

3.7.1 位型数据

使用一个二进制位来存储数据,其值只有 0 和 1 两种。

位型变量的定义如同其他的数据类型一样,例如:

```
bit  flag = 0;              //定义一个位变量
```

所有的位变量存储在 80C51 单片机内部 RAM 中的位寻址区。由于 80C51 中只有 16 字节的位寻址区,因此,程序中最多只能定义 128 个位变量。

位型数据在使用中有如下限制:

➢ 位数据类型不能作为数组,例如:

```
bit A[10];              //错误定义
```

> 位数据类型不能作为指针，例如：

```
bit * ptr;              //错误定义
```

> 使用禁止中断（♯pragma disable）及明确指定使用工作寄存器组（unsing n）的函数不能返回 bit 类型的数据。

关于指针类型、函数的有关知识将在后续章节中学习。

3.7.2　sfr 型数据

80C51 内部有一些特殊功能寄存器（SFR）。为定义、存取这些特殊功能寄存器，C51 增加了 sfr 型数据，相应增加了 sfr、sfr16、sbi 这 3 个关键字。

sfr 和 sbit 的用法已在第 1 章中进行过说明，这里不再重复。sfr16 是用来定义 16 位的特殊功能寄存器的，对于标准的 80C51 单片机，只有一个 16 位的特殊功能寄存器，即 DPTR。其定义如下：

```
sfr16   DPTR = 0x82;.
```

实际上 DPTR 是两个地址连续的 8 位寄存器 DPH 和 DPL 的组合。可以分开定义这两个 8 位的寄存器，也可用 sfr16 定义 16 位的寄存器。

在 80C52 系列中还有一些其他 16 位特殊功能寄存器。如 80C52 中的 T2 就是由连续的 0xcc 和 0xcd 两字节组成的 T2L 和 T2H，RCAP2 寄存器由 0xca 和 0xcb 两字节组成。它们的定义如下：

```
sfr16   T2 = 0xCC;
sfr16   RCAP2 = 0xCA;
```

3.8　80C51 中数据的存储位置

80C51 单片机的存储器类型较多，有片内程序存储器、片外程序存储器、片内数据存储器、片外数据存储器。其中，片内数据存储器又分为低 128 字节和高 128 字节。高 128 字节只能用间址寻址方式来使用，低 128 字节的数据存储器中又有位寻址区、工作寄存器区，这与其他 CPU 和 MCU 等有很大的区别。为充分支持 80C51 的这些特性，C51 中引入了一些关键字，用以说明数据存储位置，下面分别进行介绍。

3.8.1　程序存储器

程序存储器只能读，不能写，在汇编语言中可以用 MOVC 指令来读取程序存储器中的数据。程序存储器中除了代码外，往往还用于存放固定的表格、字形码等不需要在程序中进行修改的数据。程序存储器的容量最大达 64 KB。

在C51中，使用code关键字来说明存储于程序存储器中的数据。例如：

```
code int   x = 100;
```

变量x的值（100）将被存储于程序存储器中，这个值是不可以改变的。

【例3-5】　观察数据在内存中的存储位置。

```
# include  "reg51.h"
void main()
{   code        int    x = 100;
    int    y;
    y = x;                    //避免编译警告
    for(;;);
}
```

程序实现：如图3-10所示，输入源程序，命名为num2.c，建立名为num2的工程，加入源程序。编译、链接后，选择File→Open打开num2.m51文件，找到其中的变量名与内存对应关系，如图3-10下方窗口所示。可以看出，被定义为code型的变量x被储存在C:0x001D处（C表示程序存储器），而y则在D:0x08（D表示数据存储器）处。

图3-10　使用与不使用code定义变量的存储位置的比较

由于x位于程序存储区，而该存储器的数在程序运行中不能修改，因此对x进行改变，例如："x=200;"，都是无效的，编译器将给出错误提示，如图3-11所示。

现在,有一些单片机内部也具有在应用可编程(IAP)功能,即其程序存储器在运行时是可以被改写的,但即便对于这类单片机,上述结论依然正确,因为目前的 IAP 功能使用时仍有各种限制,必须通过特定的操作来完成,不能够将这种程序存储器当成数据存储器来使用。

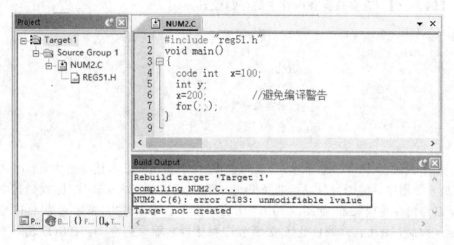

图 3-11 试图给 code 型变量重新赋值导致的错误

3.8.2 内部数据存储器

80C51 单片机的内部数据存储器既可以读出,也可以写入。对于 51 系列而言,共有 128 字节的内部数据存储器。而对于 52 系列而言,共有 256 字节的内部数据存储器,其中地址 0x80～0xFF 的高 128 位 RAM 只能采用间址寻址的方式进行访问,以便和同一地址范围的 SFR 区分开来(SFR 只能用直接寻址的方式访问)。低地址的 128 个存储器中,地址范围从 0x20～0x2F 的存储器是可以位寻址的。

为充分表达内部数据存储器 3 种不同部分,C51 引入了 3 个新的关键字:data、idata 和 bdata。

当使用 data 定义变量时,总是用于存取前 128 字节的内部数据存储器;而使用 idata 定义变量时,可以使用全部的 256 字节。

【例 3-6】 定义多个变量观察各自的存储空间。

```
# include "reg51.h"
void main()
{    unsigned int data i[60];
     i[1] = 10;             //避免编译器的警告
     for(;;);
}
```

程序实现:建立名为 num3 的工程,输入源程序并保存为 num3.c,将源程序加入工程。

注意: 建立工程时,一定要选 AT89C52 或其他 52 系列芯片,不能选择 51 系列。

程序中的第 4 行是为了避免定义了变量却没有使用变量而造成的编译器警告。

程序的开头定义了一个 60 个长度的 int 型数组,数组的概念将在第 6 章中学习,这里只要了解 60 个成员整型数数组需要 $2 \times 60 = 120$ 字节作为数据存储单元即可。编译、链接,可以发现结果完全正确,如图 3-12 所示。

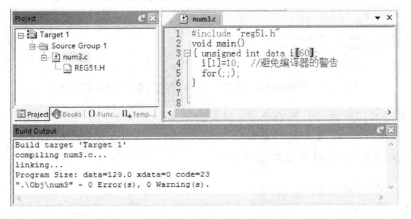

图 3-12 正确的编译、链接结果

从编译、链接结果可以看出,这里共用了 129 字节的数据,其中 120 字节是自行定义的,另 9 字节是系统所需要的。

将程序中的 60 改为 61,再重新编译、链接,即可看到如图 3-13 所示的结果。

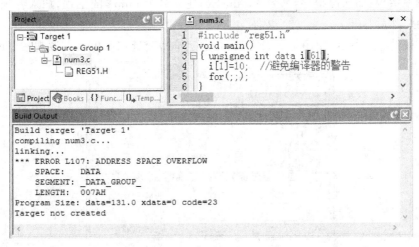

图 3-13 无法成功链接

说明这个程序可以通过编译,却无法通过链接,目标文件没有创建。

如果将程序中的 data 改为 idata,重新编译,即可通过编译、链接,如图 3-14 所示。

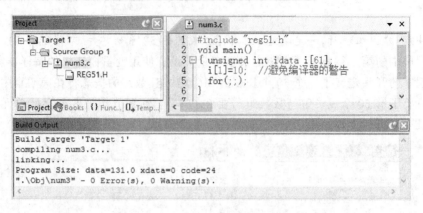

图 3 - 14 将 data 型定义改为 idata 型定义即可通过编译、链接

如果定义的变量与位操作有关，就要使用 bdata 来定义。使用了 bdata 定义的变量，将全部放在 0x20 开始的地址空间。

【例 3 - 7】 将变量定义在位变量区。

```
# inlcude "reg51.h"
void     main()
{   unsigned char c1[10];
    c1[0] = 10;                        //避免编译警告
    for(;;);
}
```

程序实现：输入源程序，命名为 num4.c，建立名为 num4 的工程，加入源程序，编译、链接，然后打开 num4.M51 文件。

如图 3 - 15 所示，使用了数组定义 10 个字符型变量 c1[10]。注意观察图的下方

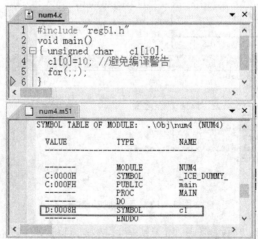

图 3 - 15 未指定 c1 的存储类型时变量地址的分配

68

num4.m51 窗口中的信息,编译器给 c1 分配的地址为从 0008H 开始;而在图 3 - 16 中,仅在 c1 前加入了关键字 bdata,编译器将其地址分配为从 0x20 开始;在图 3 - 17 中,定义了 20 字节的 char 型变量,而又用了关键字 bdata,即将这些变量定义在位变量区,这超过了位变量区可容纳的数量,因此,得到了一个编译错误。

图 3 - 16　指定 c1[10] 的存储类型为 bdata 后,编译器将其地址分配为从 0x20 开始

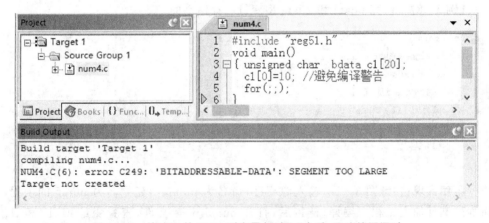

图 3 - 17　当定义的 bdata 型变量超过 16 个后,无法编译通过

3.8.3　外部数据存储器

80C51 可以扩展外部数据存储器,尤其使用总线以后,外部 I/O 口和外部数据存储器也是统一编址,采用同一指令进行读/写。外部数据存储器既可读,也可以写,汇编语言中使用 movx 指令来对外数存储器中的数据进行读/写。读/写外部数据存储器的数据要比使用内部数据存储器慢,但外部数据存储器可达 64 KB。

C51 提供了两个关键字 pdata 和 xdata,用于对外部数据存储器的读/写操作。

pdata 用于只有一页(256 字节)的情况。使用时先确定 P2 口的地址,然后通过对 P0 口地址的控制来使用外部存储器。这相当于汇编指令中这一类指令的用法:

```
mov      r1,#10H
movx     a,@r1
```

C51 中通过关键字 pdata 来定义使用外部 pdata RAM 的变量,例如:

```
unsigned char pdata c1;
```

定义一个变量 c1,它被放在外部 pdata 中。

xdata 可用于外部数据存储器达 64 KB 的情况,这相当于汇编指令中这一类指令的用法:

```
mov      dptr,#1000h
movx     a,@dptr
```

例如:

```
unsigned int xdata i;
```

这里存在一个问题,由于硬件接线不同,因此,这些被定义为存放在外部 RAM 中的变量其实际地址究竟是什么呢?下面通过一个例子来进行研究。

【例 3 - 8】 研究 pdata 和 xdata 型变量的存储空间。

```
void main()
{    unsigned char pdata c1;
     long   xdata l1;
     int xdata i1[10];
     c1 = 10;l1 = 10;i1[0] = 10;      //避免编译警告
     for(;;)
     {;}
}
```

程序实现: 参考图 3 - 18,输入源程序,命名为 num5.c,建立名为 num5 的工程,将程序文件加入工程。编译、链接后,打开 num5.m51 文件,查看变量 c1、l1 和 i1。可以发现,定义在最前面的 c1 的起始地址为 0000H,然后依次增加。

说明: 为方便说明截取原图的一部分,即图 3 - 18 所示的 M51 文件已经被编辑,它删去了变量 c1 所在行前的一些内容,读者自己练习时注意观察。

如果所用硬件的外部 RAM 并不从 0000H 开始,那就要修改设置。

假设 RAM 从 0x1000 开始,长度为 0x1000,选择 Project→Option for Target 'Target 1',打开设置对话框,在 Target 选项卡的右下方有 off - chip xdata 选项区域,在其中相应的文本输入框内输入起始地址和 RAM 长度,如图 3 - 19 所示。

除可以在 Target 选项卡设置外部 RAM 的起始地址外,也可以在 BL51 Locate

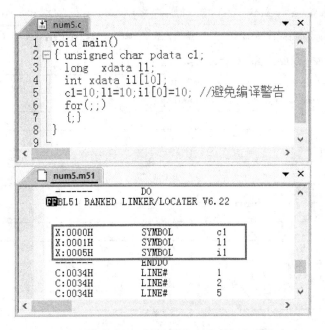

图 3-18 查看 pdata、xdata 型内存变量所占用的地址

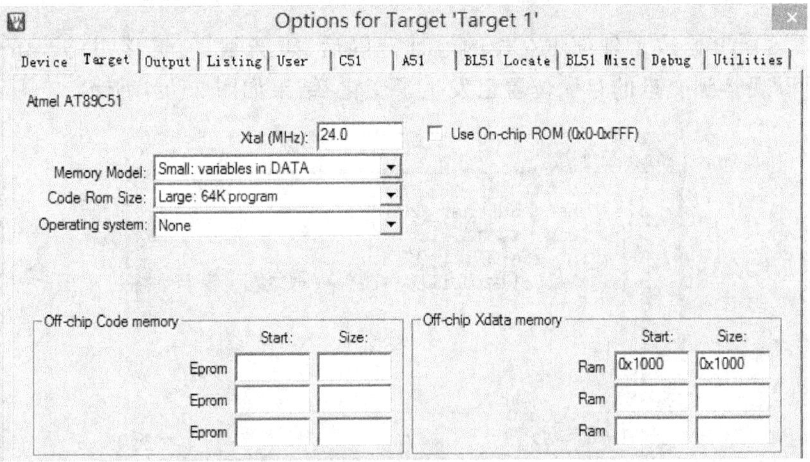

图 3-19 设定外部 RAM 的起始地址和长度

选项卡进行设置。如图 3-20 所示,在 BL51 Locate 选项卡中的 Use Memory Layout from Target Dialog 前面有复选框,选中时即要求使用 Target 页的设置;同时,Xdata Range 文本显示框显示地址范围为 0x1000～0x1fff,与 off-chip Xdata memory 中的设置相同。如果不选择 Use Memory Layout from Target Dialog 复选框,则 Xdata Range 文本框的数值就可以被改变,因此,也可以直接在这里更改 Xdata 的地址范围。

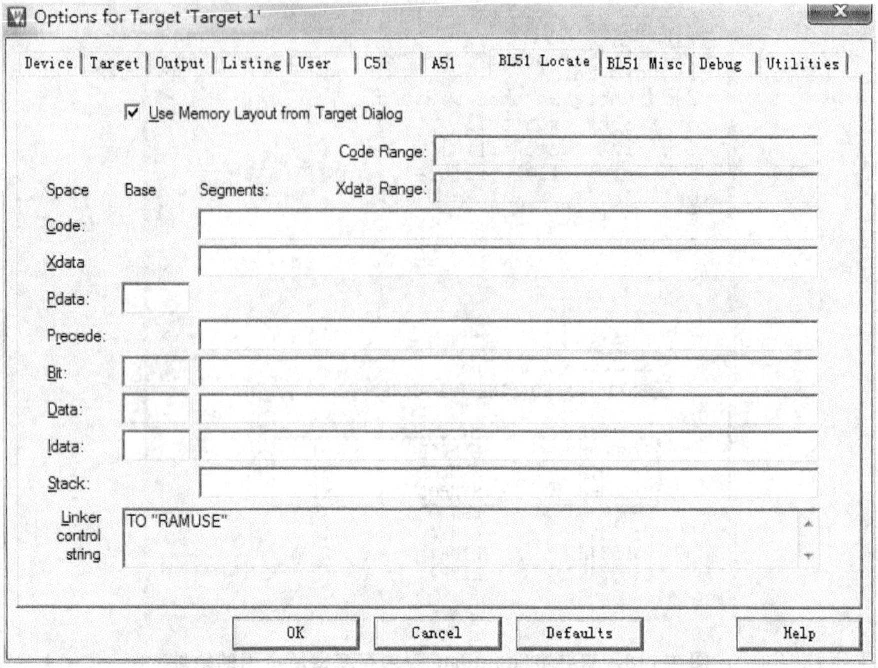

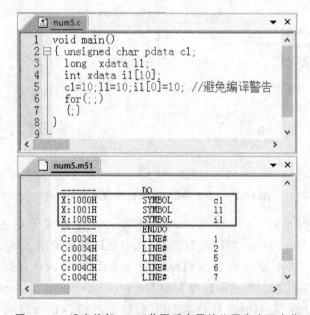

图 3 - 20　在 BL51 Locate 页中更改外部 RAM 的范围

　　按图 3 - 18 修改了外部 RAM 的地址范围后，重新编译、链接，打开 num5.m51
文件，可以观察到变量的存储位置已发生了变化，结果如图 3 - 21 所示。

```
num5.c
1    void main()
2  { unsigned char pdata c1;
3    long   xdata l1;
4    int xdata i1[10];
5    c1=10;l1=10;i1[0]=10; //避免编译警告
6    for(;;)
7    {;}
8  }
9
```

```
num5.m51
                    DO
X:1000H     SYMBOL      c1
X:1001H     SYMBOL      l1
X:1005H     SYMBOL      i1
                    ENDDO
C:0034H     LINE#       1
C:0034H     LINE#       2
C:0034H     LINE#       3
C:004CH     LINE#       6
C:004CH     LINE#       7
```

图 3 - 21　设定外部 RAM 范围后变量的位置发生了变化

如果在变量定义时略去了存储类型的标志符,则编译器会自动选择默认的存储类型。设有一个变量定义:

```
char    c;
```

c 究竟被存放在何处呢? 这与工程设置中 Target 页的 Memory Model 设置有关。如果将 Memory Model 设置为 Small 模式,变量 c 会被定位在 DATA 存储区中;设置为 COMPACT 模式时,c 被定位在 IDATA 存储区中;设置为 LARGE 存储模式时,c 被定位在外部 RAM 中。读者可以修改例 3-8 的工程设置,重新编译、链接后打开.M51 文件查看有关信息。

3.9　变量赋初值

程序中常需要对一些变量预先设置初值。C 语言允许在定义变量的同时使变量初始化。例如:

```
int     a = 3;              //指定 a 为整型变量,初值为 3
float   f = 3.22;           //指定 f 为实型变量,初值为 3.22
char    c = 'a';            //指定 c 为字符型变量,初值为字母 a
```

也可以使被定义的变量的一部分赋初值,例如:

```
int  a,b,c = 5;
```

表示指定 a、b、c 为整型变量,同时给 c 赋初值 5。

如果对几个变量赋同一个初值,可以这么写:

```
int  a = 10,b = 10,c = 10;
```

表示 a、b、c 的初值都是 10,注意不能写成:

```
int  a = b = c = 10;
```

初始化不是在编译阶段完成的,而是在程序运行时执行本函数时赋予初值的。例如:

```
int  a = 3;
```

相当于:

```
int  a;             //定义 a 为整型变量
a = 3;              //给 a 赋值,将 3 赋给 a
```

又例如:

```
int  a,b,c = 5;
```

相当于：

```
int  a,b,c;                    //定义 3 个整型变量 a、b、c
c = 5;                         //将 5 赋给 c
```

3.10　C 运算符和 C 表达式

3.10.1　C 运算符简介

C 语言的运算符范围很宽，除了控制语句和输入/输出语句以外，几乎所有基本操作作为运算符处理。例如将赋值符"＝"作为赋值运算符，方括号作为下标运算符等。C 语言的运算符如表 3-3 所列。

表 3-3　C 运算符分类表

名　称	符　号
算术运算符	＋ － * / %
关系运算符	＞ ＜ == ＞= ＜= ！=
逻辑运算符	！ && ‖
位运算符	＜＜ ＞＞ ～ ∣ ^ &
赋值运算符	＝及其扩展赋值运算符
条件运算符	?:
逗号运算符	,
指针运算符	* &
求字节数运算符	Sizeof
强制类型转换运算符	(类型)
分量运算符	. →
下标运算符	[ ]
其他	函数调用运算符()等

本节介绍算术运算符、赋值运算符、位运算符等，其他运算符在用到时再介绍。

3.10.2　算术运算符和算术表达式

1. 基本的算术运算符

＋　加法运算符，或正值运算符。如 3＋2，＋6；

－　减法运算符，或负值运算符。如 5－2，－3；

*　乘法运算符，如 5 * 8，a * a；

/　除法运算符，如 10/3；

％　取模运算符,或称求余运算符,％两侧均应为整型数据,如 10％3。

需要说明的是,两个整数相除的结果为整数,如 10/3 的结果是 3,而不是 3.333 3。如果希望得到真实的结果,就要写成 10.0/3。当然,如果这个结果赋给某一个变量,该变量必须被定义为 float 或 double 型。

2. 算术表达式和运算符的优先级与结合性

用算术运算符和括号将运算对象(也称"操作数")连接起来的、符合 C 语法规则的式子,称为"C 算术表达式"。运算对象包括常量、变量、函数等,如下面是一个合法的 C 算术表达式:

```
A * b/c - 1.5 + 'a'
```

C 语言规定了运算符的优先级和结合性。在表达式求值时,先按运算符的优先级执行,例如先乘除后加减。如表达式 a－b * c,b 的左侧为减号,右侧为乘号,而乘号的优先级高于减号,因此,相当于 a－(b * c)。如果在一个运算对象两侧的运算符的优先级别相同,如 a－b＋c,则按规定的"结合方向"处理。C 语言规定了各种运算符的结合方向(结合性),算术运算符的结合方向为"自左向右",即先左后右,因此 b 先与减号结合,执行 a－b 的运算,再执行加 c 的运算。"自左向右"的结合方向又称"左结合性",即运算对象先与左面的运算符结合。C 语言中还有一些运算符是"右结合性",即结合方向是"自右向左"。"结合性"的概念是 C 语言特有的。

75

3.10.3　各类数值型数据间的混合运算

C 语言中,整型数据、字符型数据、实型数据都可以混合运算。例如:

```
10 + 'a' + 11.4 - 'c' + 123 * 'b';
```

这个看似奇怪的表达式在 C 语言中是合法的。运算时,不同类型的数据要先转换成同一类型,然后进行运算,转换的规则如图 3-22 所示。该图中横向向左的箭头表示必定的转换,如 char 型数据必定先转换成 int 型,float 型转换成 double 型。图中纵向箭头表示当运算对象为不同类型时转换的方向。例如 int 型与 double 型数据进行运算,先将 int 型的数据转换为 double 型,然后在两个同类型(double 型)数据间进行运算,结果为 double 型。

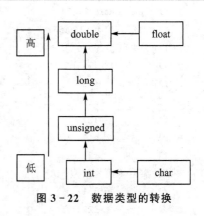

图 3-22　数据类型的转换

另一种数据类型的转换方式为强制类型转换,需要使用强制类型转换运算符,其形式为:

（类型名）表达式；

例如：

```
(float)a                //将 a 强制转换为 float 类型
(int)(x + y)            //将 x + y 的值强制转换为 int 型
```

对于 Keil 而言，由于不支持 double 型变量，因此上图中的第一行略有不同，这一点并不难理解，请读者自行分析。

3.10.4　赋值运算符和赋值表达式

1. 赋值运算符

赋值符号"＝"就是赋值运算符，它的作用是将一个数据赋给一个变量。如"a＝3;"的作用是执行一次赋值操作（或称"赋值运算"），把常数 3 赋给变量 a。也可以将一个表达式的值赋给一个变量。

2. 类型转换

如果赋值运算符两侧的类型不一致，但都是数值型或字符型时，在赋值时要进行类型转换。

【例 3 - 9】　观察各种类型数据转换时的内存变化。

```
void main()
{    int      i1,i11 = - 1000;
     unsigned int i2,i21 = 1000;
     long l1,l11 = - 1000000;
     unsigned long l2,l21 = 1000000;
     char c1,c11 = - 10;
     unsigned char c2,c21 = 10;
     float f1,f11 = 123.456;
/ *各种类型转换为浮点型 * /
     f1       =       i11;
     f1       =       i21;
     f1       =       l11;
     f1       =       l21;
     f1       =       c11;
     f1       =       c21;
/ *各种类型转换为整型 * /
     i1       =       l11;
     i1       =       l21;
     i1       =       c11;
     i1       =       c21;
     i1       =       f11;
/ *各种类型转换为无符号长整型 * /
```

```
    i2      =       l11;
    i2      =       l21;
    i2      =       c11;
    i2      =       c21;
    i2      =       f11;
/*各种类型转换为长整型*/
    l1      =       i11;
    l1      =       i21;
    l1      =       c11;
    l1      =       c21;
    l1      =       f11;
/*各种类型转换为无符号长整型*/
    l2      =       i11;
    l2      =       i21;
    l2      =       c11;
    l2      =       c21;
    l2      =       f11;
/*各种类型转换为字符型*/
    c1      =       i11;
    c1      =       i21;
    c1      =       l11;
    c1      =       l21;
    c1      =       f11;
/*各种类型转换为无符号字符型*/
    c2      =       i11;
    c2      =       i21;
    c2      =       l11;
    c2      =       l21;
    c2      =       f11;
    for(;;)
    {;}
}
```

程序实现：建立名为 conv 的工程，输入源程序并命名为 conv.c，将源程序加入工程。为了要观察各种数据的内存占用情况的变化，需要进行如下准备：

① 设置优化级别，参考例 3－2 将优化级别设为 0 级，即不优化。

② 编译、链接后打开 conv.M51 文件，查找所定义的各变量名，并找到各变量的地址，如图 3－23 所示，用笔和纸记录下来。

③ 选择 Debug→Start/Stop Debug Session 或按下 Ctrl＋F5 键进入调试，准备观察数据。以下关于数的地址的讨论参考本例实验结果。读者在实验时，以实际获得的地址值为准。如图 3－24 所示，开启观察和存储器窗口（Watch 和 Memory）。

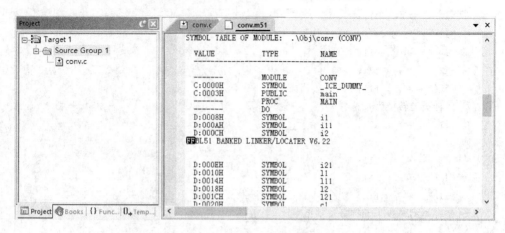

图 3 - 23　打开 M51 查找变量及其对应的地址

在存储器窗口中的 Address 文本框中输入"d:0x08",即要求从 Data 存储器的地址 0x08 开始查看内存情况。如果找不到 Memory 窗口,可以选择 View→Memory Window 开启该窗口,或者单击调试工具条上的 按钮开启此窗口。如果找不到观察窗口,可以选择 View→Watch & Call Stack Window 开启此窗口,或者单击调试工具条上的 按钮开启此窗口。

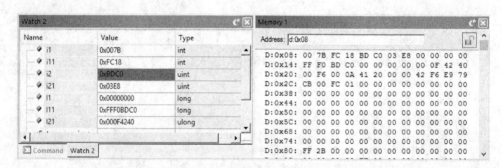

图 3 - 24　查看内存中的数据保存情况

④ 按 F10 键单步执行程序,对照记录下的地址查看各变量的变化,同时对照变量窗口观察变量的值。查看时,可以右击该变量,从弹出的菜单中选择 Number Base 的下一级菜单选择数据显示的方式为十六进制格式或十进制格式,如图 3 - 25 所示。

通过这一实验,可以得到如下的一些结论。

① 将实型数据赋给整型变量时,舍弃实数的小数部分。如 i 为整型变量,执行 "i=123.456;"的结果是 i=123,在内存中以整数形式存储。

观察 0x28 地址开始处的内存值为:0x42、0xF6、0xE9、0x79,这是浮点数 f11 = 123.456 在内存的表示方法,在执行完程序行:

```
i1  =  f11;
```

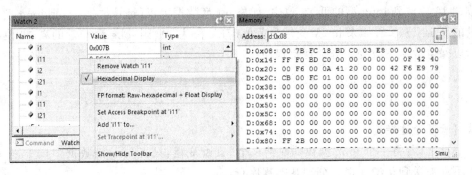

图 3 - 25　设置数据显示的格式

就可以观察到 0x08 开始的地址中的值为：0x00、0x7B，而 0x7B 正是十进制的 123。

② 将整型的数据赋给浮点型变量时，数值不变，但在内存中以浮点数的格式存储。

浮点型变量 f1 在内存中从 0x24 开始，开始运行时，其值为：0x00、0x00、0x00、0x00，执行完程序行：

```
f1  =  i11；
```

就可以看到，其值变为：0xC4、0x7A、0x00、0x00，该值仍表示 1 000，但以浮点数格式存储于内存中。

③ 字符型数据赋给整型变量时，由于字符只占 1 字节，而整型变量为 2 字节，因此将字符数据（8 位）放到整型变量低 8 位中。这还有两种状态：

➤ 把一个值为正的 char 型变量或一个 unsigned char 型变量赋值给 int 型时，将字符的 8 位放入整型变量的低 8 位，高 8 位清零；

观察 0x08 开始的 i1 的值，在执行完：

```
i1  =  c21；
```

则其值变为：0x00、0xa0。

➤ 将一个负值的 char 型变量赋给 int 型时，由于负值的 char 型变量的最高位是 1，因此，整型数据的高 8 位必须全部为 1，这称为"符号扩展"，这样做的目的是保证数据值不发生变化。

观察 0x08 开始的 i1 的值，在执行完：

```
i1  =  c11；
```

则其值变为：0xff、0xf6，保证 i1 的值为 -10。

④ 将一个 int 型、long 型数据赋给一个 char 型变量时，只将低 8 位原封不动地送到 char 型变量中，高位截去。

⑤ 将带符号的整型数据（int 型）赋给 long 型变量时，要进行符号扩展。将整型

数的 16 位送到 long 型的低 16 位中,如果 int 型数据为正(符号位是 0),则 long 型变量的高 16 位补 0;如果 int 型变量为负值(符号位为 1),则 long 型变量的高 16 位补 1,以保持数值不改变。分别观察程序行:

```
l1    =    i11;
l1    =    i21;
```

就可验证上述结论。

反之,若将一个 long 型数据赋给一个 int 型变量,只将 long 型数据中低 16 位原封不动地送到整型变量。分别观察程序行:

```
i1    =    l11;
i1    =    l21;
```

就可验证上述结论。

⑥ 将 unsigned int 型数据赋给 long 型变量时,不存在符号扩展问题,只需将高位补 0 即可。

⑦ 将非 unsigned 型数据赋给长度相同的 unsigned 型变量时,是原样照送。分别观察程序行:

```
i2    =    i11;
l2    =    l11;
c2    =    c11;
```

就可验证上述结论。

以上赋值规则看似复杂,实际却有规律可循。不同类型的整型数据间的赋值都是按存储单元中的存储形式直接传送,当精度低的值赋给精度高的变量时,必须保证其值不会发生变化。如字符型变量-10 赋给整型变量,必须保证整型变量的值仍是-10,所以要有符号位扩展。以此类推,其他的一些规则并不难理解。但如果纯从数学的角度去考虑问题,有些情况是很难理解的。例如执行如下程序行后:

```
i2    =    i11;
```

则-1000 变成了 64 536。特别是 C 语言不会为此而有任何的提示;因此,如果对于这部分的知识不熟悉,则比较容易出现问题,而且很难找出错误。如果编程中遇到了类似的"怪"事,应该如上例一样,通过观察内存中值的变化来了解程序中数值转换时发生的变化,从而找到原因。

3. 赋值表达式

由赋值运算符将一个变量和一个表达式连接起来的式子称为"赋值表达式"。它的一般形式为:

变量　赋值运算符 表达式

如"a=5"是一个赋值表达式。其求解的过程是:将赋值运算符右侧表达式的值赋给左侧的变量。赋值表达式的值就是被赋值变量的值。例如,"a=5"这个赋值表达式的值为 5(变量 a 的值也是 5)。

赋值表达式中的"表达式",还可以是另一个赋值表达式。例如:

```
a=(b=5)
```

括号内的"b=5"是一个赋值表达式,它的值等于 5。"a=(b=5)"相当于"b=5"和"a=5"两个赋值表达式,因此 a 的值等于 5,整个赋值表达式的值也等于 5。

3.10.5　逗号运算符和逗号表达式

C 语言提供一种特殊的运算符——逗号运算符。用它将两个表达式连接起来。例如:

```
3+5,4+6
```

它称为逗号表达式,又称为"顺序求值运算符"。逗号表达式的一般形式为:

表达式 1,表达式 2

逗号表达式的求解过程是:先求解表达式 1,再求解表达式 2。整个逗号表达式的值是表达式 2 的值。如上述 3+5,4+6 的值是 10。

3.10.6　位操作及其表达式

C 语言提供了如下位操作运算符:

&　　按位"与";

|　　按位"或";

^　　按位"异或";

~　　按位取"反";

<<　位左移;

>>　位右移。

除了按位取反"~"以外,以上位操作运算符都是两目运算符,即要求运算符两侧各有一个运算对象。

1. 按位"与"运算

规则:参加运算的两个运算对象,若两者相应的位都为 1,则该位结果值为 1;否则为 0。

例:若 a=0x4b,b=0xc8 则表达式 a&b 的值为:

```
a:    0 1 0 0 1 0 1 1
b:& 1 1 0 0 1 0 0 0
    0 1 0 0 1 0 0 0
```

即:结果为 0x48。

2. 按位"或"运算

规则:参加运算的两个运算对象,若两者相应的位中有一个为 1,则该位的结果为 1。

例:若 a＝0x4b,b＝0xc8 则表达式 a|b 的值为:

```
a:    0 1 0 0 1 0 1 1
b:  | 1 1 0 0 1 0 0 0
    ─────────────────
      1 1 1 0 1 0 1 1
```

即:结果为 0xeb。

3. 按位"异或"运算

规则:参加运算的两个运算对象,若两者相应的位值相同,则结果为 0,若两者相应的位值相异,则结果为 1。

例:若　a＝0x4b,b＝0xc8 则表达式 a^b 的值为:

```
a:    0 1 0 0 1 0 1 1
b:^   1 1 0 1 1 0 0 0
    ─────────────────
      1 0 0 1 0 0 1 1
```

即:结果为 0x93。

4. 位取"反"运算符"～"

"～"是一个单目运算符,用来对一个数的每个二进制位取反,即将 0 变为 1,将 1 变为 0。

例:若　　a＝0x3b,则～a 的值为

```
a:～  0 0 1 1 1 0 1 1
    ─────────────────
      1 1 0 0 0 1 0 0
```

即:结果为 0xc4。

5 .位左移运算符

位左移运算符"＜＜"用来将一个数的各二进制位全部左移若干位,移位后,空白位补 0,移动的位数由另一个运算对象确定。

例:若 a＝0x4b(二进制表达形式为:01001011B),则表达式 a＝a＜＜2,将 a 的值左移 2 位,结果为:

```
        0 1 0 0 1 0 1 1
    ─────────────────────
  0 1 0 0 1 0 1 1 0 0
```

移出的两位 01 丢失,后面被两位 0 填充,因此,运算后的结果是:00101100B 即 0x2C。

6. 位右移运算符

位右移运算符"＞＞"用来将一个数的各二进制位全部右移若干位,移位后,空白位补 0,移动的位数由另一个运算对象确定。

例:若 a=0x4b(二进制表达形式为:01001011B),则表达式 a=a>>2,将 a 的值右移 2 位,结果为:

```
0 1 0 0 1 0 1 1
0 0 0 1 0 0 1 0 1 1
```

移出的两位 11 丢失,前面被两位 0 填充,因此,运算后的结果是 00010010B 即 0x12。

3.10.7　自增减运算符、复合运算符及其表达式

1. 自增减运算符

自增减运算符的作用是使变量值加 1 或减 1。

++i　使用 i 的值之前先使 i 的值加 1,然后再使用 i 的值;

――i　使用 i 的值之前先使 i 的值减 1,然后再使用 i 的值;

i++　使用完 i 的值以后,再让 i 的值加 1;

i――　使用完 i 的值以后,再让 i 的值减 1。

++i 与 i++的运算类似,相当于执行 i=i+1 这样的一个操作,但它们也有不同之处。

例:如果 i 的值为 5,则

```
j= + +i;
```

其运算过程为 i 首先加 1 成为 6,然后这个值 6 被赋给变量 j,执行完毕后 i 和 j 的值均为 6。

如果语句变为:

```
j=i+ +;
```

其运算过程为首先将 i 的值 5 赋给 j,然后将 i 的值加 1 成为 6,执行完毕后 i 和 j 的值分别是 6 和 5。

――i 与 i――的区别与上述情况类似。

2. 复合运算符及其表达式

凡是二目运算符,都可以与赋值运算符"="一起组成复合赋值运算符。C 语言共提供了 10 种复合赋值运算符,即:

+=、-=、* =、/=、%=、<<=、>>=、&=、|=、^=。

采用这种复合赋值运算可以简化书写及提高 C 编译器的编译效率。

例如:

```
a+ = b;          //相当于a=a+b;
a- = b;          //相当于a=a-b;
```

第 **4** 章

C51 流程与控制

C 语言是一种结构化编程语言,结构化编程语言的基本元素是模块,它是程序的一部分,只有一个入口和一个出口,不允许有中途插入或从模块的其他路径退出。

结构化程序由若干个模块组成,每个模块中包含着若干个基本结构,而每个基本结构中可以有若干条语句。

C 语言有三种基本结构:

① 顺序结构;

② 选择结构;

③ 循环结构。

4.1 顺序结构程序

顺序结构是一种最基本,最简单的编程结构。在这种结构中,程序顺序执行指令代码。如图 4 - 1 所示,程序先执行 A 操作,再执行 B 操作,两者是顺序执行的关系。

图 4 - 1 顺序结构流程图

顺序结构是程序的基本组成部分,每个程序中几乎都有一些顺序结构的程序。

4.2 选择结构程序

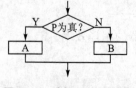

图 4 - 2 选择结构流程图

如果计算机只能做顺序结构那样简单的基本操作,它的用途将十分有限。计算机具有强大功能的原因之一就是具有判断或者说选择的能力。如图 4 - 2 所示是选择结构或称为分支结构。此结构中必包含一个判断框。根据给定的条件 P 是否成立而选择执行 A

框或 B 框。

4.2.1　引　入

首先通过一个例子来了解选择结构的一个具体的用法。

【例 4-1】　80C52 单片机的 P1 口接有 8 只发光二极管，P3.2～P3.5 接有 4 个按键，如图 4-3 所示，要求为按下 K1 键 LED 全亮，按下 K2 键 LED 全灭。

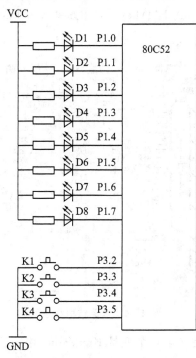

图 4-3　带有 4 个按键和 8 个发光二极管的单片机电路

程序如下：

```
#include "reg51.h"
void main()
{   unsigned char KeyValue;
    for(;;)
    {   P3 | = 0xc3;
        KeyValue = P3 | 0xfb;
        if(KeyValue! = 0xff)
            P1 = 0;
        KeyValue = P3 | 0xf7;
        if(KeyValue! = 0xff)
            P1 = 0xff;
    }
}
```

　　程序实现:参考图 4-4,输入源程序,命名为 key1.c,建立名为 key1 的工程,并将源程序加入其中。设置工程,在 Debug 选项卡左侧 Parameter 文本框中加入-dled-key。编译、链接正确后进入调试,选择 Peripheral→"键盘、LED 实验仿真板",打开实验仿真板。选择 Debug→Go 或调试工具条上的 按钮可全速运行,单击标有 P3.2 的按键(即 K1 键),此时 K1 键的状态由 Off 变为 On,可以观察到 8 个 LED 全亮,单击标有 P3.3 的键(即 K2 键)可以看到 LED 全部熄灭。

　　注:本书配套资料\exam\ch04\key1 文件夹中名为 key1.avi 的文件记录了这一过程,可供参考。

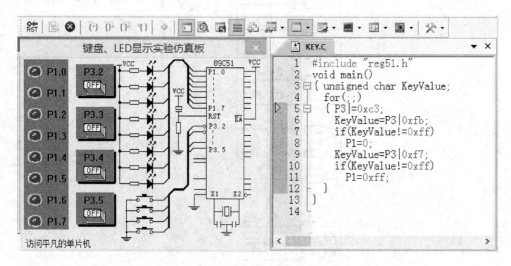

图 4-4　选择结构程序

　　程序分析:程序首先定义了一个变量 KeyValue,用于暂存读取的数据。然后用程序行:

```
P3 | = 0x3c;
```

将 P3.2~P3.5 置为高电平,而不影响 P3.0、P3.1、P3.6、P3.7。

　　由于 80C51 单片机的 P1、P2 和 P3 口是准双向 I/O 口,在作为输入之前一定要将相应的引脚置 1,而其他不作为按键用的引脚则不应当发生变化,将数 0x3c(00111100B)与 P3 按位"或",结果是中间 4 位被置 1,其余 4 位不发生变化。

　　随后用:

```
KeyValue = P3 | 0xfb;
```

程序行来判断 K1 键是否被按下。原理是:0xfb 即 11111011B,将该数与任一个数按位"或",除 D.2 位外,其余各位一定是 1,而 D.2 位的值取决于参与运算的 P3 的值。如果 P3 值该位是 1,那么按位"或"以后结果是 11111111B 即 0xff;如果该位是 0,按位"或"以后结果是 11111011B,不等于 0xff。因此,按位"或"以后如果该变量的值不等于 0xff,就说明 K1 键被按下,用同样的方法可以判断 K2 键是否被按下。

在判断出有键被按下后就可以根据被按下的键去执行不同的操作。这里用到了 C 语言提供的判断语句 if,其形式如下:

　　if(表达式)　语句

如果表达式的结果为真,则执行语句,否则不执行。

如果 K1 键被按下则将数 0 送往 P1 口,点亮所有 LED,而 K2 键被按下则将数 0xff 送往 P1 口,熄灭所有的 LED。

从这个例子可以看到,if 语句并不难理解,关键是判断条件是否满足要求,这需要熟悉 if 语句中表达式的内容,下面对表达式进行介绍。

4.2.2　关系运算符和关系表达式

所谓"关系运算"实际上是两个值进行比较,判断比较的结果是否符合给定的条件。关系运算的结果只有 2 种可能,即"真"和"假"。例:3>2 的结果为真,而 3<2 的结果为假。

1. C 语言的关系运算符:

C 语言一共提供了 6 种关系运算符:

<　　小于
<=　小于或等于　　⎫
>　　大于　　　　　⎬ 优先级相同(高)
>=　大于或等于　　⎭

==　　等于　　　　⎫
!=　　不等于　　　⎬ 优先级相同(低)

其优先次序如下:

① 前 4 种关系运算符(<、<=、>、>=)优先级相同,后两种也相同。前 4 种优先级高于后两种。

② 关系运算符的优先级低于算术运算符。

③ 关系运算符的优先级高于赋值运算符。

例如:

c>a+b　　等效于 c>(a+b)

a>b!=c　　等效于(a>b)!=c

a==b<c　等效于 a==(b<c)

a=b>c　　等效于 a=(b>c)

关系运算符的结合性为左结合。

2. 关系表达式

用关系运算符将两个表达式连接起来的式子,称为关系表达式。例如:

单片机 C 语言轻松入门(第 3 版)

a＞b

a＋b＞b＋c

(a＝3)＞＝(b＝5)

它们都是合法的关系表达式。

关系表达式的值只有两种可能,即"真"和"假"。在 C 语言中,没有专门的逻辑型变量,如果运算的结果是"真",用数值 1 表示;而运算的结果是"假"则用数值 0 表示。

例如程序行:

x1 = 3＞2;

其结果是 x1 等于 1,原因是 3＞2 的结果是"真",用 1 表示。由于该结果由"＝"赋给了 x1,所以最终结果是 x1 等于 1。

以下再举一些例子。

例如:若 a＝4,b＝3,c＝1

则 a＞b 的结果为"真",表达式的值为 1;

b＋c＜a 的结果为"假",表达式的值为 0;

(a＞b)＝＝c 的结果为"真",因为表达式 a＞b 的结果为"真",值为 1,而 1＝＝c 的结果为"真"。

d＝a＞b,d 的值为 1;

f＝a＞b＞c,由于关系运算符的结合性为左结合,因此先计算 a＞b,其值为 1,然后再计算 1＞c,其值为 0,故 f 的值为 0。

4.2.3　逻辑运算符和逻辑表达式

用逻辑运算符将关系表达式或逻辑量连接起来的式子是逻辑表达式。

C 语言提供了 3 种逻辑运算符:

&&　逻辑"与";

‖　逻辑"或";

!　逻辑"非"。

"&&"和"‖"为双目运算符,要求有两个运算对象;而"!"是单目运算符,只要求有一个运算对象。

C 语言逻辑运算符与算术运算符、关系运算符、赋值运算符之间的优先级如图 4-5 所示,其中"!"(逻辑"非")运算符优先级最高,算术运算符次之,关系运算符再次之,"&&"和"‖"又次之,最低的是赋值运算符。

逻辑表达式的结合性为自左向右。

C 语言编译系统在给出逻辑运算的结果时,用 1 表示"真",而用 0 表示"假",但

是在判断一个量是否是"真"时,以 0 代表"假",而以非 0 代表"真",这一点务必要注意。以下是一些例子:

① 若 a＝10,则! a 的值为 0,因为 10 被作为"真"处理,取反之后为"假",系统给出的"假"的值为 0。

② 如果 a＝－2,结果与上述情况完全相同,原因也同上,初学时常会误以为负值为假,这里特别提醒注意。

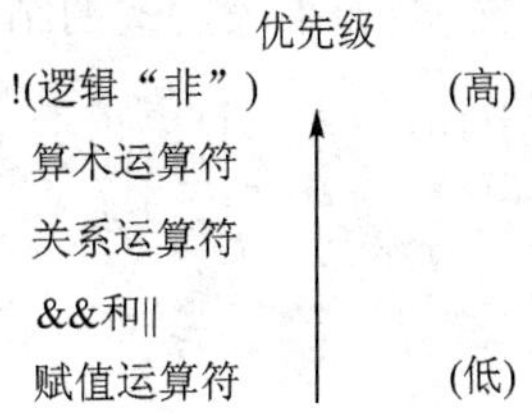

③ 若 a＝10,b＝20,则 a&&b 的值为 1,a‖b 的结果也为 1,原因为参与逻辑运算时不论 a 与 b 的值究竟是多少,只要是非零,就被当作"真","真"与"真"相与或者相或,结果都为"真",系统给出的结果是 1。

④ 不要把逻辑运算符与按位逻辑运算符搞混淆了。3.10 节已介绍过位操作。由于按位逻辑运算符与逻辑运算符有些相似,因此,如果对于这两种运算的概念不很清楚,就很容易产生混淆,以下对这两种运算分别加以说明。

逻辑运算和按位逻辑运算首先是形式上不一样,按位逻辑运算有按位"与"、按位"或"和按位"取反"3 种,它们的符号分别是"&"、"|"和"~";其次它们的运算过程不一样,逻辑运算的过程在 3.10 节中已叙及,"|"相当于 80C51 汇编指令中的 ORL 指令,"&"相当于 80C51 汇编指令中的"ANL"指令,而"~"则相当于 8051 汇编指令中的"CPL"指令;最后它们的结果不一样,逻辑运算的结果只有"真"(1)和"假"(0)两种,而按位逻辑运算的结果是一些具体的数值。

优先级	
!(逻辑"非")	(高)
算术运算符	↑
关系运算符	
&&和‖	
赋值运算符	(低)

图 4－5　优先级

4.2.4　选择语句 if

if 语句是用来判定所给定的条件是否满足,根据判定的结果("真"或"假")决定执行给出两种操作之一。其基本形式是:

1. 用法 1

if(表达式)　语句

描述:如果表达式为"真",则执行语句,否则执行 if 语句后面的语句。例如:

```
if(a>=3)
        b=0;
```

2. 用法 2

```
if(表达式)
        语句 1
else
        语句 2
```

描述：如果表达式的结果为"真"，则执行语句 1，否则执行语句 2。例如：

```
if(a> = 3)
        b = 0;
    else
        b = 100;
```

3. 用法 3

```
if(表达式 1)
    语句 1
else if(表达式 2)
    语句 2
else if(表达式 3)
    语句 3
    …
else if(表达式 m)
    语句 m
    …
else
    语句 n
```

描述：如果表达式 1 的结果为"真"，则执行语句 1，并退出 if 语句；否则去判断表达式 2。如果表达式 2 为"真"，则执行语句 2，并退出 if 语句；否则去判断表达式 3…最后，如果表达式 m 也不成立，就去执行 else 后面的语句 n。else 和语句 n 也可以省略不用。

例如：

```
if(a> = 3)
    c = 10;
else if(c> = 2)
    c = 20;
elseif(c> = 1)
    c = 30;
else
    c = 0;
```

以下通过一些具体例子进一步学习这几种 if 语句的用法。

【例 4 - 2】　电路如图 4 - 3 所示，要求按下按键 K1 时灯亮，松开按键 K1 后灯灭。

程序如下：

```
#include "reg51.h"
void main()
{    for(;;)
```

```
    {   P3| = 0x3c;                    //将 P3.2～P3.5 位置高电平
        if((P3|0xfb)!= 0xff)           //判断 K1 是否被按下
            P1 = 0;                    //按下去了,点亮全部 LED
        else
            P1 = 0xff;                 //否则熄灭所有灯
    }
}
```

程序实现:输入源程序并命名为 Key2.c,建立名为 Key2 的工程,设置工程,在 Debug 选项卡左侧 Parameter 文本框中加入-dledkey。编译、链接正确后进入调试,单击 Peripheral→"键盘、LED 实验仿真板"打开实验仿真板,全速运行。将鼠标移至 K1 键上并按下左键,可以看到 K1 键由 Off 状态变为 On 状态,此时可以观察到所有发光管"点亮",松开左键后所有发光管"熄灭"。本例使用了 if 语句的第 2 种形式,即如果条件满足,则执行 P1＝0,否则执行 P1＝0xff。

注:本书配套资料\exam\ch04\key2 文件夹中名为 key2.avi 的文件记录了这一过程,可供参考。

再来看一个例子。

例 4 - 1 中按要求 K1 键按下灯亮,而 K2 键按下灯灭,但是如果 K1 键和 K2 键同时按下又会如何呢? 实际做一下这个实验,在使用实验仿真板做实验时,可以将鼠标移入 K2 键范围,按下左键后不要松开,移出 K2 键范围后再松开鼠标左键,K2 键即不弹起而一直处于 On 的状态。此时如果按下 K1 键,可以发现灯不断地亮、灭。出现这种现象的原因在于该程序使用了两个判断语句,而这两个判断语句是一种顺序结构,顺序执行,相互之间没有制约关系。这样的程序在某些场合不能满足要求,如控制机器的动作,要求是只要"停止"按键被按下,不论"开始"按键是否被按下,都不能再开启机器。为满足这一要求,就需要用到 if 语句的第 3 种形式。

【例 4 - 3】　按下 K1 点亮 LED,按下 K2 熄灭 LED,且 K2 优先,只要 K2 被按住,LED 就不能被点亮。程序如下:

```
# include "reg51.h"
void main()
{   for(;;)
    {   P3| = 0x3c;
        if((P3|0xf7)!= 0xff)           //如果 K2 键被按下
            P1 = 0xff;
        else if((P3|0xfb)!= 0xff)      //否则判断 K1 键是否被按下
            P1 = 0;
    }
}
```

程序实现:输入源程序并命名为 key3.c,建立名为 Key3 的工程,设置工程,在

Debug 选项卡左侧 Parameter 文本框中加入- dledkey。编译、链接正确后进入调试，选择 Peripheral→"键盘、LED 实验仿真板"打开实验仿真板，全速运行，按下 K1 键后灯亮，按下 K2 键后灯灭。如果按下 K2 键后不松开鼠标左键，移出 K2 键范围，使之一直处于 On 的状态，再去按 K1 键，会发现 LED 没有任何变化。

注：本书配套资料\exam\ch04\key3 文件夹中为 key3.avi 的文件记录了这一过程，可供参考。

程序分析：程序中首先用"if((P3|0xf7)! ＝0xff)"来判断 K2 键是否被按下。如果该键被按下，就执行"P1＝0xff；"程序行，然后退出 if 语句。如果该条件不成立，则转去"else if((P3|0xfb)! ＝0xff)"，判断 K1 键是否被按下。如果 K1 键被按下，则执行"P1＝0；"程序行，否则退出 if 语句，这样就满足了 K2 键优先的要求。当要求 K1 键优先时，只要将判断的次序改变一下即可，请读者自行完成这一练习。

4.2.5 if 语句的嵌套

在 if 语句中又包含一个或多个语句称为 if 语句的嵌套。通过嵌套可以实现更复杂的判断工作，其一般形式如下：

```
if()
        if()      语句 1
        else      语句 2
else
        if()      语句 3
        else      语句 4
```

使用 if 语句的嵌套时一定要注意 if 与 else 的配对关系，else 总是与它上面的最近的 if 配对。如果写成

```
if()
        if()语句 1
else
    语句 2
```

编程者的本意是外层的 if 与 else 配对，缩进的 if 语句为内嵌的 if 语句，但 C 语言并不识别书写的形式，else 总是与它上面的最近的 if 配对，因此这里的 else 将与缩进的那个 if 配对，从而造成岐义。为避免这种情况，编程时应使用大括号将内嵌的 if 语句括起来。

【例 4-4】 如果 K1 键被按下，K2 键也被按下，那么灯全亮；松开 K2 键，灯也不灭；如果 K1 键松开，则灯全灭。

程序如下：

```
# include "reg51.h"
void main()
```

```
{    for(;;)
    {    P3| = 0x3c;
         if((P3|0xfb)!= 0xff)          //K1 被按下了吗?
         {    if((P3|0xf7)!= 0xff)     //K2 被按下了吗?
                  P1 = 0;              //K1 与 K2 都被按下,点亮 LED
         }
         else
              P1 = 0xff;              //任一条件不满足,熄灭 LED
    }
}
```

　　程序实现：输入源程序并命名为 key4.c，建立名为 Key4 的工程。设置工程时，在 Debug 选项卡左侧 Parameter 文本框中加入 - dledkey。编译、链接正确后进入调试，选择 Peripheral→"键盘、LED 实验仿真板"打开实验仿真板，全速运行，鼠标移到 K1 键位置后按下左键，不要松开按键将鼠标移出 K1 键的范围再松开鼠标左键，K1 键就一直处于接通状态。然后按下 K2 键，灯全亮；松开 K2 键，灯也不灭；再次按下 K1 键，则灯全灭。

　　注：本书配套资料\exam\ch04\key4 文件夹中名为 key4.avi 的文件记录了这一过程，可供参考。

　　注意：if 后面括号中表达式究竟是什么并不重要，不管是关系表达式、算术运算式，甚至是一个常量都没有关系，关键是将这个式子的值计算出来，然后判断其是否是 0 即可。若是 0 则条件不成立；否则条件成立。这就是 C 语言的灵活之处，也是很多学过其他语言的读者感到困惑的地方。

4.2.6　条件运算符

　　若 if 语句中，在表达式为"真"和"假"，且都只执行一个赋值语句给同一个变量赋值时，可以用简单的条件运算符来处理。例如，若有以下 if 语句：

```
if(a>b)      max = a;
else         max = b;
```

可以用下面的条件运算符来处理：

```
max = (a>b)? a:b;
```

其中"(a>b)? a:b"是一个"条件表达式"。它的执行过程是：

如果(a>b)条件为"真"，则条件表达式取值 a，否则取值 b。

条件运算符要求有 3 个操作对象，其一般形式为：

表达式 1? 表达式 2:表达式 3

它的执行过程如图 4 - 6 所示。

表达式1
为"真"吗?
Y
N
条件表达式取
表达式2的值
条件表达式取
表达式3的值

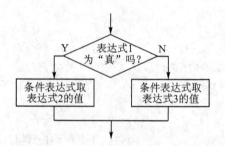

图 4－6　条件运算符的执行过程

4.2.7　switch/case 语句

在实际应用中，常常会遇到多分支选择问题，例如以一个变量的值为判断条件，将此变量的值域范围分成几段，每一段对应着一种选择或操作。这种问题可以使用 if 嵌套实现，但是当分支较多时，则嵌套的 if 语句层数多，程序冗长而且可读性降低。C 语言提供了 switch 语句，可直接处理多分支选择，switch 实现选择的执行过程如图 4－7 所示。

switch 语句的一般形式如下：

```
switch(表达式)
{    case   常量表达式 1:语句 1
     case   常量表达式 2:语句 2
……
     case   常量表达式 n:语句 n
     default:语句 n+1
}
```

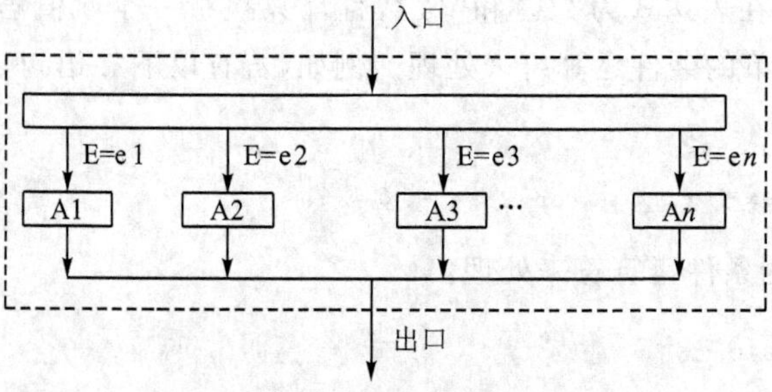

入口
E=e1
E=e2
E=e3
E=en
A1
A2
A3
…
An
出口

图 4－7　switch 语句实现选择的过程

switch 语句说明如下：

① switch 后面括号内的"表达式"，可以是任何类型。

② 当表达式的值与某一个 case 后面的常量表达式相等时，就执行此 case 后面的语句；若所有的 case 中的常量表达式的值都没有与表达式值匹配的，就执行

default 后面的语句。

③ 每一个 case 的常量表达式的值必须不相同。

④ 各个 case 和 default 的出现次序不影响执行结果。

⑤ 执行完一个 case 后面的语句后,并不会自动跳出 switch,转而去执行其后面的语句。而是紧接着执行这个 case 后面的语句,

【例 4 - 5】　如图 4 - 3 所示电路,要求按下 K1 键,P1.7 和 P1.3 所接 LED 亮;按下 K2 键,P1.6 和 P1.2 所接 LED 亮;按下 K3 键,P1.5 和 P1.1 所接 LED 亮;按下 K4 键,P1.4 和 P1.0 所接 LED 亮。

程序如下:

```
# include "reg51.h"
void main()
{    unsigned char KeyValue;
    for(;;)
{    P3 | = 0x3c;
      KeyValue = P3;
      switch(KeyValue)
{    case 0xfb: P1 = 0xee;
      case 0xf7: P1 = 0xdd;
      case 0xef: P1 = 0xbb;
      case 0xdf: P1 = 0x77;
    }
  }
}
```

程序实现:输入源程序并命名为 key5.c,建立名为 Key5 的工程。设置工程时,在 Debug 选项卡左侧 Parameter 文本框中加入- dledkey。编译、链接正确后进入调试,单击 Peripheral→"键盘、LED 实验仿真板"打开实验仿真板。全速运行,分别按下各键,观察灯亮的情况。结果发现按下 K1、K2、K3 键后 LED 有闪烁的现象,松开所按的按键和按下 K4 键的结果相同,都是 P1.4 和 P1.0 所接灯亮,那么为何会这样呢?

程序分析:以按下 K1 键为例。按下 K1 键后,的确如编程时设想的那样执行了语句行:

```
P1 = 0xee;
```

但执行完毕并没有退出 switch 语句,而是继续执行下面的语句:

```
case 0xf7:   P1 = 0xdd;
case 0xef:   P1 = 0xbb;
case 0xdf:   P1 = 0x77;
```

结果是按下 K1 键和按下 K4 键得到了同样的结果。

同样,按下 K2、K3 键最终都会执行到最后一行:

```
case 0xdf: P1 = 0x77;
```

最终所有按键得到了同样的结果。而在按住 K1 键不松开的情形下,不断执行这些语句,就使 LED 不断亮、灭,闪烁显示。这显然不是编程者的意愿,为了避免这种情况,应该在执行完一个 case 分支后,使流程跳出 switch 结果,即终止 switch 语句的执行。可以用一个 break 语句来达到此目的。

将上述程序修改后的源程序如图 4-8 所示,这样就能够得到预想的结果。

注: 本书配套资料\exam\ch04\key5 文件夹中名为 key5.avi 的文件,记录了这一过程,可供参考。

分支程序是一种常用的程序设计方法,在实际工作中,凡是涉及到判断的工作几乎都要用到这种程序设计方法,如常用的按键识别、根据给定条件进行相应的工作等。

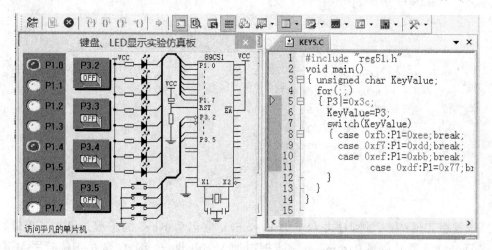

图 4-8　加入 break 语句后的 switch 语句

4.3　循环结构程序

在许多实际问题中,需要进行具有规律性的重复操作,以下举例说明。

例如:编程实现 P1.0 所接 LED 闪烁发光。

分析:在 1.2.1 节中就有关于闪烁灯的例子,P1.0 定义:

```
P1_0 = P1^0;
```

这样,只要使用:

```
P1_0 = 0;
```

即可点亮发光管,使用:

```
P1_0 = 1;
```

即可让发光管熄灭。

程序可以这样描述：

```
P1_0 = 0;   /* 点亮 P1.0 所接的发光管 */ ················································ (1)
```

延时一段时间；　　　　　　　·· (2)

```
P1_0 = 1;   /* 熄灭 P1.0 所接的发光管 */ ················································ (3)
```

程序到这里都很好理解，但接下来呢？应该如何写呢？接着写

延时一段时间；　　　　　　　·· (4)

```
P1_0 = 0;   /* 点亮 P1.0 所接的发光管 */ ················································ (5)
......
```

　　　　　　　　　　　　　　　·· (n)

这样不停地写下去，程序很快就会变得非常长，但是程序可以执行的时间却并不能无限延长，可见这不是好的方法。正确的方法，应该是让程序在执行完第(3)行程序后能够回到第(1)去执行，这就是循环的用处。

几乎每一个能实用的程序都包含有循环结构。

4.3.1　循环程序简介

在一个实用的程序中，循环结构是必不可少的。循环是反复执行某一部分程序行的操作。有两类循环结构：

1. 当型循环

如图 4-9 所示，在这种结构中，当判断条件 P 成立（为"真"）时，执行循环体部分，执行完毕回来再次判断条件，如果条件成立继续循环，否则退出循环。

2. 直到型循环

如图 4-10 所示，在这种结构中，先执行循环体部分，然后判断给定的条件 P，只要条件成立就继续循环，直到判断出给定的条件不成立时退出循环。

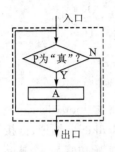

图 4-9　当型循环

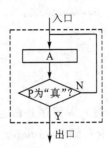

图 4-10　直到型循环

单片机 C 语言轻松入门（第 3 版）

97

构成循环结构的常用语句主要有：while、do-while 和 for 等。

4.3.2　while 循环语句

while 语句用来实现"当型"循环结构，其一般形式如下：

while(表达式)　语句

当表达式为非 0 值（"真"）时，执行 while 语句中的内嵌语句。其特点是：先判断表达式，后执行语句。

while 循环语句的特点在于，其循环条件测试处于循环体的开头，要想执行重复操作，首先必须进行循环条件测试。若条件不成立，则循环体内的重复操作一次也不执行。

【例 4 - 6】　如图 4 - 3 所示电路中，编程实现当 K1 键被按下时，流水灯工作，否则灯全部熄灭。

程序如下：

```
# include "reg51.h"
# include  "intrins.h"              //该文件包含有_crol_(…)的函数原型
void mDelay(unsigned int DelayTime)
{   unsigned int  j = 0;
    for(;DelayTime>0;DelayTime - - )
    {   for(j = 0;j<125;j + +)
        {;}
    }
}
void main()
{   unsigned char OutData = 0xfe;
    while(1)
    {   P3| = 0x3c;
        while((P3|0xfb)! = 0xff)
        {   P1 = OutData;
            OutData = _crol_(OutData,1);   //循环左移
            mDelay(1000);                   //延时 1 000 ms
        }
        P1 = 0xff;
    }
}
```

程序实现：输入源程序并命名为 loop1.c，建立名为 loop1 的工程。设置工程时，在 Debug 选项卡左侧 Parameter 文本框中加入 - dledkey。编译、链接正确后进入调试，选择 Peripheral→"键盘、LED 实验仿真板"，打开实验仿真板，全速运行。用鼠标按下 K1 键，可以观察到 P1.0～P1.7 所接 LED 由上往下流动；松开 K1 键，则全部熄灭。

注:本书配套资料\exam\ch04\loop1 文件夹中名为 loop1.avi 的文件记录了这一过程,可供参考。

程序分析:程序中第 2 个 while 语句表达式用来判断 K1 键是否被按下。如被按下,则执行循环体内的程序;否则执行"P1=0xff;"程序行,灯全部熄灭,这样就满足了题目的要求。

4.3.3　do-while 循环语句

do-while 语句用来实现"直到型"循环,特点是先执行循环体,然后判断循环条件是否成立。其一般形式如下:

do

　　循环体语句

while(表达式)

对同一个问题,既可以用 while 语句处理,也可以用 do-while 语句处理。但是这两个语句是有区别的,下面我们用 do-while 语句改写例 4-6。

【例 4-7】　编程实现用 do-while 语句实现如下功能:K1 键按住,流水灯工作,K1 键松开,灯全熄灭。

程序如下:

```
# include "reg51.h"
# include "intrins.h"              //该文件包含有_crol_(…)的函数原型
void mDelay(unsigned int DelayTime)
{    unsigned int  j = 0;
     for(;DelayTime>0;DelayTime--)
     {    for(j = 0;j<125;j++)
          {;}
     }
}
void main()
{    unsigned char OutData = 0xfe;
     while(1)
     {    P3 | = 0x3c;
          do
          {    P1 = OutData;
               OutData = _crol_(OutData,1);       //循环左移
               mDelay(1000);                      //延时 1 000 ms
          } while((P3|0xfb)! = 0xff)
          P1 = 0xff;
     }
}
```

程序实现:输入源程序并命名为 loop2.c,建立名为 loop2 的工程。设置工程时,在 Debug 选项卡左侧 Parameter 文本框中加入- dledkey。编译、链接正确后进入调试,单击 Peripheral→"键盘 LED 实验仿真板"打开实验仿真板,全速运行,可以观察不论是否按住 K1 键,LED 灯均在流动显示,与设想不一致,停止全速动行,单击 ⓪ 单步执行程序以查找问题,请仔细观察单步执行过程。

注:本书配套资料\exam\ch04\loop2 文件夹中名为 loop2.avi 的文件记录了这一过程,可供参考。

程序分析:本例与例 4 - 6 相比,除 main 函数中用 do-while 替代 while 外,没有其他的不同。初步设想,如果 while()括号中的表达式为"真"即 K1 键被按下,应该执行程序体,否则不执行,效果与例 4 - 6 相同。但是事实上并非这样,这是为什么呢?

单步运行程序时发现,当 K1 键被按下后,的确在执行循环体内的程序,与设想相同。而当 K1 键没有被按下时,按设想,循环体内的程序不应该被执行。但事实上,do 后面的语句至少要被执行一次才去判断条件是否成立。所以程序依然会去执行 do 后面的循环体部分,只是在判断条件不成立(K1 键没有被按下)后,转去执行"P1=0xff;",然后又继续循环,而下一次循环中又会先执行一次循环体部分。因此,K1 键是否被按下仅取决于"P1=0xff;"这一程序行是否会被执行到。可见,对于这个编程要求,使用 do while()语句进行编程是不恰当的,无法满足设计要求。

4.3.4 for 循环语句

C 语言中的 for 语句使用最为灵活,它不仅可以用于循环次数已经确定的情况,而且可以用于循环次数不确定而只给出循环结束条件的情况。它既可以包含一个索引计数变量,也可以包含任何一种表达式。除了被重复的循环指令体外,表达式模块由 3 个部分组成,第 1 部分是初始化表达式;第 2 部分是对结束循环进行测试,一旦测试为"假",就会结束循环;第 3 部分是增量。

for 语句的一般形式为:

for(表达式 1;表达式 2;表达式 3)

{ 语句

}

for 循环语句执行过程是:

① 先求解表达式 1。

② 求解表达式 2,若其值为"真",则执行 for 语句中指定的内嵌语句(循环体),然后执行第③步;如果为"假",则结束循环,转到第⑤步。

③ 求解表达式 3。

④ 转回上面的第②步继续执行。

⑤ 退出 for 循环,执行循环语句的下一条语句。

for 语句典型的应用是这样一种形式：

for(循环变量初值;循环条件;循环变量增值)　语句

例如：

```
int i,sum;
sum = 0;
for(i = 0;i< = 10;i + + )
    sum + = i;
```

运算的结果是 sum 的值为 55。

在程序中,for 循环表达式 1 是 i＝0,其作用是给 i 赋初值。表达式 2 是 i＜＝10,其作用是对循环条件进行测试。当 i 的值小于或等于 10 时,表达式 2 为"真",则执行循环体内语句"sum＋＝i;",然后执行表达式 3"i＋＋",进入下一次循环。当 i 的值大于 10 后,表达式 2 的结果为"假",则终止循环,执行该循环语句的下一条语句。

for 循环中的几种特例如下。

① 如果变量初值在 for 语句前面赋值,则 for 语句中的表达式 1 应省略,但其后的分号不能省略。例 1－1 延时程序中有"for(;DelayTime＞0;DelayTime－－){…}"的写法,省略掉了表达式 1,因为这里的变量 DelayTime 是由参数传入的一个值,不能在这个式子里赋初值。

② 表达式 2 也可以省略,但是同样不能省略其后的分号。如果省略该式,将不判断循环条件,循环无终止地进行下去,也就是认为表达式始终为"真"。

③ 表达式 3 也可以省略,但此时编程者应该另外设法保证循环能正常结束。

④ 表达式 1、2 和 3 都可以省略,即形成如 for(;;)的形式,它的作用相当于是while(1),即构一个无限循环的过程。

⑤ 循环可以嵌套,如例 4－7 程序中就是两个 for 语句嵌套使用构成二重循环,C语言中的 3 种循环语句可以相互嵌套。

4.3.5　break 语句

在一个循环程序中,可以通过循环语句中的表达式来控制循环程序是否结束,除此之外,还可以通过 break 语句强行退出循环结构。

【例 4－8】　电路如图 4－3 所示,要求开机后,全部 LED 不亮,按下 K1 键则从LED1 开始依次点亮,至 LED8 后停止并全部熄灭;等待再次按下 K1 键,重复上述过程。如果中间 K2 键被按下,LED 立即全部熄灭,返回起始状态。

程序如下：

```
# include "reg51.h"
void mDelay(unsigned int DelayTime)
{    unsigned int  j = 0;
```

```
        for(;DelayTime>0;DelayTime - -)
        {    for(j = 0;j<125;j + +)
             {;}
        }
}
void main()
{    unsigned char OutData = 0xfe;
     unsigned char i;
     while(1)
     {    P3| = 0x3c;
          if((P3|0xfb)! = 0xff)                    //K1 键被按下
          {    for(i = 0;i<8;i + +)
               {    OutData = 0xfe;
                    if((P3|0xf7)! = 0xff)            //K2 键被按下
                         break;
                    OutData = OutData<<1;
                    P1& = OutData;
                    mDelay(1000);                   //延时 1 000 ms
               }
          }
          P1 = 0xff;
     }
}
```

程序实现： 输入源程序并命名为 loop3.c，建立名为 loop3 的工程。设置工程，在 Debug 选项卡左侧 Parameter 文本框中加入 - dledkey。编译、链接正确后进入调试，选择 Peripheral→"键盘、LED 实验仿真板"打开实验仿真板，全速运行。按下 K1 键后，LED 由上到下逐渐点亮，最后一个 LED 被点亮后全部 LED 熄灭。如果在按下 K1 键后，LED 还没有全部被点亮之前按下 K2 键，则 LED 全部熄灭。回到初始状态，等待按键。

注意： K2 键按下的时间必须足够长，因为这里每 1 s 才会检测一次 K2 键是否被按下。

注： 本书配套资料\exam\ch04\loop3 文件夹中名为 loop3.avi 的文件记录了这一过程，可供参考。

程序分析： 开机后，检测到 K1 键被按下，执行一个 "for(i＝0;i<8;i＋＋){…}" 的循环，即循环 8 次后即停止，而在这段循环体中，又用到了如下的程序行：

```
if((P3|0xf7)! = 0xff)  break;
```

即判断 K2 键是否按下，如果 K2 键被按下，则使用 break 语句立即结束本次循环。

4.3.6　continue 语句

continue 语句的用途是结束本次循环,即跳过循环体中下面的语句,接着进行下一次是否执行循环的判定。

Continue 语句和 break 语句的区别是:continue 语句只结束本次循环,而不是终止整个循环的执行;而 break 语句则是结束整个循环过程。

【例 4 - 9】　将例 4 - 8 中的 break 语句改为 continue 语句,会有什么结果?

程序如下:

```c
# include "reg51.h"
# include "intrins.h"                    //该文件包含有_crol_(…)的函数原型
void mDelay(unsigned int DelayTime)
{    unsigned int  j = 0;
     for(;DelayTime>0;DelayTime--)
     {    for(j = 0;j<125;j++)
          {;}
     }
}
void main()
{    unsigned char OutData = 0xfe;
     unsigned char i;
     while(1)
     {    P3| = 0x3c;
          if((P3|0xfb)! = 0xff)              //K1 键被按下
          {    for(i = 0;i<8;i++)
               {    mDelay(1000);            //延时 1 000 ms
                    OutData = 0xfe;
                    if((P3|0xf7)! = 0xff)     //K2 键被按下
                        continue;            //在这里将 break 改为 continue
                    OutData = OutData<<1;
                    P1 = OutData;
               }
          }
          P1 = 0xff;
     }
}
```

程序实现:输入源程序并命名为 loop4.c,建立名为 loop4 的工程。设置工程,在 Debug 选项卡左侧 Parameter 文本框中加入 - dledkey。编译、链接正确后进入调试,单击 Peripheral→"键盘、LED 实验仿真板"打开实验仿真板,全速运行。按下 K1 键后,LED 由上到下逐渐点亮,最后一个 LED 被点亮后全部 LED 熄灭。如果在按下

K1键后，LED还没有全部被点亮之前按住K2键，LED即跳过中间一部分状态，待K2释放后再继续点亮LED。最终屏幕上可能是显示如图4-11这样的一种状态。

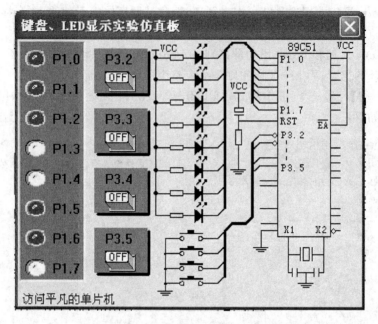

图4-11　使用continue语句得到的效果

注:本书配套资料\exam\ch04\loop4文件夹中名为loop4.avi的文件记录了这一过程,可供参考。

程序分析:开机后,检测到K1键被按下,各灯开始依次点亮。如果K2键没有被按下,将循环8次,直到所有灯点亮,又回到初始状态,即所有灯灭,等待K1键被按下。如果在一次运行中K2键被按住,不是立即退出循环,而只是结束本次循环,即不执行continue语句下面的语句:

```
OutData = _crol_(OutData,i);
P1 = OutData;
```

但要继续转去判断循环条件是否满足。因此,不论K2键是否被按住,循环总是要经过8次才会终止,差别在于是否执行了上述两行程序。如果上述程序行有一次未被执行,意味着有一个LED未被点亮,如果按住K2键过一段时间(1~2 s)松开,中间将会有一些LED不亮,直到最后一个LED被点亮,又回到初始状态,等待K1键被按下。

4.4　仿真型实验板的使用

在学习 4.2 和 4.3 节时,大量应用了实验仿真板来演示实验现象,在真正做过这些实验后往往会发现,灯流动的速度非常快,有时根本无法看清,因此不得不增加延迟时间以得到可以观察的现象。用软件模拟无法获得真实的时序,这是用软件模拟无法克服的一个缺点,为获得真实和直观的现象,必须要使用硬件仿真。本书 2.5 节介绍了具有仿真功能的实验板,下面就介绍如何使用这块实验板的仿真功能来进行硬件实验。

4.4.1　仿真型实验板与计算机的连接

使用串口电缆将实验板的串口与计算机的某个串口(设为 COM1 口,以下均以此为例)连接起来。给实验板通电,开启计算机。

【例 4 - 10】　用于学习仿真型实验板使用的演示程序,实现流水灯功能。

程序如下:

```
# include "reg51.h"
# include "intrins.h"                    //该文件包含有 _crol_(…)的函数原型
void mDelay(unsigned int DelayTime)
{    unsigned int    j = 0;
     for(;DelayTime>0;DelayTime--)
     {    for(j = 0;j<125;j++)
          {;}
     }
}
void main()
{    unsigned char OutData = 0xfe;
     while(1)
     {
          P1 = OutData;
          OutData = _crol_(OutData,1);    //循环左移
          mDelay(1000);                   //延时 1 000 ms
     }
}
```

程序实现:建立名为 lamp 的工程,输入源程序,命名为 lamp.c,将 lamp.c 加入工程。工程建立好以后,还要对工程进行进一步的设置,以满足要求。

单击 Project 窗口中的 Target 1,选择菜单 Project → Option for target 'target1',打开工程设置对话框,这其中的大部分设置在本书 2.1 节有详细介绍,这里就不再重复,下面着重说明仿真功能的使用。

单击 Debug 切换到 Debug 选项卡，该选项卡用来设置调试器。左侧的 Use Simulator 是选择 Keil 内置的模拟调试器，右侧则是使用硬件仿真功能。由于这里要使用硬件仿真功能，因此选择单击右侧的 Use Keil Monitor‑51 Drive，然后选中 Load Application at Start 和 Go Till main，使其如图 4‑12 所示。通常正常安装完成后，Use 后的下拉列表就是显示 Keil Monitor‑51 Drive。如果是其他参数，则可单击下拉列表，选择"Keil Monitor‑51 Drive"。选择完成后，单击 Setting 按钮，选择你所用的 PC 上的串口、波特率（通常可以使用 38 400），其他设置一般不需要更改，设置好后如图 4‑13 所示。设置完毕，回到主程序窗口。

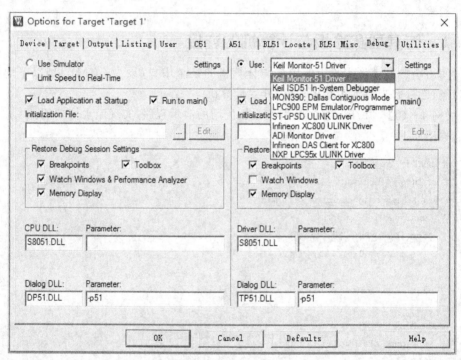

图 4‑12　设置 Debug 选项卡

设置好工程后，即可进行编译、连接。选择菜单 Project→Build target，对当前工程进行链接，如果出现语法错误，则应该改正所有错误，直到没有语法错误并正确生成目标代码为止。

选择 Debug→Start/Stop Debug Session 或按 Ctrl＋F5 键即可进入调试界面，如图 4‑14 所示。注意在图的左下角如果显示 Connected to Monitor‑51 V3.4，这样的结果，说明 Keil 软件已与仿真机正确连接。

如果没有能够出现如图 4‑14 所示界面，而是出现了如图 4‑15 的界面，不必着急，请按如下的方法进行调试。

① 不要单击 Try Again 而要单击 Stop Debuging 退出联机，退出时可以看到如

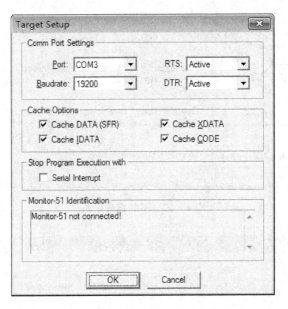

图 4 - 13　选择串口、波特率及其他选项

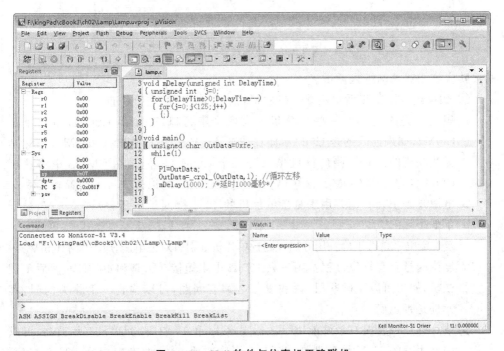

图 4 - 14　Keil 软件与仿真机正确联机

图 4 - 16 所示对话框，单击"确定"按钮退出。

　② 切断实验板电源，约过 3～5 s 钟后重新通电，再次按 Ctrl＋F5 键进行调试，

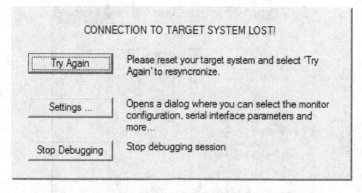

图 4-15　不能正确联机

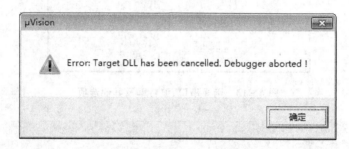

图 4-16　调试错误的提示

通常就应该能够正确进入调试。

③ 如果经过第②步后仍不能正确联机，请按如下顺序进行检查。

➤ 串行口是否选错？一些计算机上有两个串行口，一个是 COM1，另一个是 COM2，如果插入的是 COM2，而在如图 4-13 设置时选择了 COM1，当然是无法联机的。有一些计算机虽只有一个 COM 口，但是在 CMOS 中将这个 COM 口定义为 COM2，这样也会导致无法联机，可以改变一下设置试试看。

➤ 电源是否正确？用万用表测量单片机的 40 引脚对地电压，应该是 5 V，最低不低于 4.5 V。

➤ 复位端电平是否正确？用万用表测量单片机 9 引脚对地电压，应不大于 0.5 V。

➤ 复位端是否有复位过程？用一只 100 Ω 电阻短接 9 引脚和 40 引脚，然后重试联机，如果可以正确联机，说明复位电路有问题，可以检查一下相关的阻、容元件是否正确。

➤ 单片机是否起振？最好能用示波器观察 18 和 19 引脚，如果没有示波器，可以用万用表的 10 V 档分别测 18 和 19 引脚对地电压，两者应相差 2 V 左右，否则说明电路未能起振。

按以上所示方法检查，直到能正确联机为止。

4.4.2　程序的调试

进入调试状态后，IDE 界面与编辑状态相比有明显的变化，Debug 菜单项中原来不能用的命令现在已可以使用了，如图 4 - 17 所示。工具栏会多出一个用于运行和调试的工具条，Debug 菜单上的大部分命令可以在此找到对应的快捷按钮，从左到右依次是复位、运行、停止、单步、过程单步、执行完当前子程序、运行到当前行、显示下一状态等命令。

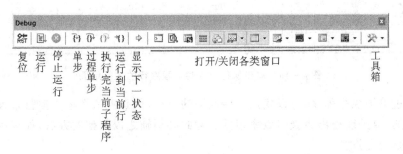

图 4 - 17　调试工具栏

1. 单步与过程单步调试

学习程序调试，必须明确两个重要的概念，即单步执行与全速运行。全速执行是指一行程序执行完以后紧接着执行下一行程序，中间不停止。这样程序执行的速度很快，并可以看到该段程序执行的总体效果，即最终结果是否正确。但如果程序有错，则难以确认错误出现在哪些程序行。单步执行是每次执行一行程序，执行完该行程序以后即停止，等待命令执行下一行程序。此时可以观察该行程序执行完以后得到的结果，是否与我们写该行程序所想要得到的结果相同，借此可以找到程序中的问题所在。程序调试中，这两种运行方式都要用到。

使用菜单 Debug→Step 或相应的命令按钮或使用快捷键 F11 可以单步执行程序；使用菜单 Step Over 或功能键 F10 可以以过程单步形式执行命令。所谓过程单步，是指将汇编语言中的子程序或高级语言中的函数作为一个语句来全速执行。

按下 F11 键，可以看到源程序窗口的左边出现了一个黄色调试箭头，指向源程序的第一行，如图 4 - 18 所示。当执行到：

```
P1 = OutData;
```

程序行后，可以观察到仿真型实验板上左上角的发光二极管 D1 被点亮了。每按一次 F11，即执行该箭头所指程序行，然后箭头指向下一行，当箭头指向：

```
mDelay(1000);
```

程序行时，再次按下 F11，会发现，箭头指向了延时子程序 mDelay 的第一行。不断按 F11 键，即可逐步执行延时子程序。

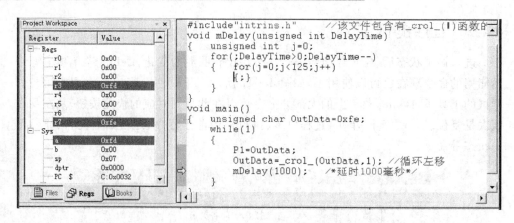

图 4-18　单步执行以观察各程序行的执行结果

通过单步执行程序,可以找出一些问题的所在,但是仅依靠单步执行来查错有时是困难的,或虽能查出错误但效率很低。为此必须辅之以其他的方法,如本例中的延时程序是通过将:

```
for(j = 0;j<125;j ++ )
{;}
```

这一行程序执行 1 000 次来达到延时的目的。如果通过按 F11 达 1 000 次的方法来执行完该程序行,显然不合适,为此,可以采取以下一些方法。

① 把鼠标定位于 mDelay 函数的最后一行"}",然后选择 Debug→Run to Cursor line(执行到光标所在行),即可全速执行完黄色箭头与光标之间的程序行。

② 在进入该子程序后,选择 Debug→Step Out of Current Function(单步执行到该函数外),使用该命令后,即全速执行完调试光标所在的子程序或子函数并指向主程序中的下一行程序。这里 mDelay(1000)后已没有程序行,所以转去 while(1)循环语句,判断是否继续执行循环体。由于条件肯定满足,因此将转去执行"P1＝OutData;"这一语句行,所以实际执行时看到的是光标转到指向"P1＝OutData;"这一程序行。

③ 开始调试时,按 F10 而非 F11,程序也将单步执行,不同的是,执行到"mDelay(1000);"行时,按下 F10 键,调试光标不进入子程序的内部,而是全速执行完该子程序,然后直接指向下一程序行"P1＝OutData;"。灵活应用这几种方法,可以大大提高查错的效率。

2. 断点设置

程序调试时,一些程序行必须满足一定的条件(如程序中某变量达到一定的值、按键被按下、串口接收到数据、有中断产生等)才能被执行到。由于这些条件往往是异步发生或难以预先设定的,所以这类问题使用单步执行的方法是很难调试的。这时就要使用到程序调试中的另一种非常重要的方法——断点设置。断点设置的方法有多种,常用的是在某一程序行设置断点,设置好断点后可以全速运行程序。一旦执行到该程序行即停止,可在此观察有关变量值,以确定问题所在。

在程序行设置/移除断点的方法是将光标定位于需要设置断点的程序行,选择 Debug→Insert/Remove BreakPoint 设置或移除断点(也可以用鼠标在该行双击实现同样的功能);选择 Debug→Enable/Disable Breakpoint 是开启或暂停光标所在行的断点功能;选择 Debug→Disable All Breakpoint 暂停所有断点;选择 Debug→Kill All BreakPoint 清除所有的断点设置。这些功能也可以用工具栏上的快捷按钮进行设置。

程序调试还有其他一些方式,但对于本书的程序而言,掌握上述方法已基本够用,更多的程序调试方法,请参考有关资料。

第 5 章

单片机内部资源的编程

通过前面课程的学习,我们已了解了 C 语言的语法特性等知识,本章将介绍针对 80C51 单片机特性的 C 语言编程方法。

5.1 中断编程

如图 5-1 所示是 80C51 中断系统结构图,它由与中断有关的特殊功能寄存器、中断入口、顺序查询逻辑电路等组成。中断系统包括 5 个中断请求源,4 个用于中断控制的寄存器 IE、IP、TCON(用其中的 6 位)和 SCON(用其中的 2 位)用于控制中断的类型、中断的开/关和各种中断源的优先级确定。5 个中断源有两个优先级,每个中断源可以被编程为高优先级或低优先级,可以实现二级中断嵌套。5 个中断源有对应的 5 个固定中断入口地址(矢量地址)。

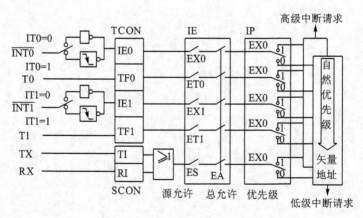

图 5-1 80C51 的中断系统结构

5.1.1　80C51 的中断请求源

80C51 提供了 5 个中断请求源，其中两个为外部中断请求源 $\overline{INT0}$(P3.2)和 $\overline{INT1}$ (P3.3)，两个片内定时器/计数器 T0 和 T1 的溢出中断请求源 TF0(TCON.5)和 TF1(TCON.7)，1 个片内串行口的发送或接收中断请求源 TI(SCON.1)或 RI (SCON.0)，它们分别由特殊功能寄存器 TCON 和 SCON 的相应位锁存。

1. 外部中断请求源

经 $\overline{INT0}$ 和 $\overline{INT1}$ 输入的两个外部中断请求源及其触发方式的控制由 TCON 的低 4 位状态确定，TCON 低 4 位的定义由表 5-1 列出。

TCON 的字节地址为 88H，其中各位地址从 D0 位开始分别为 88H～8FH。TCON 中 D0～D3 位的功能描述如下：

> ➤ IT0: $\overline{INT0}$ 触发方式控制位，可由软件进行置位或复位。IT0 =0，$\overline{INT0}$ 为低电平触发方式，IT0 =1，$\overline{INT0}$ 为负跳变触发方式。
>
> ➤ IE0: $\overline{INT0}$ 中断请求标志位。当 $\overline{INT0}$ 引脚上出现中断请求信号时(低电平或负跳变)，由硬件置位 IE0。在 CPU 响应中断后，再由硬件将 IE0 清 0。

表 5-1　定时/计数器控制寄存器 TCON 的格式

位	—	—	—	—	D3	D2	D1	D0
功　能					IE1	IT1	IE0	IT0

由于 CPU 在每个机器周期采样 $\overline{INT0}$ 引脚的电平，因此在 $\overline{INT0}$ 采用负跳变触发方式时，要在两个连续的机器周期期间分别采样并且分别为高电平和低电平(这样才能构成负跳变)。这就要求 $\overline{INT0}$ 引脚上的输入高、低电平时间必须保持在 12 个时钟周期以上，以 12 MHz 晶振为例，高低电平时间均须在 1 μs 以上。

IT1、IE1 的功能和 IT0、IE0 相似，它们对应于外部中断源 $\overline{INT1}$。

2. 内部中断请求源

> ➤ TF0:定时器 T0 的溢出中断请求位。当 T0 计数产生溢出时，由硬件置位 TF0。当 CPU 响应中断后，再由硬件将 TF0 清 0。
>
> ➤ TF1:基本功能与 TF0 类似，它是定时器 T1 的溢出中断请求位。
>
> ➤ TI: 串行口发送中断请求标志。CPU 在每发送完一帧串行数据后，由硬件置位 TI。在 CPU 响应中断时，不清除 TI，而在中断服务程序中由软件对 TI 清 0。
>
> ➤ RI: 串行口接收中断请求标志。串行口每接收完一帧串行数据后，由硬件置位 RI,同样，在 CPU 响应中断时不会清除 RI，而必须用软件清 0。

5.1.2　中断源的自然优先级与中断服务程序入口地址

如上所述，在 80C51 中有 5 个独立的中断源，它们可分别被设置成不同的优先级。若都被设置成同一优先级,则这 5 个中断源会因硬件的组成而形成不同的内部序号,构成不同的自然优先级,排列顺序如表 5-2 所列。

对应于 80C51 的 5 个独立中断源,有相应的中断服务程序。这些程序有固定的存放位置,这样产生了相应的中断以后,可转到相应的位置去执行。80C51 中 5 个独立中断源所对应的矢量地址如表 5-3 所列。

观察表 5-3 会发现一个问题:从一个中断矢量地址到下一个中断矢量地址之间(如 0003H～000BH)只有 8 个单元,也就是说中断服务程序的长度如果超过了 8 字节,就会占用下一个中断的入口地址,导致出错。但一般情况下,很少有一段中断服务程序只占用少于 8 字节的情况,为此在使用汇编语言编程里可以在中断入口处写一条 LJMP ×××× 指令(3 字节),这样可以把实际处理中断的程序放到 ROM 的任何一个位置。而使用 C 语言编程,则不需要考虑这个问题,C 编译器会自行处理。

表 5-2　80C51 单片机中断源自然优先级排序

中断源	同级内部自然优先级
外部中断 0	最高级
定时器 T0	
外部中断 1	↓
定时器 T1	最低级
串行口	

表 5-3　80C51 单片机各中断源的矢量地址表

中断源	中断入口矢量
外部中断 0	0003H
定时器 T0	000BH
外部中断 1	0013H
定时器 T1	001BH
串行口	0023H

5.1.3　80C51 的中断控制

在 80C51 单片机的中断系统中,对中断的控制除了前述的特殊功能寄存器 TCON 和 SCON 中的某些位外,还有两个特殊功能寄存器 IE 和 IP,专门用于中断控制,分别用来设定各个中断源的打开或关闭以及中断源的优先级。

1. 中断允许寄存器 IE

在 80C51 中断系统中,中断的允许或禁止是由片内可进行位寻址的 8 位中断允许寄存器 IE 来控制的。它分别控制 CPU 对所有中断源的总开放或禁止以及对每个中断源的开放或禁止状态。

IE 中各位的定义和功能如表 5-4 所列。

表 5-4　中断允许控制寄存器 IE 的格式

IE	EA	—	—	ES	ET1	EX1	ET0	EX0
位地址	AFH	—	—	ACH	ABH	AAH	A9H	A8H

对 IE 各位的功能描述如下:

➤ EA(IE.7):CPU 中断允许标志位。

　EA=1,CPU 开放总中断;

EA＝0,CPU 禁止所有中断。

➢ ES(IE.4):串行口中断允许位。

　ES＝1,允许串行口中断;

　ES＝0,禁止串行口中断。

➢ ET1(IE.3):定时器 T1 中断允许位。

　ET1＝0,禁止 T1 中断;

　ET1＝1,允许 T1 中断。

➢ EX1(IE.2):外部中断 1 中断允许位。

　EX1＝0,禁止外部中断 1 中断;

　EX1＝1,允许外部中断 1 中断。

➢ ET0(IE.0)和 EX0(IE.0):分别为定时器 T0 和外部中断 0 的允许控制位,其功能与 ET1 和 EX1 相同。

对 IE 中各位的状态,可利用指令分别进行置位或清 0,实现对所有中断源的中断开放控制和对各中断源的独立中断开放控制。当 CPU 在复位状态时,IE 中的各位都被清 0。

2. 中断优先级控制寄存器 IP

80C51 的中断系统有两个中断优先级,对每个中断源的中断请求都可通过对 IP 中有关位的状态设置,编程为高优先级中断或低优先级中断,实现 CPU 响应中断过程中的二级中断嵌套。80C51 中 5 个独立中断源的自然优先级排序前已述及,即使它们被编程设定为同一优先级,这 5 个中断源仍会遵循一定的排序规律,实现中断嵌套。IP 是一个可位寻址的 8 位特殊功能寄存器,其中各位的定义和功能如表 5－5 所列。

表 5－5　优先级控制寄存器 IP 的格式

IP	—	—	—	PS	PT1	PX1	PT0	PX0
位地址				BCH	BBH	BAH	B9H	B8H

对 IP 各位的功能描述如下:

➢ PS(IP.4):串行口中断优先级控制位。

➢ PT1(IP.3):定时器 T1 中断优先级控制位。

➢ PX1(IP.2):外部中断 1 中断优先级控制位。

➢ PT0(IP.1):定时器 T0 中断优先级控制位。

➢ PX0(IP.0):外部中断 0 中断优先级控制位。

以上各位若被置 1,则相应的中断被设置成为高优先级中断;如果清 0,则相应的中断被设置成为低优先级中断。

5.1.4　中断程序的编写

使用汇编语言编写中断程序时，在主程序中设定中断优先级、开启相应的中断允许位、开启总的中断允许位，在指定位置编写中断程序。这样，一旦中断发生，就可以转到相应的中断服务程序中执行了。应用 C 语言编写中断程序与此类似，在 main 函数中对相关寄存器进行操作，以确定中断优先级、开启中断允许及总中断允许。而中断服务函数则采用以下扩展属性的函数语法定义：

返回值　函数名　interrupt　n

其中 n 对应中断源的编号，其值从 0 开始。以 80C51 单片机为例，编号从 0～4，分别对应外中断 0、定时器 0 中断、外中断 1、定时器 1 中断和串行口中断。

下面通过一个例子来说明中断编程的应用。

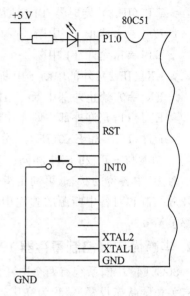

图 5 - 2　INT0 外接按钮

【例 5 - 1】　如图 5 - 2 所示，80C51 单片机的 P3.2 引脚接有按钮开关，按下此按钮后 P1.0 引脚所接 LED 点亮，再次按下后该 LED 熄灭，如此反复。

程序如下：

```
#include "reg51.h"
sbit    P1_0 = P1^0;
void main()
{   IT0 = 1;                    //设置为下降沿中触发
    EA = 1;                     //开总中断
    EX0 = 1;                    //开外部中断
    for(;;)
    {;}
}
void Int0() interrupt 0
{   P1_0 = ~P1_0;               //取反 P1.0
}
```

程序实现：如图 5 - 3 所示输入源程序并命名为 int0.c，建立名为 int0 的工程，加入 int0.c 源程序，编译、链接后进入调试，这里使用 Keil 提供的外部接口来做实验。

选择 Peripherals→I/O Ports→Port 3 和 Peripherals→I/O Ports→Port 1 分别调出 P3 引脚和 P1 引脚的外部接口。全速运行程序，单击 P3 口下方 Pins 中的 P3.2，查

看 P1 口的 P1.0 状态的变化。可以看到,每次将 P3.2 引脚的勾去掉(由 1 变为 0),P1.0 引脚的状态并不发生变化,但是当再次单击 P3.2 引脚加上勾(由 0 变为 1)时,P1.0 的状态即发生变化。

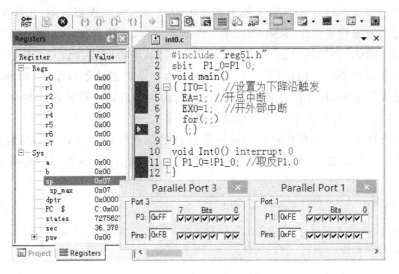

图 5-3　外中断实验程序

程序分析:main 函数中使用开启了总中断、外部中断,并设置外部中断为下降沿触发方式,然后即通过程序语句:

```
for(;;){;}
```

进入无限循环中,类似于汇编语言的:

```
SJMP  $
```

语句。余下的事就留给中断程序做了,看一看中断程序的写法:

```
void  Int0() interrupt 0
{…}
```

其中 Int0 为函数名,而 interrupt 是中断程序特有的标志,说明这个函数是一个中断函数,其后的参数 0 读者想必可以猜到,这是由于外中断 0 的中断编号为 0。

可见,用 C51 语言写中断程序非常简单,只要在函数名后加上 interrupt 关键字和中断编号就可以了。

程序中将 IT0 置为 1 是设置为下降沿触发方式;如果将其清零则变为低电平触发方式。实际做一下这个实验,可以发现,如果将 P3.2 清零,则 P1.0 将会快速地反复变化。

5.1.5　寄存器组切换

为进行中断的现场保护，80C51 单片机除采用堆栈技术外，还独特地采用寄存器组的方式。在 80C51 中一共有 4 组名称均为 R0～R7 的工作寄存器，当中断产生时可以通过简单地设置 RS0、RS1 来切换工作寄存器组，这使得保护工作非常简单和快速。使用汇编语言时，内存的使用均由编程者设定，编程时通过设置 RS0、RS1 来选择切换工作寄存器组。但使用 C 语言编程时，内存是由编译器分配的，因此，不能简单地通过设置 RS0、RS1 来切换工作寄存器组，否则会造成内存使用的冲突。在 C51 中，寄存器组的选择取决于特定的编译器指令。

高优先级中断处理程序可以中断正在处理的低优先级程序，因而必须注意寄存器组切换。分配的方法是使用 using n 指定，其中 n 的值是 0～3，对应使用 4 组工作寄存器。

例如：例子 5 - 1 可以这样来写：

```
void timer0( ) interrupt　0　using 2
{…}
```

即表示在该中断程序中使用第 2 组工作寄存器。

在学习了 unsig　n 的用法后，可以给出中断服务函数的完整语法如下：

返回类型　函数名([参数])[模式][再入]interrupt n [using n]

其中 interrupt 后面的 n 是一个 0～31 的整常数，不能使用表达式。

5.2　定时器/计数器

80C51 单片机内部集成有两个 16 位可编程定时器/计数器，分别是定时器/计数器 0 和定时器/计数器 1。它们都具有定时和计数功能，既可工作于定时方式，实现对控制系统的定时或延时控制；又可工作于计数方式，用于对外部事件的计数。

5.2.1　定时器/计数器的基本结构及工作原理

80C51 定时器中的 T0 和 T1 分别由 TH0、TL0 和 TH1、TL1 各两个 8 位计数器构成的 16 位计数器，这两个 16 位计数器都是 16 位的加 1 计数器。

T0 和 T1 定时器/计数器都可由软件设置为定时或计数工作方式，其中 T1 还可作为串行口的波特率发生器。T0 和 T1 这些功能的实现都由特殊功能寄存器中的 TMOD 和 TCON 进行控制。

T0 和 T1 的结构如图 5 - 4 所示。当 T0 或 T1 用做定时器时，由外接晶振产生的振荡信号进行 12 分频后，提供给计数器，作为计数的脉冲输入，计数器对输入的脉冲进行计数，直至产生溢出。

当 T0 或 T1 用做对外部事件计数的计数器时,通过 80C51 外部引脚 T0 或 T1 对外部脉冲信号进行计数。当加在 T0 或 T1 引脚上的外部脉冲信号出现一个由 1 到 0 的负跳变时,计数器加 1,如此直至计数器产生溢出。

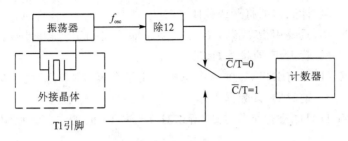

图 5 - 4　定时器/计数器的结构

不论 T0 或 T1 是工作于定时方式还是计数方式,它们在对内部时钟或外部事件进行计数时,都不占用 CPU 时间,直到定时器/计数器产生溢出。如果满足条件,CPU 才会停下当前的操作,去处理"时间到"或者"计数满"这样的事件。因此,计数器/定时器是和 CPU"并行"工作的,不会影响 CPU 的其他工作。

5.2.2　定时器/计数器的控制字

T0 和 T1 有两个 8 位控制寄存器 TMOD 和 TCON,它们分别被用来设置各个定时器/计数器的工作方式,选择定时或计数功能,控制启动运行以及作为运行状态的标志等。当 80C51 系统复位时,TMOD 和 TCON 所有位都清 0。

1. 定时器/计数器方式控制寄存器 TMOD

TMOD 格式如表 5 - 6 所列。

表 5 - 6　定时器/计数器方式控制寄存器 TMOD 的格式

位	D7	D6	D5	D4	D3	D2	D1	D0
含　义	GATE	C/$\overline{\text{T}}$	M1	M0	GATE	C/$\overline{\text{T}}$	M1	M0

在 TMOD 中,高 4 位用于对定时器 T1 的方式控制,而低 4 位用于对定时器 T0 的方式控制,其各位功能简述如下:

➢ M1M0:定时器工作方式选择位。通过对 M1M0 的设置,可使定时器工作于 4 种工作方式之一。

　M1M0＝00,定时工作于方式 0(13 位的定时/计数工作方式);

　M1M0＝01,定时器工作于方式 1(16 位的定时/计数方式);

　M1M0＝10,定时器工作于方式 2(8 位自动重装方式);

　M1M0＝11,定时器工作于方式 3(T0 被分为两个 8 位计数器,T1 则只能工作于方式 2)。

➢ C/$\overline{\text{T}}$:定时器/计数器选择位。

C/T̄=1,工作于计数器方式;

C/T̄=0,工作于定时器方式。

- ➤ GATE:门控位。由 GATE、软件控制位 TR(1/0)和 INT(1/0)共同决定定时器/计数器的打开或关闭。

  GATE=0,只要用指令置 TR(1/0)为 1 即可启动定时器/计数器工作,而不管 INT 的状态如何;

  GATE=1,只有 INT(1/0)为高电平且用指令置 TR(1/0)为 1 时,才能启动定时器/计数器工作。

由于 TMOD 只能进行字节寻址,所以对 T0 或 T1 的工作方式控制只能整字节(8 位)写入。

2. 定时器/计数器控制寄存器 TCON

TCON 是特殊功能寄存器中的一个,高 4 位为定时器/计数器的运行控制和溢出标志,低 4 位与外部中断有关,其中高 4 位的含义如表 5-7 所列。

表 5-7　定时器/计数器控制寄存器 TCON 的格式

位	D7	D6	D5	D4	—	—	—	—
功　能	TF1	TR1	TF0	TR0	—	—	—	—

TCON 高 4 位的功能描述如下:

- ➤ TF1/TF0:T1/T0 溢出标志位。当 T1 或 T0 产生溢出时,由硬件自动置位中断触发器 TF(1/0),并向 CPU 申请中断。如果用中断方式,则 CPU 在响应中断进入中断服务程序后,TF(1/0)被硬件自动清 0。如果是用软件查询方式对 TF(1/0)进行查询,则在定时器/计数器回 0 后,应当用指令将 TF(1/0)清 0。

- ➤ TR1/TR0:T1/T0 运行控制位。可用指令对 TR1 或 TR0 进行置位或清 0,即可启动或关闭 T1 或 T0 的运行。

5.2.3　定时器/计数器的 4 种工作方式

T0 或 T1 的定时器功能可由 TMOD 中的 C/T̄ 位选择,而 T0、T1 的工作方式选择则由 TMOD 中的 M1M0 共同确定。在由 M1M0 确定的 4 种工作方式中,方式 0、1、2 对 T0 和 T1 完全相同,但方式 3 仅为 T0 所具有。

1. 工作方式 0

如图 5-5 所示是工作方式 0 的逻辑电路结构图。定时器/计数器工作方式 0 为 13 位计数器工作方式,由 TL(1/0)的低 5 位和 TH(1/0)的 8 位构成 13 位计数器,此时 TL(1/0)的高 3 位末用。

从图 5-5 中可以看出,当 C/T̄=0 时,T(1/0)为定时器。定时脉冲信号是经 12

分频后的振荡器脉冲信号。当 C/$\overline{\text{T}}$＝1 时，T(1/0) 为计数器，计数脉冲信号来自引脚 T(1/0) 的外部信号。T1/T0 能否启动工作，取决于 TR1/TR0、GATE、引脚 $\overline{\text{INT1}}$/$\overline{\text{INT0}}$状态。

当 GATE＝0 时，只要 TR1/TR0 为 1 就可启动 T1/T0 工作；当 GATE＝1 时，只有 TR1/TR0 和$\overline{\text{INT1}}$/$\overline{\text{INT0}}$＝1 时，才能启动 T1/T0 工作。一般在应用中，可置 GATE＝0，这样，只要利用指令来置位 TR1/TR0 即可控制定时器/计数器的运行。在一些特定的场合，需要由外部事件来控制定时器/计数器是否开始运行，可以利用门控特性，实现外同步。

定时器/计数器启动后，定时或计数脉冲加到 TL1/TL0 的低 5 位，对已预置好的定时器/计数器初值不断加 1。在 TL1/TL0 计满后，进位给 TH1/TH0，在 TL1/TL0 和 TH1/TH0 都计满以后，置位 TF1/TF0，表明定时时间/计数次数已到。在满足中断条件时，向 CPU 申请中断。若需继续进行定时或计数，则应用指令对 TL1/TL0 和 TH1/TL0 重置时间常数，否则下一次的计数将会从 0 开始，造成计数量或定时时间不准。

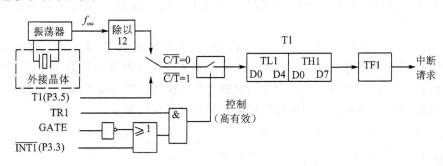

图 5－5　工作方式 0——13 位计数器方式

2. 工作方式 1

定时器/计数器工作方式 1 是 16 位计数器方式，由 TL1/TL0、TH1/TH0 共同构成 16 位计数器。

工作方式 1 与工作方式 0 的基本工作过程相似，但由于工作方式 1 是 16 位计数器，因此，它比工作方式 0 有更宽的定时/计数范围。

3. 工作方式 2

定时器/计数器的工作方式 2 是自动再装入时间常数 8 位计数器方式。

在工作方式 2 中，由 TL1/TL0 构成 8 位计数器，TH1/TH0 仅用来存放 TL1/TL0 初次置入的时间常数。在 TL1/TL0 计数满后，即置位 TF1/TF0，向 CPU 申请中断，同时存放在 TH(1/0)中的时间常数自动再装入 TL1/TL0，然后重新开始定时或计数。

4. 工作方式 3

定时器/计数器工作方式 3 是两个独立的 8 位计数器且仅 T0 有这种工作方式，如果把 T1 置为工作方式 3，T1 将处于关闭状态。

当 T0 工作于方式 3 时，TL0 构成 8 位计数器可工作于定时/计数状态，并使用 T0 的控制位和 TF0 的中断源。TH0 则只能工作于定时器状态，使用 T1 中的 TR1、TF1 的中断源。

一般情况下，T0 以工作方式 3 状态运行，仅在 T1 工作于方式 2 而且不要求中断的前提下才可以使用，此时 T1 可被用做串行口波特率发生器。因此，方式 3 特别适合于单片机需要 1 个独立的定时器/计数器、1 个定时器及 1 个串行口波特率发生器的情况。

5. 80C52 系列中的 T/C2 的工作方式

T/C2 包含一个 16 位重装载方式，在计数溢出后，自动在短周期重装载（像 8 位自动重装载方式 2）。自动重装载可由外部引脚 T2EX 的负跳变开始，这样外部引脚可用于和其他硬件计数器的同步信号。T/C2 可以用做看门狗或定时溢出的定时器。

T/C2 还有捕获方式，它把瞬时计数值传到另外的寄存器对（RCAP2H，RCAP2L）。这样，在读的过程中，两字节的计数值无变动的危险。对于在运行时读取快速变化的计数值，例如使用内部时钟测量外部脉冲的宽度或周期，这一点极为有用。例如，在计数器运行过程中读数可能会遇到这样的问题：

```
Dat1    =    TH2;
Dat2    =    TL2;
```

由于使用了两条指令进行读数，因此有可能出现这样的情况：计数值在读取高字节时是 37FFH，此时读到的高字节数为 37H，而到了读取低字节时计数值已变为 3800H，读到的低字节数值为 00H，结果读到的结果变成了 3700H，造成很大的误差。对于 T0 和 T1，为解决这样的问题，可采用读两次并加判断的方法，但比较浪费时间，而用 T2 可使用捕获方式，瞬时将数据取出后存放在寄存器对 RCAP2H：RCAP2L 中，CPU 从存放这一数据的寄存器对中获取数据，可避免这一现象的发生。

5.2.4　定时器/计数器的定时/计数初值的计算

在 80C51 中，T1 和 T0 都是增量计数器，因此，不能直接将实际要计数的值作为初值放入计数寄存器中，而是要用其补数（计数的最大值减去实际要计数的值）放入计数寄存器中。

① 工作方式 0：工作方式 0 是 13 位的定时/计数工作方式，其计数的最大值是 $2^{13}=8192$。因此，装入的初值是 8192－待计数的值。因为这种工作方式下只用了定时/计数器的高 8 位和低 5 位，因此计算出来的值要转化为二进制并作转换后才能

送入计数寄存器中。

② 工作方式 1：工作方式 1 是 16 位的定时/计数工作方式，其计数的最大值是 $2^{16}=65\,536$。因此，装入的初值是 $65\,535-$待计数的值。

③ 工作方式 2：工作方式 2 是 8 位的定时/计数工作方式，其计数的最大值是 $2^8=256$。因此，装入的初值是 $255-$待计数的值。

④ 工作方式 3：工作方式 3 是 8 位的定时/计数工作方式，其计数的最大值是 $2^8=256$。因此，装入的初值是 $255-$待计数的值。

待计数的值在计数工作方式下，由问题直接求得，而在定时模式下，还需要再进行一点变换。

定时模式计数脉冲是由单片机的晶体振荡器产生的频率信号经 12 分频得到的，因此，在考虑定时时间之前，首先就要确定机器的晶振频率。以 6 MHz 晶振为例，其计数信号周期是：

$$计数信号周期 = 12/6(MHz) = 2\ \mu s$$

也就是每来一个计数脉冲就过去了 2 μs 的时间，因此，计数的次数就应当是：

$$计数次数 = 定时时间(\mu s)/2(\mu s)$$

假设需要定时的时间是 10 ms，则

$$计数次数 = 10 \times 1\,000(\mu s)/2(\mu s) = 5\,000(次)$$

如果选用定时器 0，工作于方式 1，则计数初值就应当是：

$$65\,536 - 5\,000 = 60\,536$$

将 60 536 转换为十六进制即 0xEC78，把 0xEC 送入 TH0，0x78 送入 TL0，即可完成 10 ms 的定时。

5.2.5　定时器/计数器的编程

1. 定时器编程

定时器编程主要是对定时器进行初始化以设置定时器工作模式，确定计数初值等，使用 C 语言编程和使用汇编语言编程方法类似，以下通过一个例子来分析。

【例 5 - 2】　用定时器实现 P1.0 引脚所接 LED 每 60 ms 亮或灭一次，设系统晶振为 12 MHz。

程序实现：参考图 5 - 6 输入源程序命名为 t1.c，建立名为 t1 的工程，加入源程序。编译、链接正确后按 Ctrl+F5 键进入调试。本例使用软件仿真和实验仿真板难以得到理想的结果，使用硬件电路进行练习才可看到真实的效果。

程序分析：要使用单片机的定时器，首先要设置定时器的工作方式，然后给定时器赋初值，即进行定时器的初始化。这里选择定时器 0，工作于定时方式，工作方式 1，即 16 位定时/计数的工作方式，不使用门控位。由此可以确定定时器的工作方式寄存器 TMOD 应为 00000001B，即 0x01。定时初值应为 65 536－60 000＝5 536，由于不能直接给 T0 赋值，必须将 5 536 转换为十六进制即为 0x15a0，有了这些条件就

単片机 C 语言轻松入门(第 3 版)

图 5-6　用定时器实现 LED 闪烁

可以写出初始化程序:

```
TMOD    =   0x01;
TH0     =   0x15;
TL0     =   0xa0;
```

124

　　初始化定时器后,要定时器工作,必须将 TR0 置 1,程序中用"TR0=1;"来实现。

　　可以使用中断也可以使用查询的方式来使用定时器,本例使用查询方式,中断方式在下一个例子中介绍。

　　当定时时间到后,TF0 置 1,因此,只需要查询 TF0 是否等于 1 即可得知定时时间是否到达,程序中用"if(TF0){…}"来判断。如果 TF0=0,则条件不满足,大括号中的程序行不会被执行到;当定时时间到,TF1=1 后,条件满足,即执行大括号中的程序行。首先将 TF0 清零,然后重置定时初值,最后是执行规定动作——取反 P1.0 的状态。

　　【例 5-3】　用定时器的中断方式实现 LED 的闪烁功能,每 50 ms 改变一次P1.0 的状态。

　　程序实现:参考图 5-7 输入源程序命名为 t2.c,建立名为 t2 的工程,加入 t2.c 源程序。编译、链接正确后按 Ctrl+F5 键进入调试。本例使用软件仿真和实验仿真板难以得到理想的结果,使用硬件电路进行练习才可看到真实的效果。

　　程序分析:本例功能与例 5-2 相同,只是本例使用中断方式编程。定时时间到后,TF0 由 0 变 1,引发中断,自动转到 Timer0() 函数处执行。Timer0 函数是定时中断函数,使用"Timer0() interrupt 1;"来定义。进入该函数后,重置初值,并将P1.0 引脚的输出信号取反,随即退出。

　　调试程序时,可以在中断函数内的"TH0=0x15;"程序行设置断点,全速运行,在断点处中断后单步执行程序,观察中断程序执行及返回的情形。这些练习没有难

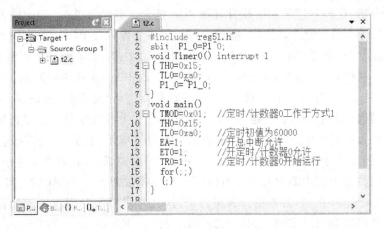

图 5-7　用定时器中断实现闪烁灯

度,请读者自行完成,这里不再详述。

这个程序的定时时间是 60 ms,因此闪烁得很快,如果希望降低闪烁的速度,就要加长定时时间,但是当晶振为 12 MHz 时,定时器的最长定时时间为 65.536 ms,如果要实现更长时间的定时,需要通过其他方法编程实现。

【例 5-4】　用定时器实现长时间定时,要求 P1.0 引脚上所接 LED 每 1 s 闪烁一次。

　　程序实现:参考图 5-8 输入源程序并命名 t3.c,建立名为 t3 的工程,加入 t3.c 源程序。编译、链接正确后按 Ctrl+F5 键进入调试。本例使用软件仿真和实验仿真板难以得到理想的结果,使用硬件电路进行练习才可看到真实的效果。

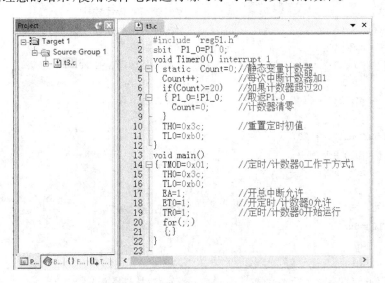

图 5-8　用软件计数器实现长延时

125

　　程序分析: 这段程序采用了软件计数器的概念。编程思路是,用定时器/计数器 0 做一个 50 ms 的定时器,定时时间到了以后并不立即取反 P1.0,而是将软件计数器 Count 的值加 1。如果 Count 的值到了 20,则取反 P1.0,并将 Count 的值清 0,否则直接返回。这样,每产生 20 次定时中断才取反一次 P1.0,因此定时时间就成了 20× 50 即 1 000 ms。这里 Count 被称之为"软件计数器"。定义这个 Count 时必须注意,一定要在其前面加上 static 关键字,即将 Count 定义为静态变量。这样在反复进入/退出中断函数的过程中,Count 不会被重新分配存储单元,而是一直使用这一存储单元,才能起到连续计数的作用。关于静态变量的更多知识,将在第 7 章介绍。

　　这个思路在工程中非常有用。有时一个程序中需要若干个定时器,可 80C51 中总共才有 2 个定时器,怎么办呢? 其实,只要这几个定时的时间有一定的公约数,就可以用软件定时器加以实现。如要实现 P1.0 所接 LED 每 0.5 s 亮/灭一次,而 P1.1 所接 LED 每 1 s 亮/灭一次,则可把定时器的定时时间设定为 50 ms,然后做两个软件计数器 sCount1 和 sCount2。其中,sCount1 计到 10 取反 P1.0,然后清零 sCount1;sCount2 计到 20 再取反 P1.1,然后清零 sCount2。这部分的程序如下:

　　【例 5 - 5】 用定时器实现两个 LED 同时闪烁,接在 P1.0 引脚上的 LED 每 0.5 s 亮/灭一次,接在 P1.1 引脚上的 LED 每 1 s 亮/灭一次。

```
# include "reg51.H"
sbit     P1_0 = P1^0;
sbit     P1_1 = P1^1;
void Timer0() interrupt 1
{    static      sCount1 = 0;
     static      sCount2 = 0;              // * 静态变量计数器
     sCount1 ++ ;                          // * 每次中断计数器加 1
     sCount2 ++ ;
     if(sCount1 > = 10)                    //如果计数器超过 20
     {   P1_0 = ! P1_0;                    //取反 P1.0
         sCount1 = 0;                      //计数器清零
     }
     if(sCount2 > = 20)
     {   P1_1 = ! P1_1;
         sCount2 = 0;
     }
     TH0 = 0x3c;                           //重置定时初值
     TL0 = 0xb0;
}
void main()
{    TMOD = 0x01;                          //定时/计数器 0 工作于方式 1
     TH0 = 0x3c;
```

```
TL0 = 0xb0;
EA = 1;                          //总中断允许
ET0 = 1;                         //T0 中断允许
TR0 = 1;                         //T0 开始运行
for(;;)
{;}
}
```

　　程序实现:输入源程序并命名为 t4.c,建立名为 t4 的工程,加入 t4.c 源程序,编译、链接正确后按 Ctrl＋F5 键进入调试。本例使用软件仿真和实验仿真板难以得到理想的结果,使用硬件电路进行练习才可看到真实的效果。

　　程序分析:本例程序与例 5－4 类似,不过,在中断程序里定义了两个计数器 sCount1 和 sCount2,它们分别计数,计数到预定值,即取反相应引脚,清零计数器。

2. 计数器编程

　　除了定时以外,实际工作中常常还有计数的需要,计数通常会有这样的两类要求:

　　① 将计数的值显示出来。

　　② 计数值到一个规定的数值即输出一个信号。

　　以下分别举例说明。

　　【例 5－6】 将 T0 的计数值显示出来。

　　程序分析:本书 2.5 节介绍的实验板上有一个由 555 集成电路组成的振荡器,可以连接到定时器/计数器 0 的外部引脚 T0 上,构成外部计数源。要将计数的值显示出来,最好用数码管,但现在还不知道怎样用数码管,为了避免把问题复杂化,这里用 P1 口的 8 个 LED 来显示数据。

　　程序实现:参考图 5－9 输入源程序并保存为 c1.c,建立名为 c1 的工程,加入 c1.c 源程序。设置工程,在 Debug 选项卡左下角的 Dialog :Parameter 编辑框内输入: －ddpj,以便使用另一块实验仿真板"51 单片机实验仿真板"来演示这一结果。汇编、链接后获得正确的结果,进入调试状态,选择 Peripherals→"51 单片机实验仿真板"

图 5－9　80C51 计数器的使用

菜单项,全速运行程序,单击右侧信号发生器按钮(按下后处于 ON 的状态),信号灯即以 1 Hz 的频率闪烁,同时,显示脉冲个数值。此时 P1 口所接 LED 依次点亮,注意高位在右,低位在左,如图 5 - 10 所示是计数值为 6 时的状态。

注:本书配套资料\exam\ch05\c1 文件夹中名为 c1.avi 的文件记录了这一过程,可供参考。

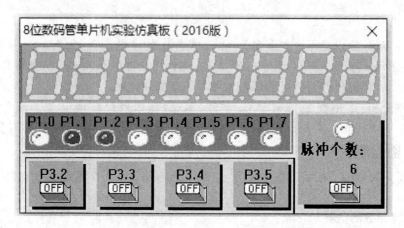

图 5 - 10　用实验仿真板演示计数器的使用

【例 5 - 7】　计数到预定值即报警。

程序分析:计数器的第 2 种用法是计数到预定值即报警,下面例子为了避免问题的复杂化,仅用 LED 的闪烁来表示。

程序实现:参考图 5 - 11 输入源程序并保存为 c2.c,建立名为 c2 的工程,加入

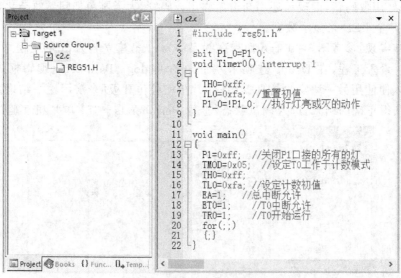

```c
#include "reg51.h"

sbit P1_0=P1^0;
void Timer0() interrupt 1
{
    TH0=0xff;
    TL0=0xfa; //重置初值
    P1_0=!P1_0; //执行灯亮或灭的动作
}

void main()
{
    P1=0xff;   //关闭P1口接的所有的灯
    TMOD=0x05; //设定T0工作于计数模式
    TH0=0xff;
    TL0=0xfa; //设定计数初值
    EA=1;   //总中断允许
    ET0=1; //T0中断允许
    TR0=1; //T0开始运行
    for(;;)
    {;}
}
```

图 5 - 11　计数器应用实例

c2.c 源程序,设置工程,在 Debug 选项卡左下角的 Dialog :Parameter 编辑框内输入: - ddpj,以便使用实验仿真板"51 单片机实验仿真板"来演示这一结果。汇编、链接后获得正确的结果,进入调试状态,选择 Peripherals→"51 单片机实验仿真板",全速运行程序。单击右侧信号发生器按钮(按下后处于 ON 的状态),信号灯即以 1Hz 的频率闪烁,当计数值到 6 或 6 的倍数时,P1.0 所示 LED 改变状态。

注:本书配套资料\exam\ch06\c2 文件夹中名为 c2.avi 的文件记录了这一过程,可供参考。

程序分析:这个程序完成的工作比较简单,每 6 个脉冲到来后取反一次 P1.0,因此实验的结果应当是:振荡器后面所接的 LED 亮/灭 6 次,接在 P1.0 上的 LED 亮/灭 1 次。主程序在设置了计数初值、开启中断以后进入无限循环中,中断程序中执行重置计数初值和取反 P1.0 的操作。根据需要改写程序行"P1_0＝! P1_0;"可实现自己需要的功能。

5.3　串行口编程

80C51 单片机内部集成有一个功能很强的全双工串行通信口,设有 2 个相互独立的接收、发送缓冲器,可以同时接收和发送数据。如图 5 - 12 所示是串行口内部缓冲器的结构。发送缓冲器只能写入而不能读出,接收缓冲器只能读出而不能写入,因而两个缓冲器可以共用一个地址 99H。两个缓冲器统称为串行通信特殊功能寄存器 SBUF。

注意:发送缓冲器只能写入不能读出意味着只要把数送进了 SBUF (写入),就永远也不可能再用读 SUBF 的方法得到这个数据。即可以读 SBUF,但读出来的是接收 SBUF (图 5 - 12 中下方寄存器)中的数据,而不是发送 SBUF(图 5 - 12 中上方寄存器)中的数据。

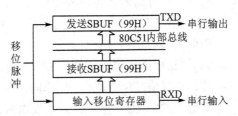

图 5 - 12　串行口内部缓冲器的结构

80C51 的串行通信口,除用于数据通信外,还可方便地构成串并转换、增加一个或多个并行输入口或输出口。

5.3.1　串行口控制寄存器

80C51 的串行口设有两个控制寄存器:串行控制寄存器 SCON 和电源控制寄存器 PCON。

1. 串行控制寄存器 SCON

SCON 寄存器用于选择串行通信的工作方式和某些控制功能。其格式及各位含义如表 5-8 所列。

表 5-8　串行口控制寄存器 SCON 的格式

SCON	SM0	SM1	SM2	REN	TB8	RB8	TI	RI
位地址	9F	9E	9D	9C	9B	9A	99	98

对 SCON 中各位的功能描述如下：

➢ SM0 和 SM1：串行口工作方式选择位，可选择 4 种工作方式，如表 5-9 所列。

表 5-9　串行口工作方式控制

SM0	SM1	方式	功能说明
0	0	0	移位寄存器工作方式（用于 I/O 扩展）
0	1	1	8 位 UART，波特率可变（T1 溢出率/n）
1	0	2	9 位 UART，波特为 $f_{osc}/64$ 或 $f_{osc}/32$
1	1	3	9 位 UART，波特率可变（T1 溢出率/n）

➢ SM2：多机通信控制位。允许方式 2 或方式 3 多机通信控制位。

➢ REN：允许/禁止串行接收控制位。由软件控制。

　　REN=1 允许串行接收状态，可启动串行接收器 RXD，开始接收信息；

　　REN=0 禁止接收。

➢ TB8：在方式 2 或方式 3，它为要发送的第 9 位数据。按需要由软件置 1 或清 0。例如，可用做数据的校验位或多机通信中表示地址帧/数据帧的标志位。

➢ RB8：在方式 2 或方式 3，是接收到的第 9 位数据。在方式 1，若 SM2=0，则 RB8 是接收到的停止位。

➢ TI：发送中断请求标志位。在方式 0，当串行接收到第 8 位结束位时由内部硬件自动置位 TI=1，向主机请求中断，响应中断后必须用软件复位 TI=0。在其他方式中，则在停止位开始发送时由内部硬件置位，必须用软件复位。

➢ RI：接收中断标志。在接收到一帧有效数据后由硬件置位。在方式 0 中，第 8 位数据被接收后，由硬件置位；在其他 3 种方式中，当接收到停止位时由硬件置位。RI=1，申请中断，表示一帧数据已接收结束并已装入接收 SBUF，要求 CPU 取走数据。CPU 响应中断，取走数据后必须用软件对 RI 清 0。

由于串行发送中断标志和接收中断标志 TI 和 RI 是同一中断源，因此在向 CPU 提出中断申请时，必须由软件对 RI 或 TI 进行判别，以进入不同的中断服务程序。复位时，SCON 各位均清 0。

2. 电源控制寄存器 PCON

PCON 的字节地址为 87H，不具备位寻址功能。在 PCON 中，仅有其最高位与串行口有关。PCON 格式如表 5-10 所列：

表 5 - 10 电源控制寄存器 PCON 的格式

位	D7	D6	D5	D4	D3	D2	D1	D0
位名称	SMOD	—	—	—	GF1	GF0	PD	IDL

其中 SMOD 为波特率选择位。在串行方式 1、方式 2 和方式 3 时,如果 SMOD = 1,则波特率提高一倍。

5.3.2 串行口工作方式

根据 SCON 中的 SM0,SM1 的状态组合,80C51 串行口可以有 4 种工作方式。在串行口的 4 种工作方式中,方式 0 主要用于扩展并行输入/输出口,方式 1、方式 2 和方式 3 则主要用于串行通信。

1. 方式 0

方式 0 称为同步移位寄存器输入/输出方式,常用来扩展并行 I/O 口。串行工作方式 0 时,串行数据通过 RXD 进行输入或输出,TXD 用于输出同步移位脉冲,作为外接扩展部件的同步信号。方式 0 在输出时,将发送数据缓冲器中的内容串行移到外部的移位寄存器;方式 0 在输入时,将外部移位寄存器的内容移到内部的输入移位寄存器,然后再写入内部的接收缓冲器 SBUF。

(1) 方式 0 输出

利用 80C51 串行口和外接 8 位移位寄存器 74HC164 可扩展并行 I/O 口,将数据以串行方式送到串—并转换芯片即可。

在方式 0 用做输出时,只要向发送缓冲器 SBUF 写入一个字节的数据,串行口就将此 8 位数据以时钟频率的 1/12 速度从 RXD 依次送入外部芯片,同时由 TXD 引脚提供移位脉冲信号。在数据发送之前,中断标志 TI 必须清 0,8 位数据发送完毕后,中断标志 TI 自动置 1。如果要继续发送,必须用软件将 TI 清 0。

(2) 方式 0 输入

方式 0 用做输入时,可利用 74HC165 芯片来扩展 80C51 的输入口,将并行接收到的数据以串行方式送到单片机的内部。

在方式 0 输入时,用软件置 REN = 1,如果此时 RI = 0,满足接收条件,串行口即开始接收输入数据。RXD 为数据输入端,TXD 仍为同步信号输出端,输出频率为 1/12 时钟频率的脉冲,使并行进入 74HC165 的数据逐位进入 RXD。在串行口接收到一帧数据后,中断标志 RI 自动置 1。如果要继续接收,必须用软件将 RI 清 0。

2. 方式 1

方式 1 用于串行数据的发送和接收,为 10 位通用异步方式。引脚 TXD 和 RXD 分别用于数据的发送端和接收端。

在方式 1 中,一帧数据为 10 位:1 位起始位(低电平)、8 位数据位(低位在前)和

1 位停止位（高电平）。方式 1 的波特率取决于定时器 1 的溢出率和 PCON 中的波特率选择位 SMOD。

（1）方式 1 发送

方式 1 发送时，数据由 TXD 端输出，利用写发送缓冲器指令就可启动数据的发送过程。

（2）方式 1 接收

在 REN＝1 时，方式 1 即允许接收。

当一帧数据接收完毕后，必须在满足下列条件时，才可以认为此次接收真正有效。

① RI＝0，即无中断请求，或在上一帧数据接收完毕时 RI＝1 发出的中断请求已被响应，SBUF 中的数据已被取走。

② SM2＝0 或接收到的停止位为 1（方式 1 时，停止位进入 RB8），则接收到的数据是有效的，并将此数据送入 SBUF，置位 RI。如果条件不满足，则接收到的数据不会装入 SBUF，该帧数据丢失。

3. 方式 2

串行口的工作方式 2 是 9 位异步通信方式，每帧信息为 11 位：1 位起始位，8 位数据位（低位在前，高位在后），1 位可编程的第 9 位和 1 位停止位。

（1）方式 2 发送

串行口工作在方式 2 发送时，数据从 TXD 端输出，发送的每帧信息是 11 位，其中附加的第 9 位数据被送往 SCON 中的 TB8。此位可以用做多机通信的数据、地址标志，也可用做数据的奇偶校验位，可用软件进行置位或清 0。

发送数据前，首先根据通信双方的协议，用软件设置 TB8，再执行一条写缓冲器的指令如"SBUF＝data；"（data 为待发送数据）指令，将数据写入 SBUF，即启动发送过程。串行口自动取出 SCON 中的 TB8，并装到发送的帧信息中的第 9 位，再逐位发送，发送完一帧信息后，置 TI＝1。

（2）方式 2 接收

在方式 2 接收时，数据由 RXD 端输入，置 REN＝1 后，即开始接收过程。当检测到 RXD 上出现从 1 到 0 的负跳变时，确认起始位有效，开始接收此帧的其余数据。在接收完一帧后，在 RI＝0、SM2＝0，或接收到的第 9 位数据是 1 时，8 位数据装入接收缓冲器，第 9 位数据装入 SCON 中 RB8，并置 RI＝1。若不满足上面的两个条件，接收到的信息会丢失，也不会置位 RI。

4. 方式 3

串行口被定义成方式 3 时，为波特率可变的 9 位异步通信方式。在方式 3 中，除波特率外，均与方式 2 相同。

5. 波特率的设计

在串行通信中，收、发双方对接收和发送数据都有一定的约定，其中重要的一点就是波特率必须相同。80C51的串行通信的4种工作方式中,方式0和方式2的波特率是固定的,而方式1和方式3的波特率是可变的,下面就来讨论一下这几种通信方式的波特率。

① 方式0的波特率固定等于时钟频率的1/12,而且与PCON中的SMOD状态位无关。

② 方式2的波特率取决于PCON中的SMOD状态位。如果SMOD=0,则方式2的波特率为f_{osc}的1/64;而如果SMOD=1,则方式2的波特率为f_{osc}的1/32。即:

$$波特率 = 2^{SMOD}/64$$

③ 方式1和方式3的波特率与定时器的溢出率及PCON中的SMOD状态位有关。如果T1工作于模式2(自动重装初值的方式),则:

$$方式1、方式3的波特率 = 2^{SMOD}/32 \times f_{osc}/12/(2^8 - x)$$

其中x是定时器的计数初值。

由此可得:

$$定时器的计数初值 x = 256 - f_{osc}(SMOD+1)/384 \times 波特率$$

下面通过一个例子来了解串行口的编程方法。

【例5-8】 80C51单片机P1口接8只发光二极管,P3.2~P3.5接有K1~K4共4个按键,使用串行口编程,要求:

① 由计算机控制单片机的P1口,将计算机送出的数以二进制形式显示在发光二极管上;

② 按下K1键向主机发送数字0x55,按下K2键向主机发送数字0xaa。

程序如下:

```
# define uchar unsigned char
# include "string.H"
# include "reg51.H"
void SendData(uchar Dat)                    //数据发送函数
{    uchar i = 0;
     SBUF = Dat;
     while(1)
     {
          if(TI)
          {    TI = 0;
               break;
          }
     }
}
void mDelay(unsigned int DelayTime)         //延时程序
{    unsigned char j = 0;
```

```
       for(;DelayTime>0;DelayTime--)
       {   for(j=0;j<125;j++)
           {;}
       }
   }
   uchar Key()
   {   uchar KValue;
       P3|=0x3e;                                    //P3.2~P3.5位置高电平
       if((KValue=P3|0xe3)!=0xff)
       {   mDelay(10);
           if((KValue=P3|0xe3)!=0xff)
           {   for(;;)
               if((P3|0xe3)==0xff)
                   return(KValue);
           }
       }
       return(0);
   }
   void main()
   {   uchar KeyValue;
       P1=0xff;                                     //关闭P1口接的所有LED
       TMOD=0x20;                                   //设置定时器工作模式
       TH1=0xFD;
       TL0=0xFD;                                     //定时初值
       PCON&=0x80;                                   //SMOD=1
       TR1=1;                                       //T1运行允许
       SCON=0x40;                                    //串口工作方式1
       REN=1;                                       //接收允许
       for(;;)
       {   if(KeyValue=Key())
           {   if((KeyValue|0xfb)!=0xff)             //K1键被按下
                   SendData(0x55);
               if((KeyValue|0xf7)!=0xff)
                   SendData(0xaa);
           }
           if(RI)
           {   P1=SBUF;
               RI=0;
           }
       }
   }
```

程序实现:输入程序,命名为 s1.c,建立名为 s1 的工程,将源程序 s1.c 加入,设置工程,使用实验仿真板进行调试。编译链接后按 Ctrl+F5 键进入调试,打开实验仿真板,然后再单击 view→serial ♯1 打开串行窗口,在窗口空白处右击,在弹出式菜单中选择 Hex Mode。如图 5-13 所示是显示窗口的数据按 ASCII 码显示的方式显示出的字符。

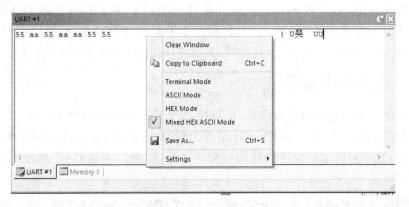

图 5-13　选择显示模式

　　单击实验仿真板的 K1 键和 K2 键,即可看到在串行窗口中分别出现 55 和 aa。单击串行窗口的空白处,使其变为活动窗口,即可接收键盘输入。按下键盘上不同的字符键,可见实验仿真板上的 LED 产生相应的变化。图 5-14 是分别按下 K1 键和 K2 键两次后看到的串行窗口的现象;而实验仿真板则是在键盘上按下字符 a 之后看到,灯亮为 0,灯灭为 1,因此 LED 的组合为 01100001,即 0x61,这正是字符 a 的 ASCII 码值。

　　注:本书配套资料\exam\ch05\S1 文件夹中名为 S1.avi 的文件记录了这一过程,其中为观察按键动作,使用了软键盘进行按键输入,可供参考。

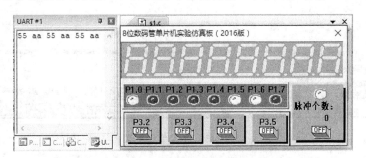

图 5-14　使用实验仿真板演示串行口操作

　　程序分析:本程序使用 T1 作为波特率发生器,工作于方式 2(8 位自动重装入方式),波特率为 19 200,晶振频率为 11.059 2 MHz,串行口工作于方式 1。根据以上条件不难算出 T1 的定时初值为 0xfd,TMOD 应初始化为 0x20,SMOD 应初始化为 0x40,而 PCON 中的 SMOD 位必须置 1,主程序 main 的开头对这些初值进行了设置。设置好初值后,使用"TR1=1;"开启定时器 1,使用"REN=1;"允许接收数据,然后即进入无限循环中开始正常工作。在这个无限循环中首先调用键盘程序,检测是否有键按下。如果有键按下,那么检测哪个键被按下。如果 K1 键被按下,则调用发送数据程序,将数据 0x55 送出;如果 K2 键被按下,则将数据 0xaa 送出。然后检测 RI 是否等于 1,如果 RI 等于 1,则说明接收到字符,清 RI,准备下一次接收。接着调用函数 SendData,函数 SendData(uchar Dat)有一个参数 Dat,即待发送的字符。函数将待发送的字符送入 SBUF 后,使用一个无限循环等待发送的结束,在循环中通过检测 TI 来判断数据是否发送完毕,发送完毕使用 break 语句退出循环。

5.3.3　使用硬件练习

如果使用硬件实验板做实验,可以直接利用 Keil 软件内置的串行窗口,但最好是用一个 PC 端的串口调试程序。这是因为仿真型实验板在工作过程中会不断与 Keil 通信,影响用户自编程序的使用效果。这里以"串口调试助手"软件为例,其参数设置如图 5-15 所示。

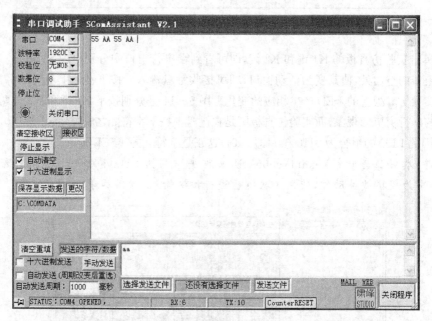

图 5-15　设置串口参数

如果使用 4.4 节介绍的仿真型实验板做硬件练习,由于该板占用了串口,因此做串口通信类实验只能用下载后全速运行的方法,具体步骤如下:

① 设置工程,在 Debug 选项卡将波特率设置为 19 200。

② 进入调试后全速运行程序,然后选择 Debug→Stop Runing 停止运行,出现如图 5-16 所示"停止调试"画面,单击 Stop Debugging,过 2～3 s 后又出现如图 5-17 所示的画面,单击 Stop Debugging,退出调试,实际上这不会中断硬件电路的工作。

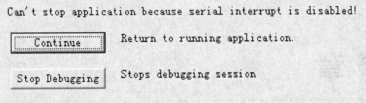

图 5 - 16　停止调试画面

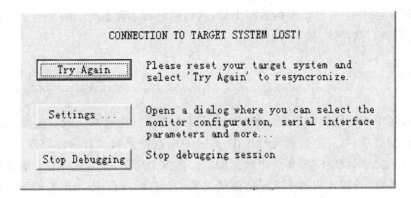

图 5 - 17　确认停止调试

③ 打开 PC 端串口调试软件，按图 5 - 15 正确设置串口参数，即可正常工作。

第**6**章

C51 构造数据类型

第 3 章介绍的字符型（char）、整型（int）、浮点型（float）等数据都属于基本数据类型，C 语言还提供了一些扩展的数据类型，它们是对基本数据类型的扩展。这些类型有：数组、结构、共用体、枚举等。

6.1 数　组

当程序中需要用到可以变化的量时，可以通过定义变量来实现。实际工作中往往有这样的要求：对一组数据进行操作，而这一组数据之间又有一定联系，如果采用变量定义的方法，只能需要多少个数据就定义多少个变量，并且这些分开的变量定义之间没有关联，难以体现各个变量之间的关系。在这种场合下，就需要用到数组。

6.1.1 引　入

下面通过一个例子来看数组的使用，该例前提是读者对于使用单片机的汇编语言编写动态显示程序较为熟悉；如果对此不熟悉，也可略过不看。

【例 6 - 1】 某单片机应用系统有 6 位数码管，采用动态方式显示，编写显示程序。

程序分析：对于动态显示，通常采用显示缓冲区来实现。主程序将数据填入显示缓冲区，显示程序从显示缓冲区读取数据，然后分别送去显示这样的一种方法。如果使用汇编语言编程，只要指定显示缓冲区的首地址，然后用间址寻址的方式存放或取出数据。例如：

```
mov       r1, # dispbuff
mov       r7, # 6
loop:     mov a, @r1
……                          ;这里对取到的数据进行处理
inc       r1
djnz      r7,loop
```

采用了一个循环，即可漂亮地完成全部的取数据的工作。

当使用 C 语言改写这段程序时，依靠目前掌握的知识无法采用这种方法，因为到目前为止，我们只学到了如何定义变量，只能为显示缓冲区定义 6 个 unsigned char 型变量，例如：

```
unsigned char d1,d2,d3,d4,d5,d6;
```

没有任何方法可以统一描述这 6 个变量，不可以使用诸如：

```
i++
d+"i"
```

之类的方式来描述这 d1～d6 这 6 个变量，因此，同样的工作只能重复 6 次，例如：

```
x = d1;
……                  /* 这里对取到的数据进行处理 */
x = d2;
……                  /* 这里对取到的数据进行处理 */
x = d3;
……                  /* 这里对取到的数据进行处理 */
x = d4;
……                  /* 这里对取到的数据进行处理 */
x = d5;
……                  /* 这里对取到的数据进行处理 */
x = d6;
……                  /* 这里对取到的数据进行处理 */
```

显然，这不是好办法，如果变量的个数再多一些，就更不能采用这种方法了。

为了解决这样的问题，C 语言提供了数组这一扩展类型。这个例子如果采用数组来解决就方便了，程序编写如下：

```
unsigned char d[6];          /* 定义一个数组 */
unsigned char i;             /* 计数器 */
for(i = 0;i<6;i++)
{    x = d[i];
     i++;
……                          //对取到的数据进行处理
}
```

这里 d[6] 就是数组。数组是一种具有固定数目和相同类型成分的有序集合。其成分分量的类型为该数组的基本类型，如由整型数据组成的数组称为整型数组，字符型数据的有序集合称为字符型数组。

构成一个数组的各元素必须具有相同的数据类型，不允许同一数组中出现不同类型的数据。

数组元素是用同一个名字的不同下标访问的,数组的下标放在方括号中。

6.1.2　一维数组

1. 一维数组的定义

一维数组的定义方式为:

类型说明符 数组名[常量表达式]

例如:

```
int        a[10];
```

它表示数组名为 a,整型数组,共有 10 个元素,每个元素都是一个整型数,因此该数组将在内存中占用 20 字节的存储单元位置。

说明:

① 数组名的命名规则和变量名相同,遵循标识符命名规则。

② 数组名后是用方括号括起来的常量表达式,如果学过 BASIC 语言,一定小心,不要和 BASIC 语言中的数组表达式方式混淆起来,不能使用圆括号。如:

```
int        a(10);
```

是不正确的。

③ 常量表达式表示元素的个数,即数组长度。例如在 a[10]中,表示数组共有 10 个元素。使用数组元素时,使用下标的方式,下标从 0 开始,而非从 1 开始。上述例子中,一共有 10 个元素:a[0]、a[1]、a[2]、a[3]、a[4]、a[5]、a[6]、a[7]、a[8]和 a[9],而 a[10]不是该数组中的一个元素。

④ 常量表达式中可以包括常量和符号常量,但不能包括变量。也就是说,C 语言中数组元素不能够动态定义,数组大小在编译阶段就已经确定。

2. 一维数组的引用

数组必须先定义,然后再使用。C 语言规定只能引用数组元素而不能引用整个数组。

数组元素的表示形式为:

数组名[下标]

下标可以是整型变量或整型表达式。例如:

```
a[0];
a[i];     /*i是一个整型变量*/
```

3. 一维数组的初始化

对数组元素的初始化可以用以下方法实现:

① 在定义数组时对数组元素赋以初值。例如:

```
int a[10] = {0,1,2,3,4,5,6,7,8,9};
```

将数组元素的初值依次放在一对花括号内。经过上面的定义和初始化后,a[0]＝0,a[1]＝1,a[2]＝2,a[3]＝3,a[4]＝4,a[5]＝5,a[6]＝6,a[7]＝7,a[8]＝8,a[9]＝9。

② 可以只给一部分元素赋值。例如:

```
int a[10] = {0,1,2,3,4};
```

定义 a 数组有 10 个元素,但花括号内只提供 5 个初值,初始化后,a[0]＝0,a[1]＝1,a[2]＝2,a[3]＝3,a[4]＝4,后 5 个元素的值均为 0。

③ 在对全部数组元素赋值时,可以不指定数组长度。例如:

```
int a[10] = {0,1,2,3,4,5,6,7,8,9};
```

也可以写成:

```
int a[] = {0,1,2,3,4,5,6,7,8,9};
```

在这种写法中,由于花括号内有 10 个数,因此,系统自动定义 a 的数组个数为 10,并将这 10 个数分配给 10 个数组元素。如果只对一部分元素赋值,就不能够省略掉表示数组长度的常量表达式,否则将会与预期不符。

6.1.3　二维数组

1. 二维数组的定义

二维数组定义的一般形式为:

类型说明符 数组名[常量表达式][常量表达式]

例如:

```
int  a[2][5];
```

定义 a 为 2 行、5 列的数组。

二维数组的存取顺序是:按行存取,先存取第 1 行元素的第 0 列、1 列、2 列……直到第 1 行的最后一列。然后返回到第 2 行开始,再取第 2 行的第 0 列、1 列、2 列……直到第 2 行的最后一列……直到最后一行的最后一列。

C 语言允许使用多维数组,有了二维数组的基础,多维数组也不难理解。例如:

```
int  a[2][3][4];
```

定义了一个类型为整型的三维数组。

2. 二维数组的初始化

（1）对数组的全部元素赋初值

可以用下面两种方法对数组元素全部赋初值。

① 分行给二维数组的全部元素赋初值。例如：

```
int a[3][4] = {{1,2,3,4},{5,6,7,8},{9,10,11,12}};
```

这种赋值方式很直观，把第 1 个花括号内的数据赋给第 1 行元素，第 2 个花括号内的数据赋给第 2 行元素。

② 也可以将所有数据写在一个花括内，按数组的排列顺序对各元素赋初值。例如：

```
int a[3][4] = {1,2,3,4,5,6,7,8,9,10,11,12};
```

（2）对数组中部分元素赋值

例如：

```
int a[3][4] = {{1},{2},{3}};
```

赋值后的数组元素如下：

1	0	0	0
2	0	0	0
3	0	0	0

例如：

```
int a[3][4] = {{1},{},{5,6}};
```

赋值后数组元素如下：

1	0	0	0
0	0	0	0
5	6	0	0

6.1.4　字符数组

基本类型为字符类型的数组称为字符数组，在字符数组中的一个元素存放一个字符。

1. 字符数组的定义

字符数组的定义与前面介绍的数组定义的方法类似。例如：

```
char        c[10];
```

定义 c 为一个有 10 个字符的一维字符数组。

2. 字符数组的初始化

字符数组初始化的最直接的方法是将各字符逐个赋给数组中的各个元素。例如：

```
char        a[10] = {'Z','h','o','n','g','G','u','o',' '};
```

定义了一个字符型数组 a[10]，一共有 10 个元素，

C 语言还允许用字符串直接给字符数组置初值，方法有如下两种形式：

```
char        a[] = {"ZhongGuo"};
char        a[] = "ZhongGuo";
```

用双引号" "括起来的一串字符，称为字符串常量。如"Welcome!"等。C 编译器将自动给字符串结尾加上结束符'\0'。

用单引号''括起来的字符为字符的 ASCII 码值，而不是字符串。比如'a'表示 a 的 ASCII 码值为 97，而"a"表示一个字符串，不是一个字符。

那么"a"和'a'究竟有什么区别呢？前面已说过'a'表示一个字符，其 ASCII 值是 97，在内存中的存放如下所示。

97

"a"则表示一个字符串，它由两个字符组成，在内存中由 97 和 0 两个数字组成，在内存中的存放如下所示。

97	0

其中 0 是由 C 编译系统自动加上的。

若干个字符串可以装入一个二维字符数组中，称为字符串数组。数组的第 1 个下标是字符串的个数，第 2 个下标定义每个字符串的长度。该长度应当比这批字符串中最长的字符的个数多一个字符，用于装入字符串的结束符"\0"。比如 char a[10][20]，定义了一个二维字符数组 a，它可以容纳 10 个字符串，每个字符串最多能够存放 19 个字符。

例如：

```
uchar code String[3][15] =
{{"Hellow World!"},
{"This is Test!"},
{"C Programmer!"}
}
```

这是一个二维数组,第 2 个下标必须给定,因为它不能从数据表中得到;第 1 个下标可以省略,由常数表确定。本例中,如果省略第一个下标,那么其值是 3。

6.1.5　数组与存储空间

设定数组时,C 编译器就会在存储空间中开辟一个区域用于存放该数组的内容。字符数组的每个元素占用 1 字节的内存空间,整型数组的每个元素占用 2 字节的内存空间,而长整型(long)和浮点型(float)数组的每个元素则需要占用 4 字节的存储空间。嵌入式控制器的存储空间有限,要特别注意不要随意定义大容量的数组。

如图 6-1 所示的程序定义了一个浮点型的 10×10 的二维数组,采用 small 模式进行编译出现了"auto segment too large"的错误。

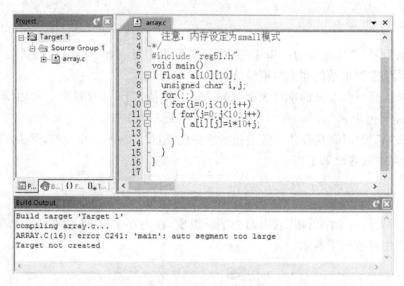

图 6-1　定义的数组过大产生的编译错误

感觉上 10×10 是个不大的数组,但是计算一下可以发现这个数组需要占用 10×10×4(每个浮点数占 4 字节)共 400 字节的 RAM,而采用 Small 模式进行编译只能使用 80C51 单片机的内部 128 字节 RAM,当然要出错了。如果程序编写时必须采用这样的数组,那就需要在硬件设计时增加 RAM 扩展芯片,而在编译时使用 Large 模式。当外接 RAM 芯片时,就有一个地址分配问题,如外接 2 KB 的 RAM 芯片,那么地址可以从 0000H 开始,也可以从其他地址开始。显然,硬件地址不同,编译出来的代码也应该不同,这可以在设置页进行设置,参考图 6-2。

在 Off-chip Xdata memory 选项框中,可以设置 RAM 的起始地址和大小。按此设计后,查看编译得到的 array.m51 文件,可以看到如下内存使用情况:

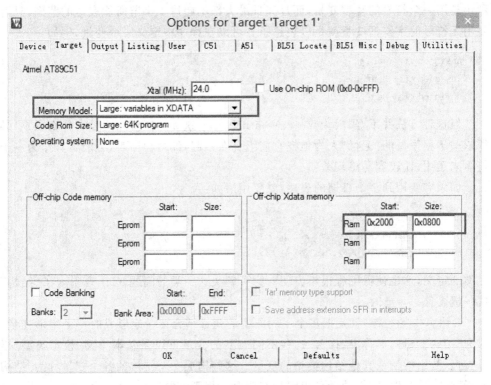

图 6 - 2　设置外部 RAM 的起始地址及大小

```
TYPE     BASE     LENGTH     RELOCATION     SEGMENT NAME
          ----------------------------------------------------
......

          ******* X D A T A   M E M O R Y *******
                   0000H     2000H                       ***GAP***
          XDATA    2000H     0192H      UNIT             _XDATA_GROUP_
......
```

更改 Start 的值重新编译,查看 array.m51 文件,可以看到 XDATA 的使用情况已发生变化。

6.2　结　构

由前面的讨论可知,数组可以把相同类型的数据组合在一起,但仅做到这一点还不够。有时还需将不同类型的数据组成一个整体,这些组合在一起的数据是互相关联的,这种按固定模式将信息的不同成分聚集在一起而构成的数据就是结构。现举例如下:

为了表达某一天的确切日期,需要用到年、月、日。其中年用 4 位数表示,因此表示年是用一个符号的整型变量，而月和日最大都不超过 1 字节所能表达的范围，只需要用无符号的字符型变量就足以表达了。可以在程序中定义 3 个变量，例如：

```
unsigned int Year;
unsigned char Month;
unsigned char Day;
```

但这种方法并不好，因为 Year、Month 和 Day 这 3 个变量之间没有什么联系，必须依赖于程序员的"记忆"人为地把它们组合在一起，编写程序时，不能将其作为一个整体来运用，比较容易出现差错。

如果需要用到多个日期的表达，就要用诸如：

```
unsigned int Year1,Year2,Year3……;
unsigned char Month1,Month2,Month3……;
unsigned char Day1,Day2,Day3……;
```

之类的定义，这也使得编程很不方便。为了解决这一类的问题，C 语言引入了"结构"这一概念。

C 语言中的结构，就是把多个不同类型的变量结合在一起形成的一个组形变量，称为"结构变量"，简称"结构"。这些不同类型的变量可以是基本类型、枚举类型、指针类型、数组类型或其他结构类型的变量。这些构成一个结构的各个变量称为"结构元素"（或"成员"），它们的命名规则与变量命名规则相同。

6.2.1　结构的定义和引用

结构的定义和引用主要有以下 3 个步骤。

1. 定义结构的类型

定义一个结构类型的一般形式为：

struct 结构名

{

　　　结构成员说明

};

结构成员说明的格式为：

类型标识符 成员名;

注意：在同一结构中的不同成员不可同名。

例如：定义一个名为 date 的结构类型：

```
struct date
{
    unsigned char month;
    unsigned char day;
```

```
    unsigned int year;
};
```

struct date 表示这是一个"结构类型"。其中 struct 是关键字，date 为结构名。这个结构包含了 3 个结构成员：month、day 和 year。

注意：这里的 date 是一种数据类型而不是变量，data 与 int、char 等一样可用来定义变量。

2. 定义结构类型变量

为了在程序中正常地执行结构操作，除了定义结构的类型名之外，还需要进一步定义该结构的变量名。

定义一个结构的变量有 3 种方法：

(1) 先定义结构的类型，再定义该结构的变量名

例如：

```
struct date
{
    unsigned char month;
    unsigned char day;
    unsigned int year;
};
date date1,date2;              //定义两个数据类型为 date 的变量 date1 和 date2
```

(2) 在定义结构类型的同时定义该结构的变量

例如：

```
struct date
{
    unsigned char month;
    unsigned char day;
    unsigned int year;
}date1,date2;                  //定义结构的变量名 date1 和 date2
```

这种定义的方法的一般方法为：

```
struct 结构名
{
    结构成员说明
} 变量名 1,变量名 2,…,变量名 n;
```

(3) 直接定义结构类型变量

其一般形式为：

```
sturct
{
```

147

结构成员说明

}变量名 1,变量名 2,…,变量名 n;

在这种定义方式中不存在结构名。例如：

```
struct
{
    unsigned char month;
    unsigned char day;
    unsigned int year;
}date1,date2;                //定义结构类型的变量,名为 date1 和 date2
```

下面对结构说明如下：

➤ 结构体类型和结构体变量是两个不同的概念,不能混淆。对于一个结构变量来说,在定义时一般先定义一个结构类型,然后再定义变量为该种结构体类型。

➤ 结构体的成员也可是一个结构变量。例如：

```
struct date
{
    unsigned char month;
    unsigned char day;
    unsigned int year;
};
struct clerk
{
    int num;
    char name[20];
    char sex;
    int   age;
    struct date birthday;
    float wages;
}clerk1,clerk2;
```

上面程序中先定义了一个 struct date,它代表日期,包括年、月、日 3 个成员。然后将结构 birthday 定义为 struct date 类型并作为结构成员加入到 struct clerk 结构中。

➤ 结构的成员名可以与程序中的其他变量名相同,但两者代表不同的对象。例如在程序中可以另行定义一个 name 变量,它与 struck clerk 中的成员 name 不会冲突。

3. 结构类型变量的引用

前面已经指出,结构体类型与结构体类型变量是两个不同的概念。结构类型变量在定义时,一般先定义一个结构类型,然后再定义某一个结构类型变量为该结构体类型。

对结构类型变量的引用应当遵循如下规则:

① 结构不能作为一个整体参加赋值、存取和运算,也不能整体作为函数的参数,或函数的返回值。

对结构所执行的操作,只能用"&"运算符取结构的地址,或对结构变量的成员分别加以引用。引用的方式为:

结构变量名.成员名;

例如:

```
date1.year = 2005;
```

"."是成员运算符,它在所有的运算符中优先级最高,因此可以把 date.year 作为变量来看待。上面的赋值语句是将 2005 赋给 struct date 类型的结构变量 dtae1 的成员 year。

② 如果结构类型变量的成员本身又属于一个结构类型变量,则要用若干个成员运算符".",一级一级地找到最低一级的成员,只有最低一级的成员才能参加赋值、存取或运算。"→"符号和"."符号相同,一般情况下,多级引用时,最后一级用".",高的级别用"→"符号。

例如:

```
clerk1→birthday.year = 1067;
```

注意:不能用 clerk1.birthday 来访问 clerk1 变量的成员 birthday,因为 birthday 本身也是一个结构类型变量。

③ 结构类型变量的成员可以像普通变量一样进行各种运算,例如:

```
sum = clerk1.wages + clerk2.wages;
```

6.2.2　结构数组

如果有多个相同结构类型的变量,在使用这些变量的结构成员时必须一个一个地写结构成员表达式。如果可以将同样结构类型的若干个结构变量定义成结构数组,这样就可以使用循环语句对它们进行引用,从而大大提高效率。

若数组中的每个元素都具有相同的结构类型的结构变量,则称该数组为结构数组。

结构数组与变量数组的不同之处,就在于结构数组的每一个元素都是具有同一个结构类型的结构变量。

结构数组定义与结构变量的定义方法类似,只需将结构变量改成结构数组形式即可。

例如：定义一个有 10 个元素的结构数组 date1[10]。

```
struct date
{
    unsigned char month;
    unsigned char day;
    unsigned int year;
};
struct date date1[10];                    //定义结构数组变量
```

也可以这样定义：

```
struct date
{
    unsigned char month;
    unsigned char day;
    unsigned int year;
}date1[10];                    //定义结构数组变量
```

或：

```
struct
{
    unsigned char month;
    unsigned char day;
    unsigned int year;
}date1[10];                    //定义结构数组变量
```

6.3　共用体(union)

任何数据，在使用前都必须定义其数据类型。只有这样，在编译时，C 编译器才会根据其数据类型在内存中指定相应长度的内存单元供其使用。通常，不同的变量应该占据不同的内存位置，这一点并不难理解。如果某变量 a 和变量 b 占用了相同的一个地址空间（例如整型变量 a 占用了 30H 和 31H 两个字节，而字符型变量 b 占用 31H 这个字节）那么变量 a 的变化可能会引起变量 b 的变化，而变量 b 的变化一定会引起变量 a 的变化，这显然不是所要想的结果。因此，C 编译器都会力图避免出现这样的问题。但有一些场合却希望某些变量能共用一块内存，如例 6 - 2 所示。

【例 6 - 2】　某电子测量仪器可通过面板进行参数的设置，共有 3 组参数，其范围均为 0.001～9.999。由于这些参数在仪器内部还要进行进一步的运算，为保证运算精度，所有参数均用浮点数表示。现要求，将设定好的参数保存在外部 EEPROM 芯片中，以便下次上电时能够调出使用。

程序分析：如何才能将浮点数存储起来呢？C 语言中并不存在一个这样的函数，能够把诸如 0.1 之类的数据直接写入 EEPROM。要将数据写入 EEPROM，只能是以字节为单位。这样，需要把诸如 0.1 之类的数据变成一些字节形式的数据。对于一个 int 型的变量，这种变化并不难。如一个整型数 x，可以被分成 x1＝x/256 和 x2＝x％256 两部分，将 x1 和 x2 分别存入 EEPROM。上电时，将其调入内存中并分别赋给变量 x1 和 x2，接着用 x＝x1＊256＋x2 即可恢复 x。这种方法，对于长整型变量也是有效的，只是效率就很低了。而对于浮点型数据这种方法就不可行。

从另一角度去分析，一个浮点型的变量一定占据了内存中的 4 个内存单元。如果能够设法找到这 4 个内存单元，就可以直接取出这 4 个单元中的数据，并将它们储存起来。上电时只要读出 EEPOM 中存储的数据，并送回到内存中这个浮点型变量所占据的 4 个单元，那么自然就形成了这个浮点型数据。要找到一个数据在内存中的存储位置并不难，如指针就可以办到；不过使用共用体（union）是最简单的。下面先给出程序，然后再来分析 union 的用法。

```
#define uchar unsigned char
void main()
{   union
    {   float f;
        uchar c[4];
    }x;
    x.f = 1000.01;
    for(;;)
    {   x.f ++ ;
    }
}
```

程序实现：输入源程序并命名为 union.c，建立名为 union 的工程，加入源程序。设置工程，编译、链接后进入调试，在 Watch ♯1 选项卡中观察变量 x.f 和 x.c，如图 6－3 所示。单步执行程序，随着 x.f 的值不断变化，x.c 的值也在不断变化。这些数据就是浮点数 f 在内存中的存放形式。

共用体（union）是 C 语言的构造类型数据结构之一，与结构（struct）数据类型相似。它也可以包含多个不同类型的元素，但其变量所占有的内存空间并不是各成员所需存储空间的总和，而是在任何时候，其变量至多只存放该类型所包含的一个成员，即它所包含的各个成员只能共享同一存储空间。

定义共用体（union）类型的一般格式为：

union 共用体类型标识符
{

　　类型说明符 变量名

};

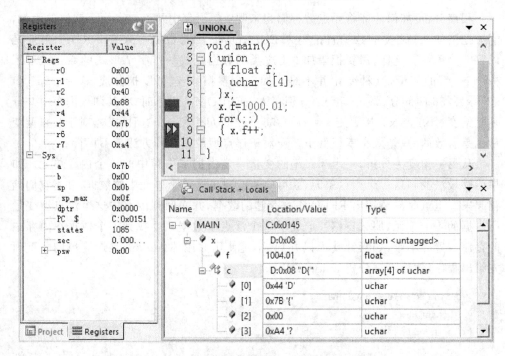

图 6-3　通过共用体获得浮点数的二进制存储数据

说明共用体(union)变量的一般格式为：

union 共用体类型标识符 共用体变量名表

例如：

```
union int_or_char
{
    int i;
    char ch;
};
```

以上定义了一个名为 int_or_char 的共用体类型。该类型包含两个不同类型的元素：一个是 int 型，另一个是 char 型。

使用这个类型定义变量如下：

```
union int_or_char cnvt;
```

cnvt 变量在内存中占用的字节数为 2。变量 cnvt.i 和 cnvt.ch 占用同一存储空间，确切地说 cnvt.ch 与 cnvt.i 的低 8 位是同一存储空间。因此 cnvt.ch 的值一旦变化，变量 cnvt.i 的值也会随之而发生变化。

与结构变量一样，也可以在定义共用体(union)类型的同时，定义共用体变量。例如：

单片机 C 语言轻松入门(第 3 版)

```
union int_or_char
{
    int i;
    char ch;
}cnvt;                        /*定义共用体变量*/
```

或：

```
union
{
    int i;
    char ch;
}cnvt;                        /*定义共用体变量*/
```

对于共用体变量，系统只给该变量按其各共用体成员中所需空间最大的那个成员长度分配一个存储空间。如上例中的 cntv 共用体变量，它共有两个元素，一个是 int 型需要 2 字节的内存空间，另一个是 char 型，只需 1 字节内存空间，所以 C 编译器给共用体变量 cnvt 分配两个字节的内存空间。

共用体除了例 6-2 所列举的应用外，它还可以用于确定的、不可能同时用到的变量，以节省内存空间。

6.4　枚举(enum)

C 语言中有一些变量通常只能被赋予下述两个值之一：True(1)和 False(0)。但如果出现疏忽，有时会将一个在程序中作为标志使用的变量，赋予了除 True(1)或 False(0)以外的值。另外，这些变量通常被定义成 int 或 char 型数据类型，从而使它们在程序中的作用模糊不清。如果可以定义标志类型的数据变量，然后指定这种被说明的数据变量只能赋值为 True 或 False，而不能赋予其他值，就可以避免这种情况的发生。枚举数据类型正是应这种需要而产生的。

6.4.1　枚举的定义和说明

枚举数据类型是一个有名字的某些整型常量的集合。这些整型常量是该类型变量可取的所有的合法值。枚举定义应当列出该类型变量的所有可取值。

一个完整的枚举定义语句格式是：

enum 枚举名(枚举值列表)变量列表；

枚举的定义和说明也可分成两句完成：

enum 枚举名 {枚举值列表}；

enum 枚举名 变量列表；

例如：

```
enum day{Sun,Mon,Tue,Wed,Thu,Fri,Sat} d1,d2;
```

或：

```
enum day{Sun,Mon,Tue,Wed,Thu,Fri,Sat} ;
enum day d1,d2;
```

只有在建立了枚举类型的原型 enum day,将枚举名与枚举值列表联系起来,并进一步说明该原型的具体变量"enum day d1,d2;"之后,C 编译系统才会给 d1 和 d2 分配存储空间,这些变量才可以具有与所定义相应枚举列表中的值。

特别应该注意,枚举值列表只能是标识符,不可以是常量。因此,如下的定义是错误的：

```
enum day{'Sun','Mon','Tue','Wed','Thu','Fri','Sat'} ;
```

6.4.2　枚举变量的取值

枚举列表中每一项符号代表一个整数值。在默认情况下,第 1 项符号取值为 0,第 2 项符号取值为 1,第 3 项符号取值为 2……依次类推。此外,也可以通过初始化,指定某些项目的符号值。某项符号值初始化后,其后续各项符号值随之依次递增,例如：

```
enum direct{up,down,left = 10,right};
```

则 C 编译器将 up 赋值为 0,down 赋值为 1。由于 left 被初始化为 10,所以 right 值为 11。

枚举程序举例：

【例 6-3】　将颜色为红、绿、蓝的 3 个球作全排列,共有几种排法？打印出每种组合的 3 种颜色。

```
# include      <stdio.h>        /*为使用 printf 函数而加入*/
# include      <reg52.h>
void init_ser()
{
        SCON     = 0x50;       /*SCON:工作模式 1,8 位 UART,允许接收*/
        TMOD    |= 0x20;       /*TMOD:定时器 T1 工作于方式 2,8 位自动重载方式*/
        TH1      = 0xf3;       /*TH1:波特率为 2 400 时的时间常数*/
        TR1      = 1;          /*TR1:定时器 T1 开始运行*/
        TI       = 1;          /*TI:发送允行*/
}
```

```
void main()
{    enum Color{red,green,blue};
     enum Color i,j,k,st;
     int n = 0,lp;
     init_ser();                //
     for(i = red;i< = blue;i ++ )
     {    for(j = red;j< = blue;j ++ )
          {    for(k = red;k< = blue;k ++ )
               {    n = n + 1;
                    printf(" % - 4d",n);
                    for(lp = 1;lp< = 3;lp ++ )
                    {    switch(lp)
                         {    case 1:st = i;break;
                              case 2:st = j;break;
                              case 3:st = k;break;
                              default:break;
                         }
                         switch(st)
                         {    case red:printf(" % - 8s","red");break;
                              case green:printf(" % - 8s","green");break;
                              case blue:printf(" % - 8s","blue");break;
                         }
                    }
               }
          }
          printf("\n");
     }
     printf("\n total: % 5d\n",n);
     for(;;){;}
}
```

单片机 C 语言轻松入门(第 3 版)

155

程序实现：输入源程序并命名为 enum.c,建立名为 enum 的工程,加入源程序,编译、链接后按 Ctrl＋F5 键进入调试。选择 View→Serial Window ♯1 开启串行窗口,全速运行,结果如图 6－4 所示。

在学习了共用体及枚举的用方法之后,再举一个例子说明 enum 和 union 在实际工程开发中的用途。

某焊机需设置 6 个参数,这 6 个参数均为 unsigned int 型,并且这 6 个参数在设置完毕后都要保存在 EEPROM 中。当焊机运行时又有 6 个与此对应的计算值。编程时考虑到,如果每个参数都用一个变量名来定义,则无法体现这些参数之间的相互关系,也没有办法使用一个循环来保存这些参数,为此,程序作了如下安排：

```
unionPara{
     unsigned int          Par[6];                    //设置参数
     unsigned char         WrPar[12];
}Set,Calc;
```

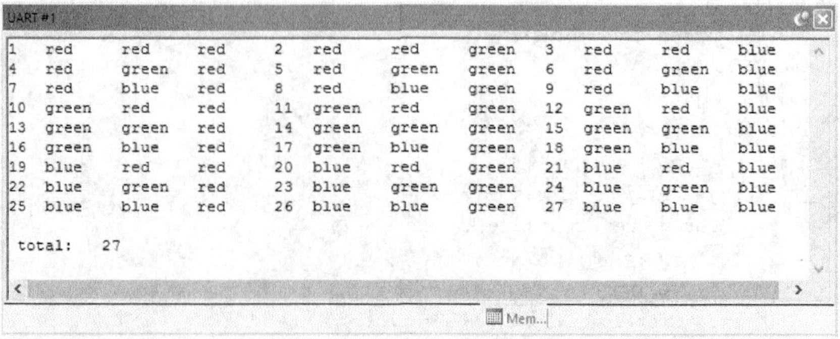

```
UART #1
1    red     red     red     2    red     red     green    3    red     red     blue
4    red     green   red     5    red     green   green    6    red     green   blue
7    red     blue    red     8    red     blue    green    9    red     blue    blue
10   green   red     red     11   green   red     green    12   green   red     blue
13   green   green   red     14   green   green   green    15   green   green   blue
16   green   blue    red     17   green   blue    green    18   green   blue    blue
19   blue    red     red     20   blue    red     green    21   blue    red     blue
22   blue    green   red     23   blue    green   green    24   blue    green   blue
25   blue    blue    red     26   blue    blue    green    27   blue    blue    blue

total:   27

                                                              Mem...
```

图 6 - 4　运行结果

定义一个共用体 Para，并定义了 Para 类型的变量 Set 和 Cal4c，分别表示设置状态下的设置值和运行状态下的计算值。Para 类型中有一个 6 字节的 unsigned int 型数组 Par，与 12 字节的 unsigned char 型数组 WrPar 共用 12 字节的空间。保存数据时，只要将 WrPar 数组的 12 个字节保存到 EEPROM 即可，使用一个循环就可以完成 12 字节的保存工作，非常简洁。

对于 6 个设置参数可以使用 Set.Par[0]～Set.Par[5]来进行访问，但希望用一些有意义的符号来表示这些参数，以便程序更直观些。这样就需要定义一些符号来表示数 0～5，这可以使用 ♯define 来定义，如下所示：

```
♯define    PrCyTim    0    //气缸预备时间
♯define    Tim1       1    //第一段时间
♯define    Tim2       2    //第二段时间
♯define    CoolTim    3    //冷却时间
♯define    Pow1       4    //第一段电能量
♯define    Pow2       5    //第二段电能量
```

但是使用 enum 来定义更简洁：

```
enum{PrCyTim,Tim1,Tim2,CoolTim,Pow1,Pow2}Par;
```

这样，程序中可以使用 PrCyTim、Tim1 等名字作为数组的标号，以达到见名知义的目的。例如用 Set.Par[Pow1]表示第一段电能量的设置值，Set.Par[CoolTim]表示冷却时间的设置值等。变量 Par 的值又被限制为只能取值 0～5，不会由于一些意外而取其他值。

6.5　用 typedef 定义类型

除了可以直接使用 C 提供的标准类型名如 int、char 等和自己声明的结构体、共用体、指针、枚举类型外，还可以用 typedef 声明新的类型名来代替已有的类型名。例如：

```
typedef    int        INTEGER;
typedef    float      REAL;
```

指定用 INTEGER 代表 int 类型，REAL 代表 float。这样，以下两行等价：

```
int  i;
INTEGER    i;
```

在一些程序中常可以看到这样的定义：

```
typedef  unsigned int    UINT;
typedef  unsigned long   ULONG;
typedef  unsigned char   BYTE;
typedef  bit             BOOL;
```

这样，可以使熟悉其他编程语言（如 Visual C++ 等）的人能用 UINT、ULONG、BYTE、BOOL 等来定义变量，以适应个人的编程习惯。通常把用 typedef 声明的类型名用大写字母表示，以便与系统提供的标准类型标识符相区别。

用 typedef 声明类型的说明如下：

① 用 typedef 可以声明各种类型名，但不能用来定义变量。

② 用 typedef 只是对已经存在的类型增加一个类型名，而没有创造新的类型。也就是它仅仅是用来起一个新的名字。

③ typedef 和 ♯define 有相似之处，但又不相同。♯define 是编译之前进行预处理时进行简单的字符串替换，而 typedef 则是在编译时处理。

④ 使用 typedef 有利于程序的通用与移植。有时程序会依赖于硬件特性，用 tyepdef 便于移植。例如，有的计算机系统 int 型数据用两个字节，数值范围为 $-32\,768\sim32\,767$，而目前的 32 位机则以 4 字节存放一个整数，数值范围达到 ±21 亿。如果把一个 C 程序从一个以 4 字节存放整数的计算机系统移植到以 2 字节存放整数的系统，按一般办法需要将定义变量中的每个 int 改为 long。例如：

```
int a,b,c;
```

改为：

```
long a,b,c;
```

但这样逐个修改非常不便。如果在编写源程序时用了这样的定义：

```
typedef  int  INTEGER;
```

在程序中所有的 int 型变量均用 INTEGER 来定义，则在移植时只要改动一下 typedef 定义即可：

```
typedef  long  INTEGER;
```

第 **7** 章

函 数

一个较大的程序一般应由若干个程序模块组成,每一个模块用来实现一个特定的功能。所有的高级语言中都有子程序这一概念,用子程序实现模块的功能。在 C 语言中,子程序的作用是由函数来完成的。本章将学习函数的有关知识。

7.1 概 述

一个完整的 C 程序可由一个主函数和若干个函数组成,由主函数调用其他函数,其他函数也可互相调用。同一个函数可以被一个或多个函数调用任意多次。C 语言中的主函数为 main() 函数。

在程序设计中,通常将一些常用的功能模块编写成函数,供其他函数调用。善于利用函数,可以减小重复编写程序段的工作量。

【例 7 - 1】 函数调用的例子。

```
# include        <reg52.h>
# include        <math.h>
# include        <stdio.h>              //为使用 printf 函数而加入
void init_ser()
{   SCON      = 0x50;                    //SCON:模式 1, 8 - bit UART, 允许接收
    TMOD      | = 0x20;                  //TMOD:定时器 1,模式 2, 8 位自动重装入模式
    TH1       = 0xf3;                    //TH1:波特率为 2 400
    TR1       = 1;                       //TR1:定时器 1 开始运行
    TI        = 1;
}
void printstar()
{   printf("*********************************\n");
}
void print_message()
```

```
{   printf("How do you do! \n");
}
void main()
{
    init_ser();              //初始化串行口
    printstar();             //调用 printstar 函数
    print_message();         //调用 print_message 函数
    printstar();             //调用 printstar 函数
    for(;;){;}
}
```

为演示这个例子的运行结果,需要开启单片机的串行窗口,以便在串行窗口中输出字符,因此,在程序中加入了 init_ser()函数对串行口进行初始化。

程序实现:输入源程序,建立名为 fun1 的工程,编译、连接后按 Ctrl+F5 键进入调试状态。运行后选择 View→Serial Window 1 开启串行窗口,也可按下调试工具栏上的按钮开启串行窗口,全速运行程序,即可看到如图 7-1 所示的界面。

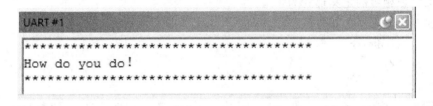

图 7-1 例 7-1 程序运行结果

printstar 和 print_message 都是用户定义的函数名,分别用来输出一排"＊"号和一行信息。

关于函数的说明如下:

① 一个源程序文件由一个或多个函数组成。

② 一个 C 程序由一个或多个源程序文件组成。对于较大的程序,通常不希望把所有源程序全部放在一个文件中,而是将函数和其他内容分别放入若干个文件中,再由这些文件组合成一个完整的 C 程序。这样可以分别编写、分别编译,一个源文件也可供多个程序使用,从而提高效率。

③ C 程序的执行从 main 函数开始。

④ 所有函数都是平行的,即在定义函数时是相互独立的,一个函数并不从属于另一个函数,即函数不能嵌套定义。函数间可相互调用,但不能调用 main 函数。

⑤ 从函数的形式看,函数分两类:

➤ 无参函数。即主调函数不向被调用函数传递参数,这类函数就是完成一定的操作功能。无参函数可以有返回值,但大多数的无参函数没有返回值。

➤ 有参函数。在调用函数时,主调函数将一些数据传递给被调用函数,通常被

单片机 C 语言轻松入门(第 3 版)

调用函数会对这些数据进行处理，根据这些数据进行不同的操作，或者得到一个计算的结果，可以带回到主调函数中。

⑥ 从用户使用的角度看，函数可以分为两种：

➢ 标准函数即库函数。这是由编译系统（如 Keil 软件）提供的，用户不必自行编写这些函数的程序，却可以使用这些函数所提供的功能。例如 sin 函数可以提供正弦函数计算功能。

➢ 用户函数，这是编程者根据自己的需要而编写的特定功能的函数。

7.2 函数的定义

从函数的形式上划分，函数又分为无参数函数和有参数函数两种形式。下面分别讨论这两种函数的定义方法。

7.2.1 无参函数的定义

无参数函数的定义形式为：

```
类型标识符   函数名（）
｛    声明部分
      语句
｝
```

例 7-1 中的 printstar 和 print_message 函数都是无参函数。用"类型标识符"指定函数返回值的类型，即函数带回来的值的类型。这两个函数没有返回值，使用 void 来定义。

例 7-1 程序中函数"printstar（）;"放在主函数 main（）之前，这是经典的 C 写法，但是标准 C（ANSI C）则要求用另一种格式进行规范化书写。首先，即使是无返回值函数，其返回值类型也要用 void 关键字，而主函数 main（）则要放在文件的前面；被调用的函数应在开头进行原型声明。上面的程序如果按 ANSI C 的写法应改为以下形式。

【例 7-2】 按 ANSI 标准书写的函数调用。

```
# include      <reg52.h>
# include      <math.h>
# include      <stdio.h>          /* 为使用 printf 函数而加入 */
void init_ser();                   /* 函数说明 */
void pirintstar();
void print_message();
void main()
｛
    init_ser();                    /* 初始化串行口 */
    printstar();                   /* 调用 printstar 函数 */
```

```
    print_message();          /* 调用 print_message 函数 */
    printstar();              /* 调用 printstar 函数 */
    for(;;){;}
}
void init_ser()
{   SCON  = 0x50;             /* SCON：模式 1,8 - bit UART,允许接收 */
    TMOD | = 0x20;            /* TMOD：定时器 1,模式 2 , 8 位自动重装入模式 */
    TH1   = 0xf3;             /* TH1： 波特率为 2 400 */
    TR1   = 1;                /* TR1： 定时器 1 开始运行 */
    TI    = 1;
}
void printstar()
{   printf(" *************************************\n");
}
void print_message()
{   printf("How do you do! \n");
}
```

7.2.2　有参函数的定义

有参函数的定义形式为：

类型标识符　函数名(形式参数列表)

{　声明部分

　　语句

}

例如：

```
int max( int  x,int  y)
{   int   z;
    z = x>y? x:y;
    return(z);
}
```

这是一个求 x 和 y 二者中值较大者的函数,函数名 max 前面的 int 表示函数值是整型的,即本函数被调用后将带回一个整型数。括号中有两个形式参数 x 和 y,它们都是整型数。在调用此函数时,主调函数把实际参数的值传递给这个函数中的形式参数 x 和 y。花括号里是函数体,它包括声明部分和语句部分。在声明部分定义所用的变量,此外对将要调用的函数进行声明。在函数体的语句中求出 z 的值(x 和 y 中大的那一个),return(z)的作用是将 z 的值作为函数值带回主调函数中去。这里可以看到,函数被定义为 int 型,返回值 z 也是 int 型,两者是一致的。

7.2.3 空函数

C语言允许有空函数,空函数的定义形式为:

类型说明符　函数名()

{}

调用此函数时,什么工作也不做,没有任何实际的作用。

例如:

```
void dummy()
{}
```

在主调函数中写上"dummy();",表明这里要调用一个函数,而现在这个函数没有起作用,等以后扩充函数功能时补充上。

在程序设计中往往根据需要确定若干个模块,分别由一些函数来实现。而在第一阶段只设计最基本的模块,先把架子搭起来,细节留待进一步完善。当以这样的方式写程序时,可以在将来准备扩充功能的地方写上一个空函数,只是这些函数未编写好,先占一个位置,以后用一个编写好的函数替代它。这样做,程序的结构清楚,可读性好,以后扩充新功能方便,对程序结构影响不大。

7.3 函数参数和函数的值

C语言采用函数之间的参数传递方式,使一个函数能对不同的变量进行功能相同的处理,从而大大提高了函数的通用性与灵活性。

函数之间的参数传递,由函数调用时主调函数的实际参数与被调用函数的形式参数之间进行数据传递来实现。

如果被调用函数有返回值,那么这个值可以通过 return 语句返回给主调函数。

7.3.1 形式参数和实际参数

首先来了解一下形式参数和实际参数的概念。

形式参数:在定义函数时,函数名后面括号中的变量名称为形式参数,简称形参。

实际参数:在调用函数时,函数名后面括号中的表达式称为实际参数,简称实参。

以 int max(int x,int y)为例,函数定义时,x 和 y 是形式参数。当主调函数调用这一参数时,将会是如下的一种形式:

```
z = max(5,9);
```

这个式子中的 5 和 9 就是实际参数。当执行到 max 函数时,凡有变量 x 的场合,其值就是 5;凡有 y 的场合,其值就是 9。

1. 关于形参与实参的说明

① 在定义函数中指定的形参,在未出现函数调用时,它们并不占用内存中的存储单元。只有在发生函数调用时,函数 max 中的形参才被分配内存单元。在调用结束后,形参所占用的内存单元也被释放。

② 实参可以是常量、变量或表达式,例如:

```
z = max(x,y);
```

x 和 y 是主调函数中的两个变量,在调用时它们必定有确定的值,在调用时将 x 和 y 的值赋给形参。这里的 x 和 y 与函数定义中的 x 和 y 含义完全不同。

③ 在被定义的函数中,必须指定形参的类型。

④ 实参与形参的类型应相同或赋值兼容。

⑤ C 语言规定,实参变量对形参变量的数据传递是"值传送",即单向传递,只由实参传给形参,而不能由形参返回给实参。

在调用函数时,给形参分配存储单元,并将实参对应的值传递给形参。调用结束后,形参单元被释放,实参单元仍保留并维持原值。也就是说,实参与形参之间的数据传递是单向进行的,只能是实参传递给形参,而不能由形参返回给实参。因此,在执行一个被调用函数时,形参的值如果发生变化,并不会改变主调函数中的实参的值。

2. 调用例子

例如:

```
/ * Switch 函数将形参 x 和 y 的值作个交换 * /
int  Switch(int  x,int  y)
{   int z;
    z = x;
    x = y;
    y = z;
    return(x);
}
```

主调函数中这样调用:

```
{   ......
    int  x = 10,y = 20;
    Switch(x,y)
    ......
}
```

执行 Switch(x,y)之前,变量 x 和 y 的值分别是 10 和 20。执行 Switch(x,y)后,主调函数中的 x 和 y 的值各是多少呢? 答案是,x=10,y=20,没有任何变化。实际上主调函数在调用 Switch 函数时,只是将 x 的值即 10 传递给 Switch 中的形式参数 x,而将 y 的值即 20 传递给 Switch 中的形式参数 y,然后,它们之间就不再有任何联系了。主调函数中的变量名 x 和 y 与 Switch 函数中的变量名 x 和 y 毫无关系。

7.3.2　函数的返回值

通常,希望通过函数调用使主调函数能得到一个确定的值,这就是函数的返回值。例如在例 7-1 中,如果这样调用函数"max(5,9);"将有一个返回值 9,而这样调用函数"max(2,4);"则有一个返回值 4。对函数的返回值说明如下。

1. return 语句获得返回值

函数的返回值是通过函数中的 return 语句获得的。return 语句将被调用函数中的一个确定值带回主调函数中去。

如果需要从被调用函数带回一个函数值(供主调函数使用),被调用函数中必须包含 return 语句。如果不需要从被调用函数带回函数值,可以不要 return 语句。

一个函数中可以有一个以上的 return 语句,执行到哪一个 return 语句,哪一个 return 语句起作用。

return 语句后面的括号也可以不要,即

return n;

与

return (n);

等价。

return 后面的值可以是一个表达式。

2. 函数值的类型

既然函数有返回值,这个值当然应属于某一个确定的类型,应当在定义函数时指定函数值的类型。例如:

```
int     max(……)
```

C 语言规定,凡不加类型说明的函数,一律自动按整型处理。

在定义函数时对函数值说明的类型一般应该和 return 语句中的表达式类型一致。

3. 返回值类型由函数类型决定

如果函数值的类型和 return 语句中表达式的值不一致,则以函数类型为准。对数值型数据,可以自动进行类型转换,即返回值的类型由函数类型决定。

【例 7-3】　返回值类型与函数类型不同。

```
# include <reg51.h>
# include <stdio.h>
vod init_ser()
{    SCON    = 0x50;          /* SCON:模式 1,8-bit UART,允许接收    */
     TMOD    |= 0x20;         /* TMOD:定时器 1,模式 2,8 位自动重装入模式 */
     TH1     = 0xf3;          /* TH1:波特率为 2 400       */
     TR1     = 1;             /* TR1:开始定时器 1 开始运行 */
     TI      = 1;
}
int max(float x,y)
{    float z;
     z = x>y? x:y;
     return(z);
}
void main()
{    float a = 10.5,b = 23.4;
     float c;
     init_ser();
     c = max(a,b);
     printf("Max  is  %f\n",c);
}
```

程序实现：输入源程序，保存为 type.c，建立名为 type 的工程，加入源程序，编译、链接后进入调试，全速运行，运行的结果是：

```
Max  is  23.000000
```

程序分析：这里 max 函数中定义的 z 的类型为 float 型，但 max 被定义为 int 型，实际返回时，将返回一个 int 型的数据。

4. 无 Return 语句会带回不确定值

如果被调用函数中没有 return 语句，并不带回一个确定的、用户所希望得到的函数值。但实际上，函数并不是不带回值，而只是不带回有用的值，带回的是一个不确定的值。

如例 7-1 中的"void pirintstar();"，如果改写成"pirintstar();"，那么在主调函数中写上：

```
a = pirintstar();
```

这也是符合语法的，但这个值 a 所获得的返回值往往是没有意义的，编程者必须小心使用，不让这个可能无法预知的值带来破坏作用。

5. 用 void 定义函数

为了明确表示不带回值，可以用 void 定义函数。

例 7-1 中的"void pirintstar();"就是明确指定函数不能带回返回值,这样如果再用:

```
a = pirintstar();
```

就会被编译系统认为出现语法错误。这样系统就保证不使函数带回任何值,即禁止在调用函数中使用被调用函数的返回值。为使程序减少出错,保证正确调用,凡不要求带回函数值的函数,一般应定义为 void 类型。

7.4 函数的调用

C 语言中主调函数通过函数调用的方法来使用函数。

7.4.1 函数调用的一般形式

函数调用的一般形式为:

函数名(实参列表)

对于有参数型函数,若包含多个实参,则各参数间用逗号隔开。实参与形参的个数应相等,类型应一致。实参与形参按顺序对应并一一传递数据。

如果是调用无参函数,则实参列表没有,但括号不能省。

7.4.2 函数调用的方式

按函数在程序中出现的位置来分,可以有以下 3 种函数调用方式。

1. 函数调用语句

把函数调用作为一个语句。例如:

```
print_message();
```

这时不要求函数带返回值,只要求函数完成一定的操作。

2. 函数结果作为表达式的一个运算对象

函数出现在一个表达式中,这种表达式称为函数表达式。这是要求函数带回一个确定的值以参加表达式的运算。例如:

```
c = 2 * max(a,b);
```

函数 max 是表达式的一部分,它的值乘以 2 再赋给 c。

3. 函数参数

函数调用作为一个函数的实参。例如:

```
m = max(a,min(b,c));
```

其中 min(b,c)是一次函数调用,它的返回值为 max 函数的实参。

7.4.3　对被调用函数的声明和函数原型

1.被调用函数的声明

在一个函数中调用另一个函数(即被调用函数)需要具备以下一些条件。

① 被调用的函数必须是已经存在的函数(是库函数或者用户自定义的函数)。但仅有这一条件还不够。

② 如果使用库函数,一般还应该在本文件开头用♯include 命令将调用有关库函数时所需用到的信息"包含"到本文件中来。例如在程序中加上:

```
#  include      <math.h>
```

就可以使用 C 编译系统提供的数学函数。

③ 如果使用用户自己定义的函数,而且该函数与调用它的函数(即主调函数)在同一个文件中,一般还应该在主调函数中对被调用的函数进行声明,即向编译系统声明将要使用该函数,并将有关信息通知编译系统。

【例 7 – 4】　对被调用的函数进行声明。

```
void main()
{     int      max(int x,int y);      / * 对被调用函数的声明 * /
      int a = 10,b = 20,c;
      c = max(a,b);
      printf("Max   is % d\n",c);
}
int max(int x,y)
{     int z;
      z = x>y? x:y;
      return(z);
}
```

其中 main 函数开始的第 2 行"int max(int x,int y);"是对被调用的 max 函数进行声明。

注意:声明和定义不要混淆。max 函数的定义在下面,它包括了函数名、函数值类型、函数体等部分,而声明仅把函数的名字、函数类型、个数和顺序通知编译系统,以便在调用该函数时按此进行检查。

在函数声明中也可以不写形参名,而只写形参的类型。例如:

```
int      max(int   int)
```

2.函数原型

在 C 语言中,以上的函数声明称为函数原型。使用函数原型是 ANSI C 的一个重要特点,利用函数原型可以在程序的编译阶段对被调用函数的合法性进行检查。从例 7-4 中可以看到,main 函数的位置在 max 函数的前面,而在进行编译时是从上到下逐行进行的,如果没有对函数的声明,当编译到包含函数调用的语句"c＝max(a,b);"时,编译系统不知道 max 是什么,也无法判断实参(a 和 b)的类型和个数是否正确,因而无法进行正确性的检查,只有在运行时才会发现实参与形参的类型或个数不一致,出现运行错误。发现问题越晚越麻烦,因此,希望尽可能在编译阶段就能发现错误。

函数原型的一般形式为:

① 函数类型　函数名(参数类型 1,参数类型 2……)

② 函数类型　函数名(参数类型 1　参数名 1,参数类型 2　参数名 2……)

第①种形式是基本的形式。为了便于阅读程序,也允许在函数原型中加上参数名,就成了第②种形式。但编译系统不检查参数名。因此参数名是什么都无所谓。

应当保证函数原型与函数首部写法上的一致,即函数类型、函数名、参数个数、参数类型和参数顺序必须相同。函数调用时函数名、实参个数应与函数原型一致,实参类型必须与函数原型中的形参类型赋值兼容,按 3.10 节介绍的赋值规则进行类型转换。如果不是赋值兼容,就按出错处理。

对被调用函数的声明说明如下。

① 如果被调用函数的定义出现在主调函数之前,可以不必加以声明。因为编译系统已经知道了已定义的函数类型,会根据函数首部提供的信息对函数的调用作正确的检查。

【例 7-5】　将被调用函数放在主调函数之前。

```
# include      <reg52.h>
# include      <math.h>
float fadd(float a,float b)          /* 函数放在主调函数的前面 */
{   return a + b;
}
void main()
{   float a;
    a = fadd(12.3,334.5);
    for(;;)
    { ; }
}
```

② 如果已在所有函数定义之前,在函数的外部已进行函数声明,则在各个主调函数中不必对所调用的函数再进行声明。例如:

【例 7-6】　将被调用函数放在主调函数之后。

```
#include        <reg52.h>
#include        <math.h>
void fun();
float fadd(float,float);
/* 在这里说明被调用函数,则凡要用到该函数的主调函数不必再逐一说明 */
void main()
{   float a;
    a = fadd(12.3,334.5);
    fun();
    for(;;)
    { ;}
}
void fun()
{   float a;
    a = fadd(111.3,34.5);
}
float fadd(float a,float b)
{   return a + b;
}
```

不按这样的方法来处理,则会出现错误,将例 7 - 6 中的

```
float fadd(float,float);
```

语句去掉,就会出现如图 7 - 2 所示的错误信息,并且不能被编译、链接通过。

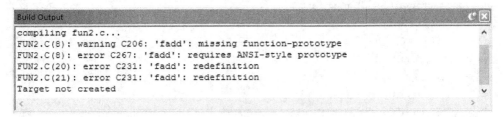

```
Build Output
compiling fun2.c...
FUN2.C(8): warning C206: 'fadd': missing function-prototype
FUN2.C(8): error C267: 'fadd': requires ANSI-style prototype
FUN2.C(20): error C231: 'fadd': redefinition
FUN2.C(21): error C231: 'fadd': redefinition
Target not created
```

图 7 - 2   未按要求进行函数调用

7.4.4   函数的嵌套调用

在 C 语言中,函数的定义都是相互独立的,即在定义函数时,一个函数内部不能包含另一个函数。尽管 C 语言中函数不能嵌套定义,但允许嵌套调用函数。即在调用一个函数的过程中,允许调用另一个函数。

有些 C 编译器对嵌套的深度有一定的限制,但这样的限制并不苛刻。C51 对函数嵌套调用层次的限制是由于片内 RAM 数量很少,而每次调用子程序都需要一定量的 RAM 进行现场保护,所以无法进行多层次的嵌套。如果不传递参数,则 5~10

层的嵌套是安全的。

7.4.5　函数的递归调用

在调用一个函数的过程中,又直接或间接地调用该函数本身,这种情况称为函数的递归调用。

C语言的优势之一,就在于它允许函数的递归调用。函数的递归调用通常用于问题的解可以通过一种解法逐次地用于问题的子集来表示的场合。

【例7-7】　计算一个数的阶乘。

一般说来,任何大于 0 的正整数 n 的阶乘等于 n 被 $(n-1)$ 的阶乘乘,即 $n! = n(n-1)!$。用 $(n-1)!$ 的值作为表示 $n!$ 的值的表达式就是一种递归调用,因为一个阶乘的值是以另一个阶乘的值为基础的。

采用递归调用求正数 n 的阶乘的程序如下:

```
# include "reg51.h"
# include "stdio.h"
void init_ser()
{   SCON    = 0x50;    / * SCON:模式 1, 8 - bit UART, 允许接收 * /
    TMOD    | = 0x20;  / * TMOD:定时器 1,模式 2, 8 位自动重装入模式 * /
    TH1     = 0xf3;    / * TH1:波特率为 2 400 * /
    TR1     = 1;       / * TR1:定时器 1 开始运行 * /
    TI      = 1;
}
long factorial(int n) reentrant
{   long result;
    if(n == 0)
        result = 1;
    else
        result = n * factorial(n-1);
    return result;
}
void main()
{   int j;
    long tmp;
    init_ser();
    for(j = 0;j<11; ++ j)
    {   tmp = factorial(j);
        printf(" % d!  = % ld\n",j,tmp);
    }
    for(;;){;}
}
```

程序实现：输入源程序并命名为 factorial.c，建立名为 factorial 的工程，注意必须选择 52 系列 CPU，如 89C52 等，加入源程序。编译、链接后按 Ctrl＋F5 键进入调试状态，用 View→Serial Window 1 开启串行窗口，也可按调试菜单上的 ☝ 按钮来开启串行窗口。全速运行程序，即可看到如图 7-3 所示的界面。

图 7-3　函数递归调用示例

程序分析：在程序 factorial()函数中，包含着对它自身的调用，这使该函数成为递归函数。下面通过分析 factorial()函数的工作过程来了解递归函数调用的过程。为简化分析，这里以 3 的阶乘为例，即

```
factorial(3);
```

当函数开始工作时，形式参数 n 的值为 3，由于该值不为 0，故程序将跳过：

```
if(n == 0)
```

一行而执行：

```
result = n * factorial(n - 1);
```

即：

```
result = 3 * factorial(2);
```

在这个表达式中，factorial()函数调用了其自身，只不过现在的实际参数变为了 2。根据自右向左结合的原则，先计算 factorial(2)，而将 3 乘以 2 的阶乘的运算先放在

一边。

当调用 factorial(2)时,程序将执行语句:

```
result = 2 * factorial(1);
```

这时又会先计算 factorial(1)而将 2 乘以 1 的阶乘的运算放在一边。

当调用 factoria.(1)时,程序将执行语句:

```
result = 2 * factorial(0);
```

这时又会先计算 factorial(0)而将 1 乘以 0 的阶乘的运算放在一边。

而当调用 factorial(0)时,函数将执行:

```
if(n == 0)
    result = 1;
```

的程序行,将值 1 返回,然后开始计算那一串刚才没有计算的值,即倒过去计算:

1 * factorial(0)结果为 1;

再计算 2 * factorial(1)结果为 2;

接着计算 3 * factorial(2)结果为 6。

7.4.6　C51 函数的重入

例 7 - 7 程序中 factorial()函数是这样定义的:

```
Long        factorial(int n) reentrant
```

这其中的 reentrant 是个关键字,意为允许函数重入。

由于单片机内的 RAM 数量较小,因此,默认条件下,C51 并不支持函数的重入。什么是函数的重入呢? 通俗地说,就是在同一时间,一个函数在执行时,是否允许再次调用这个函数本身。通常,程序是顺序执行的,不存在这种问题。但在一些特殊的场合,却会有这样的可能,如编写 C51 的中断程序时就会遇到,下面举例说明。

某计数系统在运行过程中,需要根据运行情况将计数值存入外部 EEPROM 中,因此,主程序中需要用到保存数据的程序。此外,如果遇到断电事故,要求将数据及时存储到外部的 EEPROM 中去。硬件设计时,是利用外中断 0 来感知断电事故的发生的。一旦有断电中断请求发生,利用系统中储能电容中的能量让程序继续运行一段时间,在这段时间内将数据写到外部 EEPROM 中。显然,从中断产生到执行保存数据的这段时间越短越好。因此,开始设计程序如例 7 - 8 所示。一旦有中断产生,就在中断程序中执行 PageWrite 程序。

【例 7 - 8】　演示函数重入的问题。

```
# include        <reg52.h>
typedef  unsigned  int  uint;
typedef  unsigned char  uchar;
void PageWrite(uchar Data[],uint Address,uchar Num)
{    Data[0]++;
     Address++;
     Num++;
/*为免程序过长,而又能通过编译和进行演示,这里用"Num++;"这一程序行来替代将数写
    入 EEPROM 的程序行*/
}
void main()
{    uchar Date[4];
     EA = 1;
     EX0 = 1;                    //开中断
     for(;;)
     {
         PageWrite(Date,4,2);     //保存当前计数值
     }

}
void Save() interrupt 0
{    uchar Date[4];
     PageWrite(Date,5,2);
}
```

程序实现: 输入源程序,命名为 reentrant.c,建立名为 reentrant 的工程,加入源程序,编译、链接,得到的结果如图 7 - 4 所示。

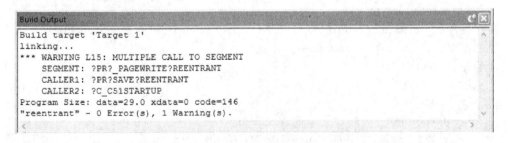

```
Build Output
Build target 'Target 1'
linking...
*** WARNING L15: MULTIPLE CALL TO SEGMENT
    SEGMENT: ?PR?_PAGEWRITE?REENTRANT
    CALLER1: ?PR?SAVE?REENTRANT
    CALLER2: ?C_C51STARTUP
Program Size: data=29.0 xdata=0 code=146
"reentrant" - 0 Error(s), 1 Warning(s).
```

图 7 - 4 函数的重入问题

图 7 - 4 显示有一个多重调用的链接警告。函数 PageWrite 有可能被两个主调函数同时调用。例如在 main 函数中正在调用函数 PageWrite 时产生中断,而中断里又用到了 PageWrite 函数,对于 C51 而言,这是不可接受的,因而产生了这样的一个警告。

单片机 C 语言轻松入门(第 3 版)

173

为了避免这样的问题，C51 引入了一个新的关键字：

```
reentrant
```

当在一个函数定义的末尾加上这个关键字，即定义这个函数是可重入的。这样，这个函数就可以被多次重复调用了。

在 void PageWrite(uchar Data[ ]，uint Address，uchar Num) 后加上 reentrant，然后重新编译、链接，可以看到，警告消除了。

递归调用必然需要函数能够重入，因此在例 7-7 中必须要为函数 long factorial (int n) 后加入 reentrant，而成为：

```
long factorial(int n) reentrant
```

7.5   数组作为函数参数

前面已介绍了可以用变量作为函数参数，此外，数组元素也可以作为函数实参。数组元素作为函数的参数时，传递的是整个数组。

【例 7-9】 编写一个 max 函数，找出数组中的最大值并返回。

```
typedef    unsigned    int    uint;
typedef    unsigned char    uchar;
# include        "reg51.h"
int max(uint Values[ ],uchar i)
{
    uint     MaxDat;
    MaxDat = Values[0];
    for(i = 1;i<10;i++)
        if(MaxDat<Values[i])
            MaxDat = Values[i];
    return MaxDat;
}
void main()
{    uint MaxNum;
    uint Scroe[10] = {10,11,23,44,9,6,223,456,34,10};
    MaxNum = max(Scroe,10);
    for(;;)
    {;}
}
```

程序实现：输入源程序，命名为 array.c，建立名为 array 的工程，加入 array.c 源程序，编译、链接以后按 Ctrl＋F5 键进入调试。按 F11 单步执行程序，可以跟踪进入

max 函数观察到程序的执行过程。

对数组作为函数参数说明如下：

① 用数组名作为函数参数时,应该在主调函数和被调用函数分别定义数组。本例中 Values 是形参数组名,score 是实参数组名,分别在其所在函数中定义,不能只在一方定义。

② 实参数组与形参数组类型应该一致,如不一致,结果将出错。本例中,实参数组和形参数组均为 unsigned int 型。

③ 实参数组和形参数组大小可以一致也可以不一致,C 编译器对形参数组大小不做检查,只是将实参数组的首地址传给形参数组。

④ 形参数组也可以不指定大小,定义数组时在数组名后面跟一个空的方括号。为了在被调用函数中处理数组元素的需要,可以另设一个参数来传递数组元素的个数,本例中用了 i 传递数组元素的个数。

⑤ 必须强调:用数组名作为参数是将数组所在内存单元的首地址传递给函数,函数是直接操作数组内的元素。因此,如果函数改变了数组元素的值,这种变化将会在主调函数中反映出来。注意不要与 7.3 节介绍的形参与实参的关系混淆,那里所介绍的情况是"传值",而这里是"传址"。

7.6 局部变量和全局变量

一个 C 语言程序中的变量可以被这个程序中的所有函数使用,也可以仅在一个函数中有效,这就是 C 语言中引入的局部变量和全局变量的概念。

7.6.1 局部变量

在一个函数内部定义的变量是内部变量,它只在本函数范围内有效,即只有在本函数内才能使用此变量,称之为"局部变量"。例如:

```
int fun1(int a)              /* 函数 fun1 */
{    int b,c;
……                          /* 本函数内有 a,b,c 三个变量 */
}
char fun2(char x,char y)     /* 函数 fun2 */
{    int i, j;               /* 本函数内有 x,y,i,j 四个变量 */
     ……
}
void main()
{    int m,n;
     ……
     fun1(10);
     fun2(5,8);
}
```

对局部变量说明如下：

① main 函数中定义的变量(m,n)也只在 main 函数中有效,不因其调用了 f1 和 f2 函数就认为 m 和 n 也在函数 f1 和 f2 中有效。

② 不同函数中可以使用相同名字的变量,它们代表不同的对象,互不干扰。假设在函数 f2 中将定义更改为：

```
int   m,n;
```

这个 m 和 n 与 main 函数中的 m 和 n 互不相干,在内存中占用不同的内存单元。

③ 形式参数也是局部变量,例如 f1 函数中的 a,只在函数 f1 中起作用。

④ 用"{"和"}"括起来的复合语句中可以定义变量,这些变量只在本复合语句中起作用。例如：

```
void main()
{   int a,b;                 /*变量 a 和 b 在整个 main 函数中有效*/
    ……
    {   int c;               /*变量 c 只在本复合语句中有效*/
        c = a + b;
    }
}
```

变量 c 只在复合语句内有效,离开该复合语句该变量就无效,不能使用。

7.6.2 全局变量

一个源文件可以包含一个或若干个函数。在函数内定义的变量是局部变量,而在函数之外定义的变量称为外部变量,外部变量是全局变量。全局变量可以在本文件中供所有的函数使用。它的有效范围为从定义变量的位置到本源文件的结束。

例如：

```
int   gi1 = 10,gi2 = 20;        /*外部变量*/
int    fun1(int a)              /*函数 fun1*/
{   int   b,c;
    ……                         /*本函数内有 a,b,c 三个变量*/
}
char  gc1,gc2;
char fun2(char  x,char  y)      /*函数 fun2*/
{   int i, j;                   /*本函数内有 x,y,i,j 四个变量*/
    ……
}
void main()
{   int m,n;
    ……
```

```
    fun1(10);
    fun2(5,8);
}
```

gi1、gi2、gc1、gc2 都是全局变量，但它们的作用范围不同。在 main 函数和 fun2 函数中可以使用这 4 个变量，但是在函数 fun1 中只能使用 gi1 和 gi2 这 2 个变量。

一个函数中既可以使用本函数中定义的局部变量，又可以使用有效的全局变量。

有关全局变量和局部变量说明如下：

① 全局变量的作用是增加了函数间数据联系的渠道。由于同一文件中的所有函数都能引用全局变量的值，因此如果在一个函数中改变了全局变量的值，就能影响到其他函数，相当于各个函数间有直接数据传递的通道。由于函数调用只能带回一个返回值，因此有时可以利用全局变量增加与函数联系的渠道，从函数得到一个以上返回值。在编写中断程序时，往往也是通过全局变量来进行数据的交换。

【例 7 - 10】 为某应用系统编写的接口程序中，外部中断 0 被用于接收数据时的时钟线，另一个 I/O 引脚作为数据线。当外中断 0 产生后，对数据进行处理，即根据数据线是 0 还是 1 修改数据。当中断为 8 次时，完成一个数据的接收，并存入接收数据缓冲区。当接收到规定个数的数据后，通知主程序进行处理。

177

```
#define uchar unsigned char
uchar      bdata      RecDat;            /* 接收到的数据 */
sbit             RecDat0 = RecDat^0;
bit      renovate ;                      /* 该位为1,说明已接收到4字节,通知主程序 */
void ReciveDate() interrupt 0            /* 外中断 0 的服务程序 */
{   uchar      RecDatCount;              /* 接收的数据的计数器 */
    bit      ReciveMark = 1;
    ReciveMark = 0;
    if(! StartOverCount)
        StartOverCount = 1;
    RecDatCount ++ ;
    RecDat = RecDat << 1;                /* 数据源是先送高位,由左到右 */
    if(Data)
        RecDat0 = 1;
    else
        RecDat0 = 0;
    if(RecDatCount == 8)                 /* 接收完第 1 个数据 */
    {   MaskSing = RecDat;
    }
    else if(RecDatCount == 16)           /* 第 2 个数据 */
    {   if(MaskSing == 0)
            DispData = RecDat * 256;
```

```
      }
      else if(RecDatCount == 24)              /* 第3个数据 */
      {   if(MaskSing == 0)
              DispData + = RecDat;
      }
      else if(RecDatCount == 32)              /* 第4个数据 */
      {   if(MaskSing == 0)
              Control = RecDat;
          renovate = 1;
      }
      if(RecDatCount == 32)
      {   RecDatCount = 0;
          StartOverCount = 0;                 /* 接收到32个字符,清加数标志 */
          RecEnd = 1;
          RecDat = 0;
      }
  }
```

程序分析:这里 RecDat 既在接收数据的中断程序中用到。也在主程序中用到。标志位 renovate 是接收数据的中断程序与主程序之间的联系渠道,这些都必须被定义为全局变量。

再举一个例子加以说明。

【例7-11】 有一个一维数组,内放10个学生的成绩。要求写一个函数,求出平均分、最高分和最低分。

由于函数只能有一个返回值,而这里需要有3个结果,因此,要使用全局变量。

```
float Max = 0,Min = 0;                 /* 全局变量 */
float average(float array[ ],int n);   /* 定义函数,形参为数组 */
{   int I;
    float aver,sum = array[0];
    Max = Min = array[0];
    for(i = 1;i<n;i ++ )
    {   if(array[i]<Max)     Max = array[i];
        else if(array[i]<Min)    Min = array[i];
        sum = sum + array[i];
    }
    avr = sum/i;
    return(avr);
}
```

② 若没有十分必要,应该尽量少用全局变量,理由如下:

➤ 全局变量在程序的全部执行过程中都占用存储单元,而不是仅在需要时才占用。

➢ 它降低了函数的通用性。通常在编写函数时，都希望函数具有良好的可移植性，以便其他程序中被方便地使用。一旦使用了全局变量，就必须在使用到该函数的程序中定义同样的全局变量。

➢ 使用全局变量过多，会降低程序的清晰性。在程序调试时，如果一个全局变量的值与设想的不同，则很难判断出究竟是哪一个函数出现了差错。

③ 在同一源文件中，若全局变量与局部变量同名，则在局部变量的作用范围内，外部变量被屏蔽，不起作用。

7.7　变量的存储类别

变量的存储从变量的作用域（即从空间）角度来分，可以分为全局变量和局部变量。若从变量值存在的时间（生存期）角度来分，可以分为静态存储方式和动态存储方式。

7.7.1　动态存储方式与静态存储方式

静态存储方式是指在程序运行期间分配固定的存储空间的方式；动态存储方式是在程序运行期间根据需要进行动态分配存储空间的方式。

在 C 语言中，每一个变量和函数都有数据类型和数据的存储类别两个属性。数据类型是指前面所谈到的字符型、整型、浮点型等；而存储类别指的是数据在内存中存储的方法。存储方法分为静态存储和动态存储两大类，具体包括自动的（auto）、静态的（static）、寄存器的（register）、外部的（extern）4 种。根据变量的存储类别，可以知道变量的作用域和生存期。这 4 种变量中，register 变量是指允许将该变量保存在寄存器中而非内部 RAM 中，以便程序运行速度更快。对于目前的 C 编译器，这一指定并没有实际的意义，因此下面不再介绍 register 变量。

7.7.2　atuo 变量

函数中的局部变量，如不专门声明为 static 存储类别，则都是动态分配存储空间的。函数中的形参和在函数中定义的变量（包括在复合语句中定义的变量），都属于此类。在调用该函数时系统会给它们分配存储空间，在函数调用结束时就自动释放这些存储空间。因此这类局部变量称为"自动变量"。自动变量用关键字 auto 作存储类别的声明。例如：

```
int func()
{   auto int a,b,c;
......
}
```

实际程序中 auto 可以省略,因此,程序中未加特别声明的都是自动变量。

7.7.3 static 变量

有时希望函数中的局部变量的值在函数调用结束后不消失而保留原值,即其占用的存储单元不释放,在下一次调用该函数时,该变量的值仍得以保留。这时就该为此局部变量指定为"静态局部变量",用关键字 static 进行声明。

例如:嵌入式编程中常有这样的要求,8 位数码管采用动态显示驱动,使用定时器 T0 中断函数显示。每次定时中断后只显示这 8 位显示器中的一位,下一次定时中断后再显示另一位。这样就需要一个计数器,该计数器的值从 0~7,对应显示第 1~8 位数码管。显然,这个计数器的值必须保持连贯,不能每次进入程序时都对其进行初始化。使用全局变量可以达到这样的要求,但是这个变量仅只在本函数中有效,其他函数用不到也不应当用到这个变量,因此最好不要使用全局变量。此时,采用 static 型的变量就较为合适。其程序如下:

```
void Disp()    interrupt 3
{   uchar Code;
    uchar DispCode;
    uchar Counter1;
    static uchar sCount;            /*用于控制显示某一位的静态变量*/
    sCount ++ ;                     /*每次中断,该变量加1*/
    if(sCount >= 8)
        sCount = 0;
    ……                            /*其他程序*/
}
```

对静态变量的说明:

① 静态局部变量在程序整个运行期间都不释放。

② 对静态局部变量是在编译时赋初值的,即只赋初值一次。如果在程序运行时已有初值,则以后每次调用函数时不再重新赋值。

③ 如果定义局部变量不赋初值,则对静态局部变量来说,编译时自动赋初值 0。而对自动变量来说,如果不赋初值,则其值是一个不确定的值。

④ 虽然静态变量在函数调用结束后仍然存在,但在其他函数并不能引用。

7.7.4 用 extern 声明外部变量

外部变量(即全局变量)是在函数的外部定义的,它的作用域为从变量的定义处开始,到本程序文件的结尾处结束。在此作用域内,全局变量可以被程序中各个函数所引用。

有时还需要用 extern 来声明外部变量,以扩展外部变量的作用范围。

一个 C 程序可以由一个或多个 C 语言源程序来实现,如果一个 C 语言源程序文件中需要引用另一个文件中已定义的外部变量,就需要使用 extern 来进行声明。

如果一个程序包含了两个源程序文件,而这两个源程序文件用到了同一个外部变量 Num,不可以在这两个程序文件中都定义 Num,否则在进行程序链接时会出现"重复定义"的错误。正确的做法是在任意一个文件中定义外部变量 Num,而在另一个文件中用 extern 对 Num 进行外部变量声明。其中一个文件中定义如下:

```
int     Num;
```

另一个文件中则定义为:

```
extern  Num;
```

在编译和链接时,C 编译系统会知道 Num 是一个已在别处定义的外部变量,并将在另一文件中定义的外部变量的作用域扩展到本文件,在本文件中可以合法地引用外部变量 Num。

【例 7 - 12】 用 extern 将外部变量的作用域扩展到其他文件。

文件 extern1.c:

```
# include       <reg52.h>
# include       <stdlib.h>
# include       <stdio.h>            /* 为使用 printf 函数而加入 */
unsigned int Array[10];

void FillArray();
void init_ser()
{   SCON        = 0x50;          /* SCON:模式 1,8 - bit UART,允许接收 */
    TMOD        |= 0x20;         /* TMOD:定时器 1,模式 2,8 位自动重装入模式 */
    TH1         = 0xf3;          /* TH1:波特率为 2400 */
    TR1         = 1;             /* TR1:定时器 1 开始运行 */
    TI          = 1;
}
void main()
{   unsigned int i;
    init_ser();
    FillArray();
    for(i = 0;i<10;i ++ )
        printf("Array[ % d] = % d\n",i,Array[i]);
    for(;;){;}
}
```

文件 extern2.c:

```
extern int  Array[10];
void FillArray()
{
```

```
    unsigned char i;
    for(i = 0;i<10;i++)
    {   Array[i] = i;
    }
}
```

程序实现:输入两段源程序,并分别以 extern1.c 和 extern2.c 为文件名保存文件。建立名为 extern 的工程,分别加入这两段源程序,先将 extern2.c 中的"extern int Array[10];"程序行去掉前面的 extern,如图 7-5 所示。编译、链接,可以看到如图 7-5 所示的提示,说明在两个文件中都定义 Array[10]是无法通过链接的。

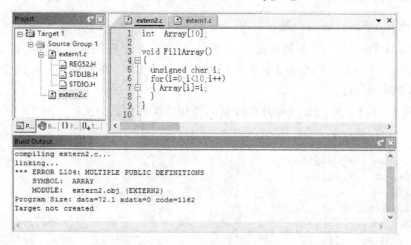

图 7-5　去掉 extern 关键字编译、链接后的错误提示

将"int Array[10];"前加上 extern 关键字,程序即能通过编译和链接。按 Ctrl+F5 键进入调试,全速运行程序,结果如图 7-6 所示。

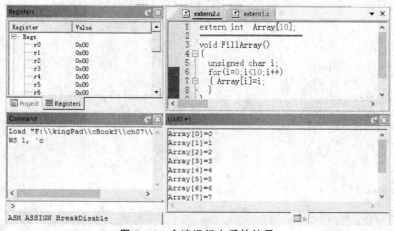

图 7-6　全速运行之后的结果

第 **8** 章

指　针

指针是 C 语言中的一个重要概念,也是 C 语言的一个重要特色,正确而灵活地运用指针,可以有效地表示复杂的数据结构;能方便地使用字符串;有效地使用数组;调用函数时得到多个返回值;能直接与内存打交道,这对于嵌入式编程尤其重要。掌握指针的应用,可以使程序简洁、紧凑、高效。每一个学习和使用 C 语言的人,都应当深入地学习和掌握指针,可以说,不掌握指针就是没有掌握 C 语言的精华。

指针的概念比较抽象,使用也比较灵活,因此初学时往往会出错,很多人在学习 C 语言时对指针这部分内容感到比较畏惧。本章主要针对嵌入式编程介绍指针的一些基本用法,不涉及 PC 编程中用到的多层指针等更为抽象的概念,如果读者多少有一些汇编语言基础,就可以在学习中找到指针对应的汇编模型。因此,本章内容并非很难学。

8.1　指针的基本概念

要了解指针的基本概念,首先要了解数据在内存中是如何存放的。

在使用汇编语言进行编程时,必须自行定义每一个变量的存放位置,比如汇编语言中常有这样的语句:

```
Tmp    EQU    5AH
```

其含义是将 5AH 这个地址分配给 Tmp 这个变量。而在 C 语言编程中,则这样定义变量:

```
unsigned char    Tmp;
```

在这个定义中,不能看到 Tmp 这个变量被存放在内存的什么位置,实际上这个变量究竟放在什么位置是由 C 编译程序来决定的,并且这不是一个定值。即便是同一个程序,一旦对程序进行修改或改变编译方式,编译后 Tmp 的存放位置也会随之发生变化。大部分情况下,使用 C 语言编程只需要对变量名 Tmp 进行操作即可。

但也有一些场合,需要对Tmp变量的所在的地址进行操作,这时,就需要一种方法来获得Tmp这个变量的所在位置。

如何来获得这个位置呢? 在80C51汇编语言中有"间址寻址"这一概念,当在程序中直接使用地址不可行时,可以把需要用到的地址的值放入R0或者R1中,然后通过:

```
MOV   A,@R0
```

这一类的指令进行操作。这样,可以通过

```
INC   R0
```

之类的指令,来对一组数据进行操作。

在C语言中也提供了这样的方法,即可以通过一定的方法,把变量的地址放到另一个变量中,然后通过对这个特殊变量的操作,来实现一些特殊的应用。这个用于存放其他变量地址的变量称为"指针"。

为了使用指针,必须掌握关于指针两个基本概念,即"变量的指针"和"指向变量的指针变量"(简称"指针变量")。

变量的指针:一个变量的地址称为这个变量的指针。

对于上述变量Tmp,假设其在内存中存放于地址是0x5F的内存单元,那么这个0x5F就是变量Tmp的指针。

指向变量的指针变量:如果专门使用一个变量用来存放另一个变量的地址,则该变量称为"指向变量的指针变量"(简称"指针变量")。

如果定义一个变量p,并通过一定的方法让p这个变量中存储的数据就是Tmp这个变量所在的地址值(如:0x5F),则p就是一个指针变量。因为只要根据p的值去找这个内存地址,就能从这个内存地址中找到变量Tmp的值。

8.2 指针变量的定义

C语言规定所有的变量在使用前必须通过定义来指定其类型,并按此分配内存单元。指针变量不同于整型变量和其他类型的变量,它是用来存放地址的,必须将其定义为"指针类型"。

例如:

```
char * cp1,* cp2;
int   * P1,* P2;
```

第1行程序定义了两个字符型的指针变量cp1和cp2,它们是指向字符型变量的指针;第2行程序定义了两个指针变量p1和p2,它们是指向整型变量的指针变量。char和int是在定义指针变量时必须指定的"基类型",例如"int * p1, * p2;",表示

p1、p2 可以指向整型数据，但不能指向 float 或者 char 型等其他类型的数据。

定义指针变量的一般形式是：

基类型　* 指针变量名

在定义指针变量时要注意：

① 指针变量前面的"*"，表示该变量的类型为指针型变量。

注意：指针变量名是 p1、p2 而不是 * p1、* p2。这是与前面介绍的定义变量形式不同的。

② 在定义指针变量时必须指定基类型。为何要定义基类型呢？既然指针变量中存放的是地址，那么不管是整型还是字符型或者是浮点型，它们存放的地址又有什么区别呢？不同类型的数据在内存中占用的字节数是不一样的。对于 C51 而言，char（或者 unsigned char）型在内存中占用 1 字节；而 int（或者 unsigned int）型变量在内存中占用 2 字节；而 long（或者 unsigned long）、float 型的变量，每个变量在内存中要占用 4 字节的容量。在指针的操作中，常用的一种操作是指针变量自增，如 p++，其意义是将指针指向这个数据的下一个数据。如果一个数据占用 1 字节，那么每次指针自增时，只要将地址值增加 1 即可。而如果一个数据占用 2 字节，每次指针自增加时，就必须要将该值增加 2，这才是指向下一个变量；否则就是指到了这个变量的一半位置，当对指针所指变量进行操作时，变成了一个数据中的第 2 个字节与下一个数据中的第 1 个字节构成一个数据，这当然就不正确了。同样道理，如果一个数据占用 4 字节，每次指针自增加时，就必须要将该值增加 4。要做到这一点，必须借助于定义指针变量时指定的基类型。下面通过一个例子来看一看，指定了错误的基类型会对指针的操作造成什么样的影响。

设有 6 个 int 型变量 x1、x2、x3、x4、x5 和 x6，它们在内存中的排列如表 8-1 所列，其值均为 0x1001。如果定义一个指针变量 p，并让 p 指向 x1，那么 p 的值是 0x25。如果设定的 p 的基类型为 int 型，则每次执行 p++，p 的值将会加 2，即第 1 次执行完 p++ 之后，p 的值变为 0x27，第 2 次执行完 p++ 后变为 0x29，以此类推。如果将 p 的基类型定义为 char 型，那么 p 每次只增加 1，即第 1 次加后变为 0x26，第 2 次加后指向 0x27，第 3 次加后指向 0x28。假设此时需要用到 p 指向的变量，那么获取的变量值将是 0x0110（内存地址 0x13 和内存地址 0x14 中的内容组合），完全不符合要求。

表 8-1　变量的内容、其在内存中的位置、变量名之间的关系

地址（十六进制）	25	26	27	28	29	2A	2B	2C	2D	2E	2F	30
内容（十六进制）	10	01	10	01	10	01	10	01	10	01	10	01
变量名	x1		x2		x3		x4		x5		x6	

【例 8-1】　有一个 5 个元素的数组，DispBuf[0]、DispBuf[1]、DispBuf[2]、DispBuf[3] 和 DispBuf[4]，这些变量的值分别是 0x1001、0x1002、0x1003、0x1004 和

0x1005，观察指针变量的基类型改变带来的变化。

程序如下：

```
#include          <reg51.h>
int      * Point1;
int      DispBuf[5] = {0x1001,0x1002,0x1003,0x1004,0x1005};
void main()
{    int      tmp;                  /*定义一个临时变量，以便观察*/
     unsigned char i;
     Point1 = &DispBuf[0];          /*取得数组中第一个元素的地址*/
     for(i = 0;i< = 5;i++)
     {    Point1++;
          tmp = *Point1;            /*将指针变量所指值赋给临时变量，以便观察*/
     }
}
```

程序实现：建立名为 p1 的工程，输入源程序，保存为 p1.c，将 p1.c 加入工程，编译、链接后键进入调试。在观察窗口观察 Point1 的值和 tmp 的值，如图 8-1 所示。按 F11 键单步执行程序，可以看到 Point1 的初始值为 0x08，执行一次 Point1++，Point1 变为 0x0A 即指向数组的第 2 个元素，此时可以看到 tmp 的值变为 0x1002，与预期相同。

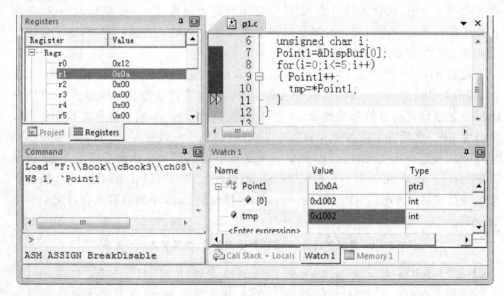

图 8-1　观察指针变量

如果将上述程序中的：

```
int  * Point1;
```

改为:

```
char * Point1;
```

将会得到完全不同的结果。

【例 8 - 2】 观察指针变量的基类型改变带来的变化。

程序如下:

```
# include        <reg51.h>
char * Point1;
int DispBuf[5] = {0x1001,0x1002,0x1003,0x1004,0x1005};
void main()
{    int tmp;
     unsigned char i;
     Point1 = &DispBuf[0];
     for(i = 0;i< = 5;i ++ )
     {    Point1 ++ ;
          tmp = * Point1;
     }
}
```

程序实现:建立名为 p2 的工程,输入源程序,保存为 p2.c,将 p2.c 加入工程,编译、链接后进入调试。编译之后,会得到一个警告:

```
EX0802.C(7):warning C182:pointer to different objects
```

但能够继续编译并执行,按 F10 键单步执行,每执行一次 ++ Point1,Point1 的值增加 1,而 tmp 的值也相应为 0x0010、0x0001、0x0010、0x0002、0x0010,即每次均指到了半个字。如果对这个指针所指的对象进行操作,显然不能得到正确的结果,因此,必须指定指针的基类型。

8.3   指针变量的引用

指针变量中只能存放地址,不能将其他任何类型的数据赋给一个指针变量,如下面的语句:

```
Point1   =   0x08;
```

其赋值是不正确的。但是如果真的这么做了,会有什么样的效果呢?

在例 8 - 2 中,如果不用语句:

```
Point1   =   &DispBuff[0];
```

而是用语句:

```
Point1  =    0x08;
```

这一程序行,执行的结果是完全相同,这样看来,这种赋值法似也正确。但是问题就在于这个 0x08 是如何得来的,它是 DispBuff[0]这个变量的地址,而这个地址是无法在你编程时就能知道的。因此,这种赋值语法上可以通过,但没有什么实际意义。当然,在一些特定情况下,也可以借助于这种方法满足一些特殊的要求,如例 8-4 所示。

为了能够在程序运行时获得变量的地址,以及能够使用指针所指向的变量的值,C 语言提供了 2 个运算符:

① &:取地址运算符。

② *:指针运算符(或者"间接访问"运算符)。

例如,&a 为变量 a 的地址,*Point 为指针变量 Point 所指向的存储单元。

【例 8-3】 通过指针变量访问整型变量。

程序如下:

```
# include      <reg51.h>
# include      <stdio.h>
serial_init ()                      //初始化串行口
{   SCON    =      0x50;
    TMOD    |=     0x20;
    PCON    |=     0x80;
    TH1     =      0xfd;
    TR1     =      1;
    TI      =      1;
}
void main()
{   int a,b;
    int *Point1,*Point2;
    serial_init();                  //初始化串行口
    a = 100;
    b = 10;
    Point1 = &a;                    //把变量 a 的地址赋给 Point1
    Point2 = &b;                    //把变量 b 的地址赋给 Point2
    printf("%d,%d\n",a,b);
    printf("%d,%d\n",*Point1,*Point2);
    for(;;){;}
}
```

程序实现:建立名为 Point1 的工程文件,键入源程序,以 Point1.c 为文件名保存,将 Point1.c 加入工程,编译、链接后进入调试。选择 View→Serial Windows #1 打开串行口输出窗口,单步执行程序,可以从串行窗口中看到输出结果,如图 8-2

所示。

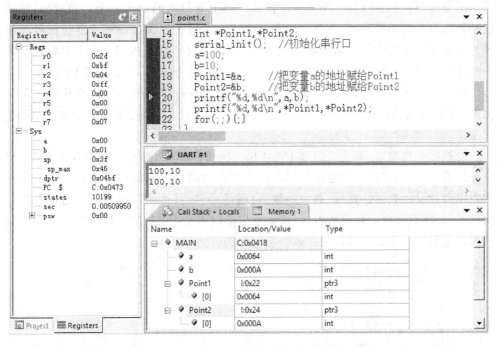

图 8 - 2　使用 Keil 的串行输出窗口显示输出数据

程序分析：

①在开头处定义了两个指针变量 Point1 和 Point2,但它们并未指向任何一个整型变量。定义指针变量时只是提供了 2 个可以存放地址的变量,至于究竟放哪一个地址还没有确定,它们在程序中由"Point1 = &a;"和"Point2 = &b;"两条语句来指定。

②后一个 printf 中的 * Point1 和 * Point2 就是变量 a 和 b,两个 printf 函数的作用是相同的。

③给指针变量赋值时要注意,是"Point1 = &a;"和"Point2 = &b;"不是" * Point1 = &a;"和" * Point2 = &b;"。因为 a 的地址是赋给指针变量 Point1 的,而不是赋给 * Point1 的。

④(* Point1)++相当于 a++,但是 * Point1++却不同。 * Point1++是先执行 Point1++,然后再执行 * 的操作,因此,这是指向了下一个地址。

通常不应该给指针变量赋一个常数,只能通过 & 运算符取某一个变量的地址,从而将指针指向某一个变量,但是下面的这个例子中通过赋给指针常数来满足特定的要求。

【例 8 - 4】 编程时区分热启动和冷启动。如果是热启动,将保存内存中特定区域的数据回存到相应的变量中;如果是冷启动,则从外部 EEPROM 中读取上次断电时保存的数据并回存到该变量中。

　　思路分析:所谓冷启动,是指单片机从不得电到得电的这么一个启动过程;而热启动则是单片机始终得电,由于看门狗动作或手动按下复位按钮形成复位信号而使单片机复位。冷启动与热启动的区别在于:冷启动时单片机内部 RAM 中的数值是一些随机量;而热启动时,单片机内部 RAM 的值不会被改变,与启动前相同。

　　嵌入式应用中,一旦出现干扰等原因使得看门狗动作,系统复位,往往希望单片机能“接着”原来的工作继续下去,而不是一切从头开始,因此就有必要区分冷、热启动。

　　既然在热启动后,单片机内部 RAM 中的值保持不变,那么就可以在内部 RAM 中开辟若干空间,并且将特定的数据保存在这一空间中。启动后将这一空间中保存的数据与预设的数据作比较,如果一致,说明是热启动,否则是冷启动。通常需要使用到 2～3 字节来保存特定数据,以避免冷启动时 RAM 中的随机值正好与预设值相同而造成误判。下面的这段程序以 2 字节为例。

```
union{    unsigned long Coun;
          unsing  char  Count[4];
     }Js;
unsigned    char * HPtoint;
HtPoint     =    0x7f;
if((*(HtPoint)==0xaa)&&(*(--HtPoint)==0x55))//条件满足是热启动
{
Js.Count[0]= *(HtPoint);
    Js.Count[1]= *(--HtPoint);
    Js.Count[2]= *(--HtPoint);
    Js.Count[3]= *(--HtPoint);
//将保存在内存特定位置的计数值回存到 Js.Count 变量中
……//其他操作
}
else                                      //否则是冷启动
{
    HtPoint = 0x7f;
    *(HtPoint) = 0xaa;
    *(--HtPoint) = 0x55;                  //置热启动标记
    RdFromRom(Js.Count,0x10,4);
//从 EEPROM 中读出上次断电前保存的计数值并保存到 Js.Count 变量中
……//其他操作
 }
……
/* 以下每个工作循环进行一次,及时将数据保存到内部 RAM:0x7d～0x7a 单元中。*/
{   HtPoint = 0x7d;
```

```
    * (HtPoint) = Js.Count[0];
    * (−− HtPoint) = Js.Count[1];
    * (−− HtPoint) = Js.Count[2];
    * (−− HtPoint) = Js.Count[3];
}
```

程序分析:程序中定义了一个 char 型的指针 * HtPoint,并且给这个指针一个数值 0x7f,即让这个指针指向内存为 0x7f 的 RAM 单元,然后判断这个单元中的值是否等于 0xaa,以及 * (−− HPoint)所指单元(即 0x7e 单元)中的值是否等于 0x55。如果这两个单元中的值正好等于 0xaa 及 0x55,说明这是热启动,执行有关热启动的代码,将保存于 0x7d~0xa 单元中的值分别赋给数组 Js.Count,并形成一个长整型的变量 Js.Coun。如果不是热启动,那么将数据 0xaa 和 0x55 分别存入内部 RAM 的 0x7f 和 0x7e 单元以建立热启动标记,从外部 EEPROM 的 0x10 单元中读取 4 个数据并保存入数组 Js.Count 中。Js.Count 是一个计数值,工作时不断计数,采用这样的方式编程,热启动以后不必从零开始计数,而是从当前的计数值开始计数了。

采用这种方法时必须要注意,默认情况下,每个 C 语言程序启动时,会将内部 RAM 中的值全部清零,因此,虽然热启动时硬件并不会改变内部 RAM 的值,但程序却会使内部 RAM 的状态与冷启动时相同,不能达到预期的目的。为达到要求,需要对项目进行一些设置工作。首先要将 C51\LIB\startup.a51 这个源程序复制一份到程序所在文件夹中,然后将该文件加入工程,如图 8 - 3 所示。

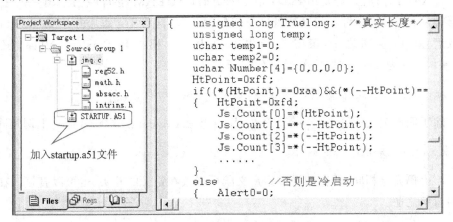

图 8 - 3 加入启动文件的工程

双击 Startup.A51,开启该源程序,找到其中的一行:

```
IDATALEN          EQU      80H; the length of IDATA memory in bytes.
```

将其中的 80H 改为所需要值,如上例中需要保留顶部 6 字节 RAM 不要被清零,那么就将 80H 改为 7AH 即可。

有关 Startup.A51 的更多知识,请参考 Keil 的"帮助"或其他资料。

8.4 Keil C51 的指针类型

C51 支持"基于存储器"的指针和"一般"的指针两种指针类型。

基于存储器的指针类型由 C 源代码中存储器类型决定，并在编译时确定，用这种指针可以高效地访问对象且只需 1～2 字节。

一般指针需占用 3 字节：1 字节为存储器类型，2 字节为偏移量。存储器类型决定了对象所用的 80C51 存储空间，偏移量指向实际地址。一个"一般"指针可以访问任何变量而不管它在 80C51 存储器中的位置。

8.4.1 基于存储器的指针

基于存储器的指针以存储器类型为参量，它在编译时被确定。因此，为指针选择存储器的方法可以省掉，这些指针的长度可为 1 字节（idata *、data *、pdata *）或 2 字节（code *、xdata *）。在编译时，这类操作一般被"行内（inline）"编码，而无需进行库调用。

基于存储器的指针定义举例：

```
char xdata  * px;
```

在 xdata 存储器（需要用 movx 指令来访的扩展 RAM 空间）中定义了一个指向字符类型（char）的指针。指针变量自身被分配在默认存储区（即片内 RAM、pdata 空间或者 xdata 空间之一，究竟在哪里取决于编译模式是 Small、Compact 还是 Large），长度为 2 字节，取值范围为 0～0xFFFF。

```
char xdata * data pdx;
```

除了明确定义指针变量位于 80C51 片内部 RAM（data）中外，其他与上例相同。

```
data char xdata * pdx;
```

与上例完全相同，即存储器类型定义既可以放在定义的开头，也可以直接放在定义的对象之前。

```
struct time
{    char hour;
     char min;
     char sec;
     struct time xdata * pxtime;}
```

在结构 struct time 中，除了其他结构成员外，还包含一个具有和 struct time 相同的指针 pxtime，该指针位于外部存储器（xdata），指针 pxtime 具有 2 字节长度。

```
struct time idata * ptime;
```

这个声明定义了一个位于默认存储器中的指针,它指向结构 time,time 位于 idata 存储器中,结构成员可以通过 80C51 中的 @R0 或 @R1 进行间指寻址,指针 ptime 为 1 字节长。

```
ptime→pxtime→hour = 12;
```

使用上面的关于 struct time 和 struct time idata * ptime 的定义,指针 ptime 被从结构中间接引用,它指向位于 xdata 存储器中的 time 结构,结构成员 hour 被赋值 12。

8.4.2 一般指针

一般指针包括 3 字节:2 字节偏移量和 1 字节存储器类型,如表 8-2 所列。

表 8-2 一般指针的构成

地址	+0	+1	+2
内容	存储器类型	偏移量高位	偏移量低位

其中,第 1 个字节表示指针的存储器类型,存储器类型编码如表 8-3 所列。

表 8-3 一般指针存储器类型

存储器类型	idata	xdata	pdata	data	code
值	1	2	3	4	5

注意:使用其他类型值可能会导致不可预测的动作。

例如:一个一般指针指向地址为 0x1234 的 xdata 类型数据时,其指针值如表 8-4 所列。

表 8-4 指向 xdata 型数据的一般指针的值

地址	+0	+1	+2
内容	0x02	0x12	0x34

当用常数作为指针时,必须注意正确定义存储类型和偏移。

例如,将一个数值 0x12 写入地址为 0x8000 的外部数据存储器,可以这么写:

```
#define XBYTE((char * )0x20000L)
XBYTE[0x8000] = 0x41;
```

XBYTE 被定义为(char *)0x20000L。0x20000L 是一个一般指针,将其分成 3 字节,就是 0x02、0x00、0x00。通过查表,可以看到第 1 字节 0x02 表示存储器类型为

xdata 型,而地址则是 0x0000。这样,标识符 XBYTE 成为指向 xdata 零地址的指针;而 XBYTE[8000]则是外部数据存储器的 0x8000 绝对地址。

Keil 软件中预定义了一些指针,可以用来对存储器指定的地址进行访问,部分定义如下:

```
# define CBYTE ((unsigned char volatile code    * ) 0)
# define DBYTE ((unsigned char volatile data    * ) 0)
# define PBYTE ((unsigned char volatilepdata * ) 0)
# define XBYTE ((unsigned char volatilexdata * ) 0)
```

完整的定义在 absacc.h 中,读者可以打开这个头文件查看。

借助于这些指针可以对指定的地址进行直接访问。

如例 8 - 5 中,如果不定义指针 * HtPoint,那么也可以直接用 DBYTE[0x7f]来直接访问内部 RAM 的 0x7f 单元。

8.5　用函数指针变量调用函数

C 语言中的一个函数其实就是一段连续的代码,在函数编译、链接后,这段代码在储存器中存放时,必然占用一个确切的地址。这个地址在编译、链接时,就由 C 的编译系统确定下来。如果找到了这个函数起始代码所在的存储器地址,实际上也就是找到了这段代码。函数起始代码所在的地址,称之为函数的指针。如果从这个代码所在入口位置开始执行程序,那么其效果就相当于调用这个函数,但又不是通过函数的一般方式来进行的。

要找到一个函数的入口并不难,定义一个指针变量,然后让这个指针指向某个函数,即让这个指针变量的值等于函数所在位置的地址值。

以例 7 - 7 递归调用程序为例,可以将主程序进行如下修改:

【例 8 - 5】　用函数指针变量调用函数。

```
# include        <reg51.h>
# include        <stdio.h>
void init_ser()
{   SCON        = 0x50;      /* SCON:模式 1,8 - bit UART,允许接收 */
    TMOD        | = 0x20;    /* TMOD:定时器 1,模式 2,8 位自动重装入模式 */
    TH1         = 0xf3;      /* TH1:波特率为 2 400 */
    TR1         = 1;         /* TR1:开始定时器 1 开始运行 */
    TI          = 1;
}
long factorial(int n) reentrant
{   long result;
    if(n == 0)
```

```
            result = 1;
        else
            result = n * factorial(n - 1);
        return result;
    }
void main()
{   int      j;
    long     tmp;
    long  ( * p)(int n);              //函数指针变量定义
    init_ser();
    p = (void * )factorial;           //函数指针变量 p 指向 factorial()函数
    for(j = 0;j<11;j + + )
    {   tmp = ( * p)(j);              //用指针变量 p 调用 factorial()函数
        printf(" % d! = % ld\n",j,tmp);
    }
    for(;;){;}
}
```

程序实现：输入源程序，命名为 pointfun.c，建立名为 pointfunc 的工程，加入源程序，编译、链接正确后进入调试，执行程序，可见到与例 7 - 7 相同的结果。

程序分析：程序中 long(* p)()是函数指针定义语句，说明 p 是一个指向函数的指针变量，此函数的返回值类型为整型 int。注意(* p)()不能写成 * p()，因为 * p 两边的括号不能省略，表示 p 先与 * 号结合，是指针变量，然后再与()结合，表示此指针变量指向函数。

语句"p＝(void ＊)factorial;"的用途是将函数 factorial 的入口地址赋给指针变量 p。

函数的指针变量调用函数可归纳如下：

① 指向函数的指针变量的一般形式为：

数据类型　(* 指针变量名)();

这里的"数据类型"是指函数返回值的类型。

②(* p)()表示定义一个指向函数的指针变量，它不是固定指向哪一个函数，而只是表示定义了这样一个类型的变量，它是专门用来存放函数的入口地址的。在程序中把哪一个函数的地址赋给它，它就指向哪一个函数。

③ 在给函数指针变量赋值时，只需给出函数名而不必给出参数，如：

```
p = (void * )factorial;
```

不能写成：

```
p = (void * )factorial();
```

195

④ 用函数指针变量调用函数时,只需将(* p)代替函数名即可,在(* p)后要根据需要写上实参。

```
tmp = ( * p)(j);
```

表示"调用由 p 指向的函数,实参为 j,得到的函数返回值赋给变量 tmp"。

下面再举一个例子,说明用指向函数指针设计程序的具体应用。这是 C 语言中较为复杂的部分,读者可能暂时不会使用这种方法来编程,但在研究其他人编写的程序时却常能看到这样的写法。因此,这里介绍一下,读者看到类似的例子,就不致困惑。

在工业控制设备中,经常遇到一个显示设备需要支持多种语言的要求,如要求能够在中文显示和英文显示之间进行切换。由于中英文显示有多方面的不同,因此,需要单独编写一些函数,分别用来显示中文和英文。作为演示,这里分别提供了 Welcome_Ch()、Num_Ch()和 Data_Ch()函数用做中文显示;提供了 Welcome_En()、Num_En()和 Data_En()函数用做英文显示。为简化程序,每个函数中都调用 printf 函数分别送出一句话,实际的程序当然远远比这个复杂。

当编写了中、英文各 3 个显示程序后,用已学过的编程方法,在需要显示时,使用 if 语句对标志判断。如果要求显示中文,则分别调用显示中文的函数;如果要显示英文,则分别调用显示英文的函数。程序中需要调用这些函数的场合较多时,这样的方法显得不方便。因此,本程序使用了指向函数的指针来完成这一工作。

【例 8 - 6】 用指向函数的指针简化程序的调用。

```
# include              <reg52.h>
# include              <stdio.h>          /* 为使用 printf 函数而加入 */
void Welcome_Ch()
{
    printf("欢迎光临! \n");
}
void   Num_Ch()
{
    printf("数值是:\n");
}
void Data_Ch()
{
    printf("日期是:\n");
}
void Welcome_En()
{
    printf("Welcome_En! \n");
}
void   Num_En()
```

```
{
    printf("The Num is:\n");
}
void Data_En()
{
    printf("The Data is:\n");
}
void         ( * fpWelcome)();
void      ( * fpNum)();
void         ( * fpData)()  ;


void main()
{    bit      EnCh      = 1;
     SCON      = 0x50;        / * SCON:工作模式 1,8 - bit UART,允许接收 * /
     TMOD      | = 0x20;       / * TMOD:定时器 T1,工作模式 2, 8 位自动重载方式 * /
     TH1       = 0xf3;        / * 当波特率为 2 400 时,定时器初值 * /
     TR1       = 1;           / * 定时器 T1 开始运行 * /
     TI        = 1;           / * 允许发送数据 * /
     if(EnCh)
     {    fpWelcome = Welcome_Ch;
          fpNum = Num_Ch;
          fpData = Data_Ch;
     }
     else
     {    fpWelcome = Welcome_En;
          fpNum = Num_En;
          fpData = Data_En;
     }
......                        //其他处理程序
     fpWelcome();             / * 这里不必区分中英文,直接调用显示程序即可以 * /
     fpNum();
     fpData();
     for(;;)
     {;}
}
```

程序实现:输入源程序,命名为 point_fun.c,建立名为 point_fun_call 的工程文件,将 point_fun.c 加入工程,编译、链接后进入调试。全速运行,可以在 serial Windows ♯1 观察到如图 8 - 4 所示结果:

而如果将 EnCh 改为 0,再次编译后进入调试,则看到如图 8 - 5 所示结果。

程序分析:程序中用"void(* fpWelcome)();"等定义了 3 个 void 型的指针变

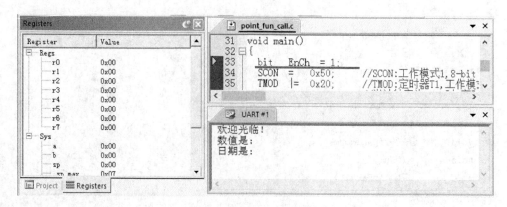

图 8 - 4　显示中文菜单

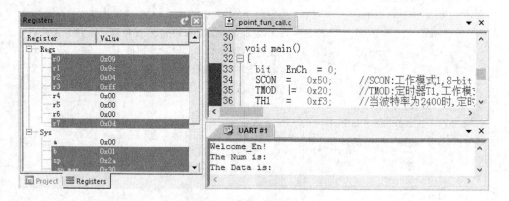

图 8 - 5　显示英文菜单

量，void 指针是 C 关于"纯粹地址"的一种约定。void 指针指向某个对象，但该对象不属于任何类型。在 C 语言中，任何时候都可以用其他类型的指针来代替 void 指针，或者用 void 指针来代替其他类型的指针。

　　根据需要，当变量 EnCh 为 1 时显示汉字菜单，这时将对应显示中文的函数名赋给 3 个指针；而当变量 EnCh 为 0 时显示英文菜单，这时将对应显示英文的函数名赋给这 3 个指针；而在系统调用显示程序时，不必理会究竟需要显示哪种菜单，总是直接用函数指针来调用函数即可。

第 **9** 章

预处理命令

ANSI C 标准规定可以在 C 源程序中加入一些"预处理命令",以改进程序设计环境,提高编程效率。这些预处理命令是由 ANSI C 统一规定的,但它不是 C 语言的组成部分,不能直接对它们进行编译。在对程序进行编译之前,必须先对程序中这些特殊的命令进行"预处理",即根据预处理命令对程序进行相应的处理。经过预处理后,程序中不再包含预处理命令,而全部由符合 C 语言语法规定的语句组成,再由编译器对这样的程序进行编译处理。由于一般的 C 编译器在对程序处理时,预处理、编译、链接只需要一个命令就能完成,因此容易给人造成预处理命令和 C 语句没有什么区别的错觉。

C 提供的预处理功能主要有以下 3 种:

① 宏定义;

② 文件包含;

③ 条件编译。

它们分别用宏定义命令、文件包含命令、条件编译命令来实现。为了与 C 语句区别,这些命令均以符号"♯"开头。

9.1 宏定义

宏定义可以分为不带参数的宏定义和带参数的宏定义,下面分别说明。

9.1.1 不带参数的宏定义

用一个指定的标识符来代表一个字符串,它的一般形式为:

♯define 标识符 字符串

这种方式常用于定义符号常量。例如:

♯define PI   3.1415926

它的作用是指定用标识符 PI 来替代"3.1415926"这个字符串,在预处理时,将程序中在该命令以后出现的 PI 均用"3.1415926"来代替。这种方法使编程者能以一个简单的名字替代一个长字符串,或者用一个有意义的字符串来替代无意义的字符串。这个标识符称为"宏名",在预处理时将宏名替换成字符串的过程称为"宏展开"。♯define是宏定义命令。

【例 9 - 1】　使用 ♯ define 进行宏定义。

```
#define PI 3.1415926
void main()
{    float r = 10;
     float s,l;
     s = PI * r * r;
     l = 2 * PI * r;
     while(1){;}
}
```

保存文件,命名为 UseDefine.c,建立名为 UseDefine 的工程文件,将 UseDefine.c 文件加入工程中。

设置工程,打开设置界面,切换到 Listing 页面卡,选择 C Preprocessor Listing:\ * .i 复选框,如图 9 - 1 所示。

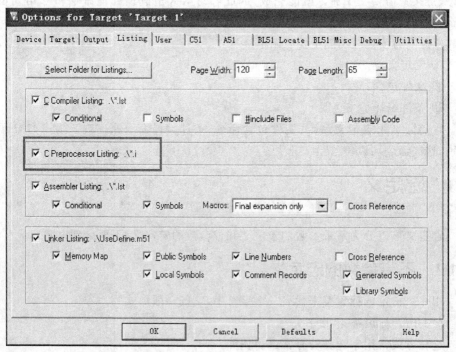

图 9 - 1　设置生成预处理文件

编译链接,系统生成名为 UseDefine.i 的文件。打开该文件,可以见到以下内容:

```
#line 1 "UseDefine.c" /0
    void main()
{   float r = 10;
    float s,l;
    s = 3.1415926 * r * r;
    l = 2 * 3.1415926 * r;
    while(1){;}
}
```

可以看到程序中出现 PI 的位置全部被字符串"3.1415926"替代。

有关宏定义的说明如下:

① 宏名一般习惯用大写字母表示,以便与变量名相区别,但这并非规定。

② 使用宏名替代一个字符串,可以减小程序中重复书写某些字符串的工作量,如果例 9-1 中不用 PI 来替代"3.1415926",那么程序中需要多次输入这个值,并且容易出现输入错误。用宏名代替,简单不易出错。

③ 当需要更改常数时,可以做到一改全改。

④ 宏定义是用宏名代替一个字符串,也就是进行一个简单的代换,并不检查正确性。因此,正确性必须要由编程者来保证。如果将上述定义写成

```
#define PI    3.L4L5926
```

即将数字 1 写成了字母 L,预处理程序将会照样代入,打开 usedefine.i 文件可以看到。

```
    void main()
{   float r = 10;
    float s,l;
    s = 3.L4L5926 * r * r;
    l = 2 * 3.L4L5926 * r;
    while(1){;}
}
```

而编译的错误提示如下:

```
USEDEFINE.C(5): error C141: syntax error near '4L'
USEDEFINE.C(5): error C141: syntax error near '5926'
USEDEFINE.C(6): error C141: syntax error near '4L'
USEDEFINE.C(6): error C141: syntax error near '5926'
```

从编译错误可以看到,出错是在第 5 行和第 6 行,而不是第 1 行。

⑤ 宏定义不是 C 语句,不必在行末加分号。如果加了分号,会连同分号一起代

换。例如：

```
#define PI 3.1415926；
S = PI * r * r；
```

经过宏展开后，该语句变为：

```
S = 3.1415926；* r * r；
```

显然这是错误的。

⑥ #define 命令出现在程序中函数的外面，宏名的有效范围为定义命令之后到本源程序文件的结尾，可以用 #undef 命令终止宏定义的作用范围。

9.1.2 带参数的宏定义

使用带参数的宏定义不仅进行简单的字符串替换，还要进行参数替换。其定义一般形式为：

#define 宏名(参数表) 字符串

字符串中包含在括弧中所指定的参数。例如：

```
#define  S  (a,b)  a * b
Area  =  S(3,2)；
```

定义矩形面积 S，a 和 b 是边长。在程序中用了 S(3,2)，把 3 和 2 分别代替宏定义中的形式参数 a 和 b，即用 3 * 2 代替 S(3,2)。因此赋值语句展开为：

```
Area  =  3 * 2；
```

对带参数的宏定义是这样展开置换的：在程序中如果有带实参的宏（如 S(3,2)），则按 #define 命令行中指定的字符串从左到右进行置换。如果串中包含宏中的形参（如 a、b），则将程序语句中相应的实参（可以是常量、变量或表达式）代替形参，如果宏定义字符串中的字符不是数字字符（如 a * b 中的 * 号），则保留。

9.1.3 预定义宏常量

Cx51 编译器为用户提供了可在预处理命令和 C 代码中使用的预定义常量，表 9 - 1 列出并说明了这些预定义的宏常量。

表 9 - 1 预定义宏常量

常　量	说　明
_ _C51_ _	编译器的版本号（例 808 表示 8.08 版）
_ _CX51_ _	编译器的版本号（例 808 表示 8.08 版）

续表 9 - 1

常 量	说 明
_ _DATE_ _	ANSI 格式的编译开始日期(month dd yyyy)
_ _DATE2_ _	短格式的编译开始日期(mm/dd/yy)
_ _FILE_ _	被编译的文件名
_ _LINE_ _	被编译文件的当前行号
_ _MODEL_ _	编译时所选择的存储模式(0:SMALL,1:COMPACT,2:LARGE)
_ _TIME_ _	编译开始时间
_ _STDC_ _	定义为1,表示与 ANSI C 标准完全一致

注：_ _C51_ _ 中的两端分别是两条下划线，且中间没有空格。

【例 9 - 2】 演示如何使用预定义常量。

```
# include          <reg51.h>
# include          <stdio.h>          /* 使用 printf 函数需要包含的头文件 */
void main()
{   SCON       =      0x50;           /* SCON:工作模式 1,8 - bit UART,允许接收 */
    TMOD       |=      0x20;          /* TMOD:定时器 T1,工作模式 2,8 位自动重载方式 */
    TH1        =      0xf3;           /* 定时器初值,当晶振为 12 MHz 时,设定波特率为 2 400 */
    TR1        =      1;              /* 定时器 T1 开始运行 */
    TI         =      1;             /* 允许发送数据 */
    printf("本次编译所用编译器版本是:%d\n",__C51__);
    printf("本次编译开始日期:%s\n",__DATE__);
    printf("本次编译开始时间:%s\n",__TIME__);
    printf("当前被编译的文件是:%s\n",__FILE__);
    for(;;);
}
```

建立名为 useDefine 的工程，将 usedfine.c 加入工程，编译、链接完成后运行，结果如图 9 - 2 所示。

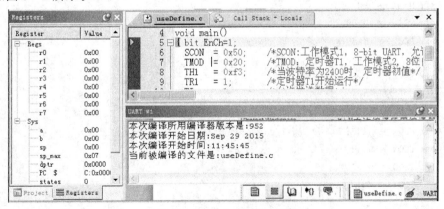

图 9 - 2 例 9 - 2 运行后的结果

203

9.2 "文件包含"处理

所谓"文件包含"处理是指一个源文件可以将另外一个源文件的全部内容包含进来，即将另外一个文件的内容全部放置到本文件中。

9.2.1 编译器对"文件包含"的处理方法

C 语言提供 #include 命令用来实现"文件包含"的操作。其一般形式为：

#include "文件名"

或

#include <文件名>

【例 9 - 3】 文件包含例子。

```
# include <reg51.h>
void main()
{}
```

输入源程序命名为 UseInclude.c，建立名为 UseInclude 的工程文件，将该 C 程序文件加入到工程中。参考例 9 - 1 进行设置，选中 C PreProcessor Listing ＊.I 选项。编译、链接，得到 UseInclude.I 文件，打开文件，部分内容如下：

```
#line 1 "UseInclude.c" /0

#line 1 "D:\KEIL\C51\INC\ATMEL\REG51.H" /0

  sfr P0    = 0x80;
  sfr P1    = 0x90;
  sfr P2    = 0xA0;
  sfr P3    = 0xB0;
  sfr PSW   = 0xD0;
  sfr ACC   = 0xE0;
  sfr B     = 0xF0;
  sfr SP    = 0x81;
  sfr DPL   = 0x82;
  sfr DPH   = 0x83;
  sfr PCON  = 0x87;
  sfr TCON  = 0x88;
  sfr TMOD  = 0x89;
  sfr TL0   = 0x8A;
  sfr TL1   = 0x8B;
  sfr TH0   = 0x8C;
```

```
sfr TH1   = 0x8D;
sfr IE    = 0xA8;
sfr IP    = 0xB8;
sfr SCON  = 0x98;
sfr SBUF  = 0x99;

sbit CY   = 0xD7;
sbit AC   = 0xD6;
sbit F0   = 0xD5;
sbit RS1  = 0xD4;
sbit RS0  = 0xD3;
sbit OV   = 0xD2;
sbit P    = 0xD0;

......

sbit SM0  = 0x9F;
sbit SM1  = 0x9E;
sbit SM2  = 0x9D;
sbit REN  = 0x9C;
sbit TB8  = 0x9B;
sbit RB8  = 0x9A;
sbit TI   = 0x99;
sbit RI   = 0x98;

# line 1 "UseInclude.c" /0

void main()
{}
```

关于例子的几点说明如下：

① 文件开头的 ♯ line 也是一条预处理命令，它可以带有可选的文件名，主要用于为错误信息定位。

② 虽然源程序只有 3 行，但是经过预处理后的文件有近 100 行。

③ 这里的 Reg51.h 是 Keil 提供的一个最基本的 80C51 单片机的头文件，打开位于 Keil 安装文件夹中 C51\INC 文件夹下的 Reg51.h 文件查看，该文件的部分内容如下：

```
/* --------------------------------------------------------
REG51.H


Header file for generic 80C51 and 80C31 microcontroller.
```

```
#ifndef __REG51_H__
#define __REG51_H__

/*   BYTE Register   */
sfr P0   = 0x80;
sfr P1   = 0x90;
sfr P2   = 0xA0;
……
```

可见这个文件中除了注释部分及预处理部分（#ifndef 及 #define）外，其他的所有内容，即所有 C 语句都被包含进了 UseInclude.I 文件。

9.2.2 Keil 提供的头文件

"文件包含"是一个很有用的预处理命令，几乎所有实用程序中都会用到这一条命令。以例 9 - 3 为例，在 Reg51.h 文件中，用 C51 特有的 SFR 关键字定义了 P0、P1、TMOD 等寄存器的名字，用 sbit 关键字定义了 CY、AC、EX0、EA 等位的名字。这样，在编写程序时，就可以直接引用这些名字，而不必在编写每个程序时都自己来定义。这么做不仅方便，而且由于这个文件是 Keil 软件自带的，所有编程者都会使用它（理论上每个人都可以自编一套名字来用，但通常不会这么做），因此编写出来的程序通用性强、可读性好，也不会出错。

打开 C51\INC 文件夹，可以看到这里提供的文件，除了 Reg51.h 外，还有REG52.H、MATH.H 等，此外还有多个文件夹，如 ATMEL、ST、SST、INTEL 等，如图 9 - 3 所示。

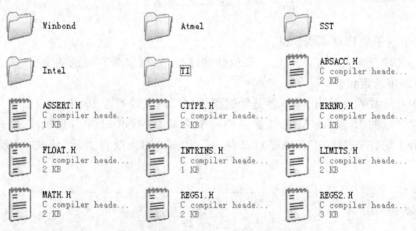

图 9 - 3 Keil 提供的部分头文件

图中 MATH.H、FLOAT.H 等文件是 C51 提供的库函数的头文件,将这些头文件包含到自己编写的程序中,就能够使用 C51 提供的库函数了。至于每个头文件中有哪些函数可供使用,可以查阅 Keil 的帮助文件、本书的第 13 章,或者直接打开.h 文件查看。

有很多公司在生产基于 80C51 结构体系的芯片,如 TI、SST、ATMEL 公司等。这些公司生产的产品通常在原设计的基础上有所改进,增加一些特殊功能寄存器。因此,Keil 为各公司产品提供了更细致的支持,针对每一种特定型号的芯片都提供了特有的头文件。以 ATMEL 公司为例,打开 Atmel 文件夹,可以看到这里有 70 多个头文件,每一个文件对应着一种器件。如 AT89X51.H、AT89X52.H 就分别提供了 AT89C51/AT89S51、AT89C52/AT89S52 芯片的头文件。打开 AT89X51.H 文件,部分代码如下:

```
/* --------------------------------------------------------
AT89X51.H

Header file for the low voltage Flash Atmel AT89C51 and AT89LV51.
Copyright(c) 1988 - 2002 Keil Elektronik GmbH and Keil Software, Inc.
All rights reserved.
--------------------------------------------------------*/

#ifndef __AT89X51_H__
#define __AT89X51_H__

/* ------------------------------------------------
Byte Registers
------------------------------------------------*/
sfr P0      = 0x80;
......
sfr B       = 0xF0;

/* ------------------------------------------------
P0 Bit Registers
------------------------------------------------*/
sbit P0_0 = 0x80;
sbit P0_1 = 0x81;
sbit P0_2 = 0x82;
sbit P0_3 = 0x83;
sbit P0_4 = 0x84;
sbit P0_5 = 0x85;
sbit P0_6 = 0x86;
sbit P0_7 = 0x87;
......
```

可见,如果在自己的程序中用 #include "AT89X51.h",不仅可以直接使用 P0、

P1 等这样的名称,还可以通过 P0_0、P0_1 等名称来使用 P0.0、P0.1 等引脚。

如果打开 89C51RD2.h,则可以看到这样的一些定义:

```
sfr   IPH    =    0xB7;
sfr   IPH0   =    0xB7;
sfr   AUXR   =    0x8E;
sfr   SADEN  =    0xB9;
sfr   SADEN_1 =   0xBA;
```

查阅 AT89C51RD2 芯片的数据手册可知,AT89C51RD2 芯片提供了比 AT89X51 类芯片更多的功能,而这些功能都需要通过特殊功能寄存器(SFR)来支持。因此在 AT89C51RD2 芯片中有更多的 SFR,如 AUXR、SADEN、SADEN_1 等。通过包含 89C51RD2.H 文件,就可以通过这些名字直接来使用这些新增的 SFR。

如果在开发工作过程中遇到新型号的芯片,Keil 软件还没有为它提供头文件,则可以按这样的方式来自行编写头文件,以方便自己的使用。

关于"文件包含"的说明如下:

① 一个 include 命令只能指定一个被包含文件,如果要包含若干个文件,则需要分别使用 include 命令。

② 如果文件 1 包含文件 2,而文件 2 中要用到文件 3 的内容,则可在文件 1 中用两个 include 命令分别包含文件 2 和文件 3,而且文件 3 应该出现在文件 2 之前,即在 file1.c 中定义:

```
# include"file3.h"
# include"file2.h"
```

这样,file1 和 file2 都可以用 file3 的内容,在 file2 中不必再用"# include <file3.h>"。

③ 在一个被包含的文件中又可以包含另一个被包含文件,即文件包含可以嵌套。

④ 在 # include 命令中,文件名可以用双引号或尖括号括起来,即

```
# include<filename>
```

或

```
# include"filename"
```

都是合法的。二者的区别是,当用尖括号时,系统到存放 C 库函数头文件所在的目录中寻找要包含的文件;当用双引号时,系统先在用户当前目录中寻找要包含的文件,找不到时再到头文件所在目录中寻找。

9.3　条件编译

一般情况下，源程序中所有的行都参加编译。但有时希望对其中一部分内容只在满足一定条件时才进行编译，也就是对一部分内容指定编译条件，这就是"条件编译"。

条件编译命令有以下几种形式。

9.3.1　条件编译形式 1

```
#ifdef 标识符
    程序段 1
#else
    程序段 2
#endif
```

它的作用是当所指定的标识符已被 # define 命令定义过，则在程序编译阶段只编译程序段 1，否则编译程序段 2，其中 # else 部分也可以没有，即

```
#ifdef 标识符
    程序段 1
#endif
```

条件编译对于提高 C 源程序的通用性很有好处，现举例说明。

作者制作了两个版本的手持式编程器，它们的功能完全一样，只是由于机械结构的不同，使用了不同封装的 MCU，因而液晶显示器、键盘与 MCU 的连接引线有所区别。为此在编写程序时加入以下的一段：

```
//#define __PORG1__
#define __PROG2__

#ifdef __PORG1__                        //V1 版的手持式编程器
    sbit    RsPin    =    P0^1;         //V1 版引脚定义
    sbit    RwPin    =    P3^2;
    sbit    Epin     =    P0^0;
    sbit    CsLPin   =    P3^4;
    sbit    CsRPin   =    P3^5;
    #define DPort P2
#endif

#ifdef __PROG2__                        //V2 版的手持式编程器
    sbit    RsPin    =    P2^1;         //V2 版引脚定义
    sbit    RwPin    =    P2^0;
    sbit    Epin     =    P2^2;
```

```
    sbit    CsLPin = P3^5;
    sbit    CsRPin = P3^4;
    #define DPort P0
#endif
```

在本段程序的最前面有这样一行:

```
#define __PROG2__
```

编译时就会选择 V2 版手持编程器的引脚定义。而在"#define __PROG1__"语句前有"//"将其注释掉,因此,V1 版引脚定义的那一段程序行就不会被编译到。改变定义,就可以得到不同的代码,应用于不同的版本机器。

除了直接在源程序中使用#define 来定义究竟使用哪一个版本的引脚定义以外,还可以在编译时用命令行参数的方法来选择。如图 9-4 所示,在工程选项中选中 C51 选项卡,在#define 一栏中输入__PORG2__就能取得和源程序中直接定义一样的效果。

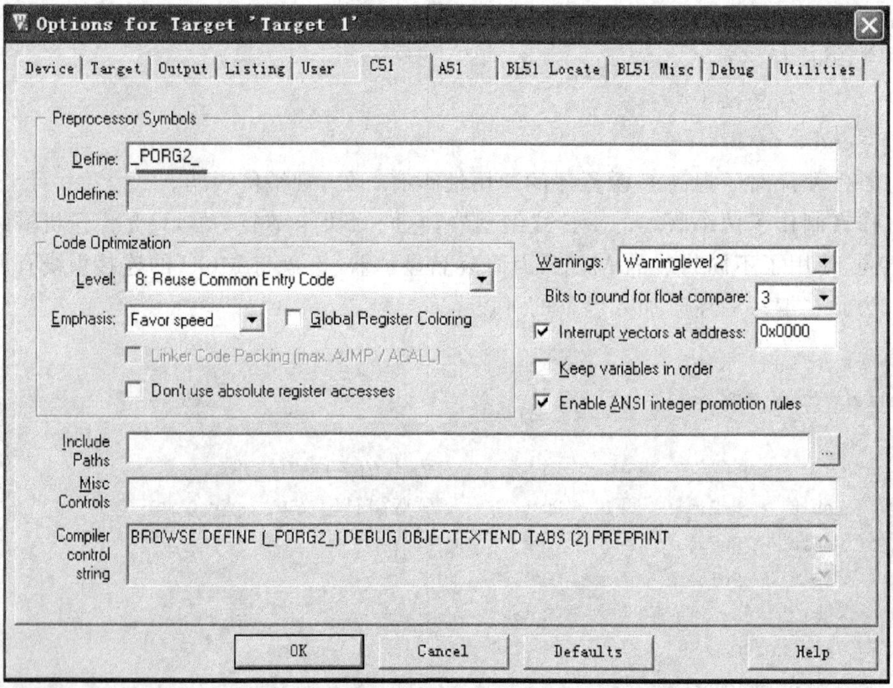

图 9-4　在编译选项中设置 define 选项

不过,需要注意的是,当使用这样的方法时,程序行中就不要再次使用#define __PROG2__语句行了,否则会有警告出现。

```
lcm.h(6): warning C317: attempt to redefine macro '__PROG2__'
```

使用条件编译有很多好处，其中之一是很容易地做出调试版和发行版。在调试程序时，通常希望输出一些所需要的信息，而在正式发行的版本中则不应该出现这样的信息。

在程序中需要输出调试信息的地方加入如下语句：

```
＃ifdef    DEBUG
    pritf("This is Test Message!");
＃endif
```

一段程序行中可以根据需要在多处加上这样的调试信息。这里 printf 函数只是一个示例。对于嵌入式系统开发来说，也可能是令某些引脚为 0 或为 1 等，当然，也可能是电路具有串口并且串口调试已通过，那就可以用 printf 函数向上位机发送更多的信息，编程者根据电路板的实际情况而定。

在进行程序调试时加入以下的程序行：

```
＃define DEBUG
```

那么在程序调试的过程中就能获得各种所需要的信息。一旦程序调试结束成为正式发行版本，只要将这一程序行删除，就能避免这些调试信息的输出。同时也免去了在源程序中一处处找到调试信息并且删除的麻烦。

9.3.2　条件编译形式 2

```
＃ifndef   标识符
      程序段 1
    ＃else
      程序段 2
    ＃endif
```

这种定义的格式与第一种格式类似，区别仅在于将 ＃ifdef 改为 ＃ifndef，即如果标识符未被定义，则编译程序段 1，否则编译程序段 2。

9.3.3　条件编译形式 3

```
＃if  表达式
      程序段 1
    ＃else
      程序段 2
    ＃endif
```

它的作用是当指定的表达式值为真（非零）时就编译程序段 1，否则编译程序段 2。可以事先给定一定条件，使程序在不同的条件下执行不同的功能。

使用这种定义，可以方便地制作出带有功能限制的演示版软件和全功能的发行版软件。

【例9-4】 根据定义的不同,决定编译出来的代码是全功能版本或者是带有功能限制的演示版本。

```
#define Demo 1              //改变这个定义可以改变编码的代码
    void main()
    {
        #if ! Demo
            # message This is a Release Version!
            ……              //其他代码
        #else
            # message This is a Demo Version!
            ……              //其他代码
        #endif
    }
```

输入源程序,命名为 VersionCntr.c,建立名为 VersionCntr 的工程文件,将 VersionCntr.c 加入工程中。编译、链接,结果如图9-5所示。

这里显示编译出来的代码将是演示版本,将其写入芯片就可以进行演示。

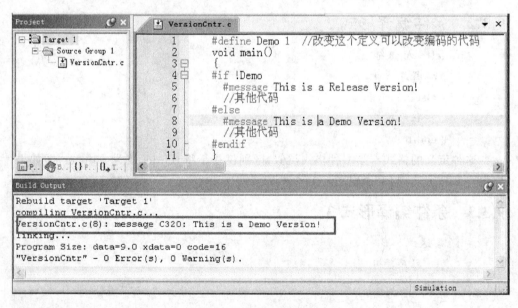

图9-5 版本控制的代码

如果将程序行改为:

```
#define  Demo  0
```

再次编译,那么得到的目标代码就是全功能发行版本,将其写入芯片可供发行。

程序中使用了一条伪指令♯message,在编译时输出相关信息,以区分开两种编译的结果,当然这也是一项实用的功能,可以在进行开发时提示开发者不要搞错了代码。

这里有这样的一种情况,就是如果不使用条件编译,直接使用 if 语句似乎也能取得同样的效果,那么为什么要用条件编译呢?

使用条件编译与使用 if 语句相比,条件编译后得到的代码更短(因为只有一部分代码被编译),执行时间更短(因为使用 if 语句时需要判断条件,条件编译则不需要),因此,当程序中需要区分的情况比较多时,使用条件编译可以大大减小程序代码的长度和节省程序执行的时间。

第 **10** 章

单片机接口的 C 语言编程

根据单片机工作的需要和用户的不同要求,单片机应用系统常常需要配接键盘、显示器、模/数转换器、数/模转换器等外设。其中,接口技术就是解决计算机与外设之间相互联系的问题。

本章给出了一些成熟软件包及一些常用器件的驱动程序,读者可以利用这些技术动起手来解决一些实际问题,并且在解决问题的过程中继续提高。当在实际应用中遇到新的器件时,可以把具有类似接口的器件作为参考,编写新器件的驱动程序时会比较顺利一些。

10.1 LED 数码管

在单片机控制系统中,常用 LED 显示器来显示各种数字或符号。这种显示器显示清晰,亮度高,接口方便,因此被广泛应用于各种控制系统中。

以 8 段 LED 数码显示器为例,其外形如图 10-1 所示。其内部结构有两种,分别是共阳型和共阴型,电路原理分别如图 10-2(a) 和图 10-2(b) 所示。

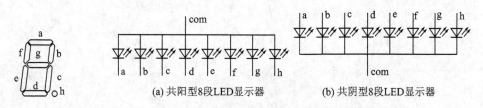

(a) 共阳型8段LED显示器　　(b) 共阴型8段LED显示器

图 10-1　LED 数码管　　　　图 10-2　LED 数码管电路原理图

10.1.1 静态显示接口

在单片机应用系统中,显示器显示方式有两种:静态显示和动态扫描显示。

当 LED 显示器工作于静态显示方式时,如果显示器是共阴型,则公共端接

GND；如果显示器是共阳型，则公共端接正电源。每位 LED 显示器的 8 位字段控制线（a~h）分别与一个具有锁存功能的输出引脚连接。这种工作方式 LED 的亮度高，软件编程也比较容易，但是它占用比较多的 I/O 口的资源，常用于显示位数不多的情况。

LED 静态显示方式的接口有多种不同形式，使用 74HC595 芯片可以方便地组成的静态显示接口。

74HC595 是具有锁存功能的移位寄存器，其内部结构框图如图 10 - 3 所示。从图中可以看出，74HC595 内部有一个带有进位位的 8 位移位寄存器、一个存储寄存器和一个 3 态输出控制器。当时钟端 SRCLK（第 11 引脚）有时钟脉冲时，移位寄存器将串行输入端 SER（第 14 引脚）的数据转换成为并行输出。在串行数据开始输入之前，将 RCLK 清零，移位寄存器的输出不会被送入存储寄存器，在 8 位数

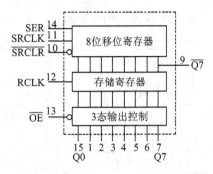

图 10 - 3　74HC595 的内部结构框图

据全部送完后，将 RCLK 引脚置 1，才会将新的数据送入存储寄存器中。存储寄存器经过 3 态控制器缓冲后，对外输出。这样，在整个数据传输期间，74HC595 的输出端数据始终保持稳定不变。8 位移位寄存器的进位位单独引出，即第 9 引脚，可以方便地进行级联，以便将多片 74HC595 串接起来使用。

74HC595 的逻辑功能如表 10 - 1 所列。表中：

H：高电平；

L：低电平；

↑：上升沿；

X：无关紧要，高或低电平均不影响。

表 10 - 1　74HC595 的逻辑功能表

输入引脚					功　能
SER	SRCLK	SRCLR	RCLK	OE	
X	X	X	X	H	禁止 Q0~Q7 输出
X	X	X	X	L	允许 Q0~Q7 输出
X	X	L	X	X	清除内部移位寄存器
L	↑	H	X	X	移位寄存器的首位变低，其余各位依次前移
H	↑	H	X	X	移位寄存器的首位变高，其余各位依次前移
X	↓	H	X	X	移位寄存器的内容不发生变化
X	X	X	↑	X	移位寄存器中的数据送入存储寄存器
X	X	X	↓	X	存储寄存器的输出不发生变化

单片机 C 语言轻松入门（第 3 版）

215

　　图 10 - 4 是以 74HC595 组成的静态显示接口的电路图,通过 6 片 74HC595 作为 6 位 LED 显示器的静态显示接口。其中第一片 74HC595 的串行数据输入端(SER)接到 80C51 的任意一个 I/O 端,后面的 74HC595 芯片的 SER 端则接到前一片 74HC595 的 Q7(第 9 引脚)端。所有 74HC595 芯片的 SRCLK 端并联接到单片机的任意一个 I/O 端。RCLK 是锁存允许端,当 RCLK 引脚上有上升沿且其他条件符合时,移位寄存器中的内容被送入存储寄存器。

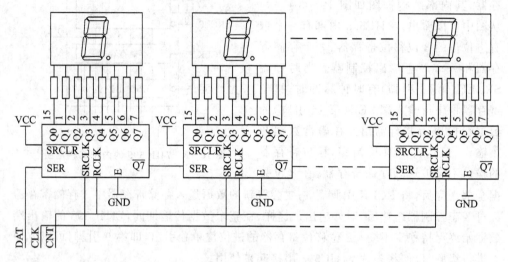

图 10 - 4　静态显示接口

　　了解 74HC595 芯片的功能后,就可以写出驱动程序,现举例如下。

　　【例 10 - 1】　使用 74HC595 制作的 6 位串行显示接口电路。

```c
#include        <reg52.h>
#include        <intrins.h>
typedef   unsigned char uchar;

sbit    Dat = P3^2;                     //定义串行数据输入端
sbit    Clk = P3^3;                     //定义时钟端
sbit    RCK = P3^4;                     //定义控制端

uchar       DispBuf[6];
uchar code DispTab[] = {0xC0,0xF9,0xA4,0xB0,0x99,0x92,0x82,0xF8,0x80,
0x90,0x88,0x83,0xC6,0xA1,0x86,0x8E,0xFF};  //定义定形码表
void SendData(unsigned char SendDat)    //传送一个字节的数据
{   uchar i;
    for(i = 0;i<8;i++)
    {   if((SendDat&0x80) == 0)
```

```
            Dat = 0;
        else
            Dat = 1;
        _nop_();
        Clk = 0;_nop_();Clk = 1;                //形成时钟脉冲
        SendDat = SendDat << 1;
    }
}
void Disp()
{   uchar    i, c;
    RCK = 0;                                    //关闭存储寄存器的输入
    for(i = 0;i < 6;i + +)
    {   c = DispBuf[i];                         //取出待显示字符
        SendData(DispTab[c]);                   //送出字形码数据
    }
    RCK = 1;                                    //开启存储寄存器的输入
}
void main()
{   for(;;)
    {   Disp();}
}
```

217

程序说明：

① 由于这些 74HC595 都是串联的，数据会依次往前传，第 1 次送出来的数会先在第 1 个 LED 数码管点亮，然后依次在第 2、3、4、5 个数码管点亮。

② 由于具有存储寄存器，因此，数据传送时不会立即出现在输出引脚上，只有在给 RCLK 上升沿后，才会将数据集中输出，因此，该芯片比常用芯片 74HC164 更适于快速和动态地显示数据。

③由于 74HC595 的拉电流和灌电流的能力都很强（典型值为±35 mA），因此，数码管既可以使用共阳型的，也可以使用共阴型的。

10.1.2　动态显示接口

LED 显示器动态接口的基本原理是利用人眼的"视觉暂留"效应。接口电路把所有显示器的 8 个笔段 a～h 分别并联在一起，构成"字段口"，每一个显示器的公共端 COM 各自独立地受 I/O 线控制，称"位扫描口"。CPU 向字段输出口送出字形码时，所有的显示器都能接收到，但是究竟点亮哪一只显示器，取决于当时位扫描口的输出端接通了哪一只 LED 显示器的公共极。所谓动态，就是利用循环扫描的方式，分时轮流选通各显示器的公共极，使各个显示器轮流导通。当扫描速度达到一定程度时，人眼就分辨不出来了，认为是各个显示器同时发光。

图 10-5 是实验板上的 LED 数码管的动态显示接口电路部分,这里 LED 数码管采用共阳方式,P0 口作为笔段控制,P2 口作为位控制,这两个 I/O 口均接入 74HC245 芯片作为缓冲器。74HC245 芯片具有 ±35 mA 电流驱动能力,既可以输出电流,也可以灌入电流,足以驱动数码管。下面是使用中断方式编写的动态数码管驱动程序。

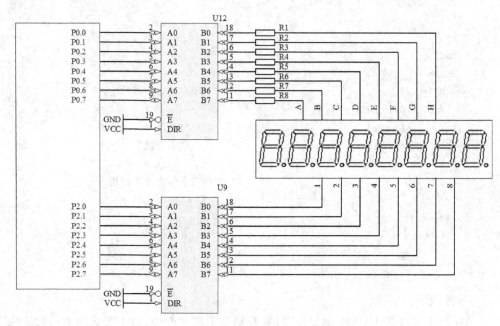

图 10-5 动态扫描驱动显示器电路

【例 10-2】 编写动态数码管显示程序。使用定时中断实现显示的程序,第 1~7 位各位始终显示 0,第 8 位在 0~9 之间循环显示。

```
# include        <reg51.h>
typedef   unsigned char uchar;
typedef   unsigned int   uint;

uchar code DispTab[] = {0xC0,0xF9,0xA4,0xB0,0x99,0x92,0x82,0xF8,0x80, 0x90,0x88,
0x83,0xC6,0xA1,0x86,0x8E,0xFF};
uchar DispBuf[8];                    //8 字节的显示缓冲区

void Timer0() interrupt 1
{   uchar tmp;
    static uchar Count;              //计数器,显示程序通过它得知现正显示哪个数码管
    TH0 = (65536 - 3000)/256;
    TL0 = (65536 - 3000) % 256;      //定时时间为 3 000 个周期
```

```c
    tmp = BitTab[Count];            //根据当前的计数值取位值
    tmp = DispBuf[Count];           //根据当前的计数值取显示缓冲区中的待显示值
    tmp = DispTab[tmp];             //取字形码
    P0 = tmp;                       //送出字形码
    Count ++ ;                      //计数值加 1
    if(Count == 8)                  //如果计数值等于 8,则让其回 0
        Count = 0;
}
/* 延时程序 */
void mDelay(unsigned int Delay)
{   unsigned int i;
    for(;Delay>0;Delay - - )
    {   for(i = 0;i<124;i ++ )
        {;}
    }
}
void main()
{   uchar Counter = 0;
    P1 = 0xff;P0 = 0xff;
    TMOD = 0x01;
    TH0 = (65536 - 3000)/256;
    TL0 = (65536 - 3000) % 256;     //定时时间为 3 000 个周期
    ET0 = 1;TR0 = 1;EA = 1;         //T0 中断允许,总中断允许,T0 开始运行
    Count = 0;                      //计数器初值为 0
    DispBuf[0] = 0;DispBuf[1] = 0;DispBuf[2] = 0;
    DispBuf[3] = 0;DispBuf[4] = 0;DispBuf[5] = 0;DispBuf[6] = 0;
    //显示器前 7 位均为 0
    for(;;)
    {   DispBuf[5] = Counter;
        Counter ++ ;                //计数
        if(Counter == 10)
            Counter = 0;
        mDelay(1000);
    }
}
```

　　程序实现:输入程序并命名为 dled.c,建立名为 dled 的工程,加入 dled.c 源文件。设置工程,在 Debug 选项卡 Dialog :Parameter 后的编辑框内输入: - ddpj,以便使用"8 位数码管实验仿真板"来演示这一结果。编译、链接正确后,按 Ctrl + F5 键进入调试,选择 Peripherals→8 位数码管实验仿真板,然后全速运行程序,可以观察到 dpj 实验仿真的运行效果。

单片机 C 语言轻松入门（第3版）

注：本书配套资料\exam\ch10\dled 文件夹中名为 dled.avi 的文件记录了这一过程，可供参考。

程序分析： 中断部分程序的流程图如图 10-6 所示。

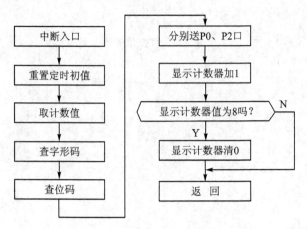

图 10-6　动态扫描流程图

程序中使用了一个 static 型的计数器 Count，每次进入中断服务程序，Count 即加 1，加到 8 后回零，即 Count 的值始终在 0～7 之间变化，对应显示第 1～8 位数码管。在得到要显示的某位后，通过查表的方式，首先查到位码表，将查到的位码送到 P2 口；然后根据显示缓冲区的值查字形码表，并将待显示的数据送到 P0 口。例如，当 Count 的值是 0 时，表示要显示第 1 位数码管。首先根据 Count 的值查表格 BitTab，可得到数据：tmp=0x01，即二进制的 0000 0001。对应程序中步骤如下：

```
P2  =  tmp;
```

将 P2 的高 7 位均清 0，P2.0 置为高电位，通过 74HC245 缓冲后给第 1 位数码管的 COM 端供电。然后根据 Count 的值取出缓冲单元的值：

```
tmp = DispBuf[Count];      //根据当前的计数值取显示缓冲待显示值
```

接着根据这个值查找字形码：

```
tmp = DispTab[tmp];      //取字形码
```

最后将这个字形码值送往 P0 口即可显示出来。

从中可以看到，这个程序有一定的通用性，不论显示的位数是多少，与端口如何连接，只要是各位公共端连接到同一端口，就仅对程序中 BitCode 数组的内容改动一下，计数器的最大计数值略做修改，就可以适用于不同的显示要求。

从这两个动态显示程序可以看出，和静态显示相比，动态扫描的程序有些复杂，不过，这是值得的，因为动态扫描的方法节省了硬件的开支。

10.2 键 盘

在单片机应用系统中,通常都要有人机对话功能,如将数据输入仪器、对系统运行进行控制等,这时就需要键盘。键盘有编码键盘及非编码键盘,这里介绍单片机系统中常用的非编码键盘工作原理及编程方法。

10.2.1 键盘工作原理

单片机系统中一般由软件来识别键盘上的闭合键,如图 10 - 7 所示是单片机键盘的一种接法。单片机引脚作为输入使用,首先置 1。当键没有被按下时,单片机引脚上为高电平;而当键被按下去后,引脚接地,单片机引脚上为低电平。通过编程即可获知是否有键按下,被按下的是哪一个键。

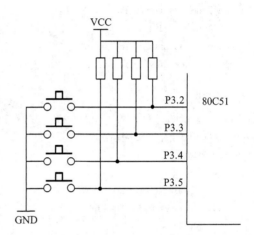

图 10 - 7 键盘接法

单片机中应用的键盘一般是由机械触点构成的,在键按下及松开时会有抖动出现。为使单片机能正确地读出键盘所接 I/O 的状态,对每一次按键只响应一次,必须考虑如何去除抖动。常用的去抖动的方法有两种,硬件方法和软件方法。单片机中常用软件法,这里对于硬件去抖动的方法不进行介绍。软件法去抖动的思路是,在单片机获得某接键盘的 I/O 口为低的信息后,不是立即认定该键已被按下,而是延时 10 ms 或更长一些时间后再次检测该 I/O 口,如果仍为低,说明该键的确按下了,这实际上是避开了按键按下时的前沿抖动。而在检测到按键释放后(该 I/O 口为高)再延时 5～10 ms,消除键释放时的后沿抖动,然后再对键值进行处理。当然,实际应用中,键的机械特性各不相同,对按键的要求也是千差万别,要根据不同的需要来编制处理程序,但以上是消除键抖动的原则。

10.2.2 键盘与单片机的连接

将每个按键的一端接到单片机的 I/O 口,另一端接地,这是最简单、常用的一种方法。如图 10 - 7 所示是实验板上按键的接法。4 个按键分别接到 P3.2 、P3.3、P3.4 和 P3.5。对于这种键各程序可以采用不断查询的方法,具体是检测是否有键闭合,如有键闭合,则去除键抖动,判断键号并转入相应的键处理程序。

【例 10 - 3】 P1 口接有 8 个 LED,按图 10 - 7 所示接有 4 个按键,要求实现键控流水灯功能。

本程序的实现由按键控制的流水灯功能,4 个键定义如下:

P3.2:开始,按此键则灯开始流动(由上而下)。

P3.3:停止,按此键则停止流动,所有灯为暗。

P3.4:上,按此键则灯由上向下流动。

P3.5:下,按此键则灯由下向上流动。

程序如下:

```c
# include    <reg51.h>
# include    <intrins.h>
typedef    unsigned char uchar;
typedef    unsigned int  uint;

bit    UpDown = 0;                      //上下流动标志
bit    StartEnd = 0;                    //启动及停止标志
/ * 延时程序,由参数 Delay 确定延迟时间 * /
void mDelay(unsigned int Delay)
{    unsigned int i;
     for(;Delay>0;Delay - -)
     {    for(i = 0;i<124;i + +)
          {;}
     }
}
void KProce(uchar KValue)               //键值处理
{    if((KValue&0x04) = = 0)
         StartEnd = 1;
     if((KValue&0x08) = = 0)
         StartEnd = 0;
     if((KValue&0x10) = = 0)
         UpDown = 1;
     if((KValue&0x20) = = 0)
         UpDown = 0;
}
uchar Key()
{    uchar KValue;
     uchar tmp;
     P3| = 0x3c;                        //将 P3 口接键盘的中间 4 位置 1
     KValue = P3;
     KValue| = 0xc3;                    //将未接键的 4 位置 1
     if(KValue = = 0xff)                //中间 4 位均为 1,无键按下
         return(0);                     //返回
```

```
        mDelay(10);                //延时 10 ms,去键抖
        KValue = P3;
        KValue| = 0xc3;            //将未接键的 4 位置 1
        if(KValue == 0xff)         //中间 4 位均为 1,无键按下
            return(0);             //返回
                                   //如尚未返回,说明一定有 1 或更多位被按下
        for(;;)
        {   tmp = P3;
            if((tmp|0xc3) == 0xff)
                break;             //等待按键释放
        }
        return(KValue);
    }
    void main()
    {   uchar KValue;              //存放键值
        uchar LampCode;            //存放流动的数据代码
        P1 = 0xff;                 //关闭所有灯
        LampCode = 0xfe;
        for(;;)
        {   KValue = Key();        //调用键盘程序并获得键值
            if(KValue)             //如果该值不等于 0
                KProce(KValue);    //调用键盘处理程序
            if(StartEnd)           //要求流动显示
            {   P1 = LampCode;
                if(UpDown)         //要求由上向下
                    LampCode = _cror_(LampCode,1);
                else               //否则要求由下向上
                    LampCode = _crol_(LampCode,1);
                mDelay(500);
            }
            else                   //关闭所有显示
                P1 = 0xff;
        }
    }
```

　　程序实现:输入程序并命名为 key1.c,建立名为 key1 的工程,加入 key1.c 源文件。设置工程,在 Debug 选项卡 Dialog :Parameter 后的编辑框内输入:- ddpj,以便使用实验仿真板"51 单片机实验仿真板"来演示这一结果。编译、链接没有错误后,按 Ctrl+F5 键进入调试,选择 Peripherals→51 单片机实验仿真板,然后全速运行程序,单击相应按键,可以观察到发光管按预定要求流动、切换方向、停止流动。

　　注:本书配套资料\exam\ch10\key1 文件夹中名为 key1.avi 的文件记录了这一

过程,可供参考。

程序分析:程序演示了一个键盘处理程序的基本思路,进入 Key 函数后,首先将接有按键的 4 个引脚置为高电平,然后读出 P3 口的值。将未接有按键的 4 个位置高电平,然后判断这个值是否等于 0xff,如果相等,说明没有键被按下,直接返回;否则,说明有键按下。延时一段时间(10 ms 左右)再次检测,如果仍有键被按下,则读出键值,然后读键值以等待,当再次读到键值为 0xff 时,说明键已被松开,即可带键值返回主调函数中。

主调函数获得键值后,将该键值送往 KProce 函数处理,根据要求置位或复位相应的标志位。

10.3　I^2C 总线

传统的单片机外围扩展通常使用并行方式,即单片机与外围器件用 8 根数据线进行数据交换,再加上一些地址、控制线,占用了单片机大量的引脚,这往往是难以接受的。目前,越来越多的新型外围器件采用了串行接口,因此,可以说,单片机应用系统的外围扩展已从并行方式过渡到以串行方式为主的时代。常用的串行接口方式有 UART、SPI、I^2C 等,UART 接口技术已在第 6 章介绍,SPI 将在下一节介绍,本节介绍 I^2C 总线扩展技术。

10.3.1　I^2C 总线接口

I^2C 总线是一种用于 IC 器件之间连接的二线制总线。它通过 SDA 和 SCL 两根线与连到总线上的器件之间传送信息。总线上每个节点都有一个固定的节点地址,根据地址识别每个器件,可以方便地构成多机系统和外围器件扩展系统。其传输速率为 100 kb/s(改进后的规范为 400 kb/s),总线的驱动能力为 400 pF。

I^2C 总线为双向同步串行总线,因此,I^2C 总线接口内部为双向传输电路,总线端口输出为开漏结构,故总线必须接有 5~10 kΩ 的上拉电阻。

挂接到总线上的所有外围器件、外设接口都是总线上的节点,在任何时刻总线上都只有一个主控器件实现总线的控制操作,对总线上的其他节点寻址,分时实现点对点的数据传送。

I^2C 总线上所有的外围器件都有规范的器件地址,器件地址由 7 位组成,它和 1 位方向位构成了 I^2C 总线器件的寻址字节 SLA,寻址字节格式如表 10-2 所列。

表 10-2　I^2C 总线器件的寻址字节 SLA

位	D7	D6	D5	D4	D3	D2	D1	D0
位名称	DA3	DA2	DA1	DA0	A2	A1	A0	$R/\overline{W}$

器件地址(DA3、DA2、DA1、DA0):I²C 总线外围接口器件固有的地址编码,器件出厂时就已给定,例如 I²C 总线器件 AT24C×× 的器件地址为 1010。

引脚地址(A2、A1、A0):由 I²C 总线外围器件地址端口 A2、A1、A0 在电路中接电源或接地的不同形成的地址数据。

数据方向(R/$\overline{\text{W}}$):数据方向位规定了总线上主节点对从节点数据方向,该位为 1 时接收,该位为 0 时发送。

80C51 单片机并未提供 I²C 接口的硬件电路,但是,基于对 I²C 协议的分析,可以通过软件模拟的方法来实现 I²C 接口,从而可以使用诸多 I²C 器件。下面以 24 系列 EEPROM 为例来介绍 I²C 类接口芯片的使用。

10.3.2 24 系列 EEPROM 的结构及特性

在单片机应用中,经常会有一些数据需要长期保存,近年来,随着非易失性存储器技术的发展,EEPROM 常被用于断电后的数据存储。在 EEPROM 应用中,目前应用广泛的是串行接口 EEPROM,AT24C×× 就是这样一类芯片。

1. 特 点

典型的 24 系列的 EEPROM 有 24C01(A)/02(A)/04(A)/08/16/32/64 等型号。它采用 CMOS 工艺制成,其内部容量分别是 128/256/512/1 024/2 048/4 096/8 192×8 位的具有串行接口的、可用电擦除的可编程只读存储器,一般简称为串行 EEPROM。这种器件一般具有两种写入方式,一种是字节写入,即单个字节的写入;另一种是页写入方式,允许在一个周期内同时写入若干个字节(称之为一页),页的大小取决于芯片内页寄存器的大小。不同的产品,其页容量不同,如 ATMEL 的 AT24C01/01A/02A 的页寄存器为 4/8/8 字节。断电后数据保存时间一般可达 40 年以上。

2. 引脚图

AT24C01A 有多种封装形式,以 8 引脚双列直插式为例,芯片的引脚如图 10-8 所示,引脚定义如下:

> SCL:串行时钟端。这个信号用于对输入和输出数据的同步,写入串行 EEPROM 的数据用其上升沿同步,输出数据用其下降沿同步。

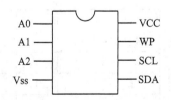

图 10-8 AT24C×× 系列引脚图

> SDA:串行数据输入/输出端。这是串行双向数据输入/输出线,这个引脚是漏极开路驱动,可以与任何数目的其他漏极开路或集电极路的器件构成"线或"连接。

> WP:写保护。这个引脚用于硬件数据保护功能,当其接地时,可以对整个存

储器进行正常的读/写操作；当其接高电平时，芯片就具有数据写保护功能，被保护部分因不同型号芯片而异。对 24C01A 而言，是整个芯片被保护。被保护部分的读操作不受影响，但不能写入数据。

➢ A0、A1、A2：片选或页面选择地址输入。

➢ VCC：电源端。

➢ VSS：接地端。

3. 串行 EEPROM 芯片寻址

在一条 I^2C 总线上可以挂接多个具有 I^2C 接口的器件。在一次传送中，单片机所送出的命令或数据只能被其中的某一个器件接收并执行，为此，所有串行 I^2C 接口芯片都需要一个 8 位含有芯片地址的控制字，用这个控制字来确定本芯片是否被选通以及将进行读还是写的操作。这个 8 位的控制字的前 4 位是针对不同类型的器件的特征码，对于串行 EEPROM 而言，这个特征码是 1010。控制字的第 8 位是读/写选择位，该位为 1，表示读操作；该位为 0，表示写操作。除这 5 位外，另外的 3 位在不同容量的芯片中有不同的定义。

在 24 系列 EEPROM 的小容量芯片里，使用 1 字节来表示存储单元的地址；但对于容量大于 256 字节的芯片，用 1 字节来表示地址就不够了，为此采用两种方法。第 1 种方法是针对从 4 Kb（512 字节）开始到 16 Kb（2 KB 字节）的芯片，利用了控制字中的 3 位来定义，其定义如表 10-3 所列。

从表中可以看出，对 1 Kb/2 Kb 的 EEPROM 芯片，控制字中的这 3 位（即 D3、D2、D1）代表的是芯片地址 A2、A1、A0，与引脚名称 A2、A1、A0 对应。如果引脚 A2、A1、A0 所接的电平与命令字所送来的值相符，代表本芯片被选中。例如，将某芯片的 A2、A1、A0 均接地，那么要选中这块芯片，则发送给芯片的命令字中这 3 位应当均为 0。这样，一共可以有 8 片 1 Kb/2 Kb 的芯片挂接于总线上，只要它们的 A2、A1、A0 的接法不同，就能够通过指令来区分这些芯片。

表 10-3　EEPROM 芯片地址安排图

位 芯片容量/Kb	D7	D6	D5	D4	D3	D2	D1	D0
1/2	1	0	1	0	A2	A1	A0	R/$\overline{W}$
4	1	0	1	0	A2	A1	P0	R/$\overline{W}$
8	1	0	1	0	A2	P1	P0	R/$\overline{W}$
16	1	0	1	0	P2	P1	P0	R/$\overline{W}$
32	1	0	1	0	A2	A1	A0	R/$\overline{W}$
64	1	0	1	0	A2	A1	A0	R/$\overline{W}$

对于 4 Kb 容量的芯片,D1 位被用做芯片内的单元地址的一部分(4 Kb 即 512 字节,需要 9 位地址信号,其中一位就是 D1),这样只有 A2 和 A1 两根地址线可用,所以最多只能接 4 片 4 Kb 芯片,8 Kb 容量的芯片只有一根地址线,所以只能接 2 片 8 Kb 芯片;至于 16 Kb 的芯片,则只能接 1 片。

第 2 种是针对 32 Kb 以上的 EEPROM 芯片。32 Kb 以上的 EEPROM 芯片要 12 位以上的地址,这里已经没有可以借用的位了,解决的办法是把指令中的存储单元地址由 1 字节改为 2 字节。这时候 A2、A1、A0 又恢复成为芯片的地址线使用,所以最多可以接上 8 块这样的芯片。

例如,AT24C01A 芯片的 A2、A1、A0 均接地,那么该芯片的读控制字为 10100001B,用十六进制表示即 A1H。而该芯片的写控制字为 10100000B,用十六进制表示即 A0H。

10.3.3　24 系列 EEPROM 的使用

由于 80C51 单片机没有硬件 I^2C 接口,因此,必须用软件模拟 I^2C 接口的时序,以便对 24 系列芯片进行读/写等编程操作。由于 I^2C 总线接口协议比较复杂,这里不对 I^2C 总线接口原理进行分析,而是学习如何使用成熟的软件包对 24 系列 EEPROM 进行编程操作。

这个软件包提供了两个函数用来从 EEPROM 中读出数据和向 EEPROM 中写入数据。其中,函数：

```
void WrToROM(uchar Data[],uchar Address,uchar Num)
```

用来向 EEPROM 中写入数据。这个函数有 3 个参数,第 1 个参数是数组,用来存放待写数据的地址;第 2 个参数是指定待写 EEPROM 的地址,即准备从哪一个地址开始存放数据;第 3 个是指定拟写入的字节数。

另一个函数：

```
void  RdFromROM(uchar Data[],uchar Address,uchar Num)
```

用来从 EEPROM 中读出指定字节的数据,并存放在数组中。这个函数同样有 3 个参数,第 1 个参数是一个数组地址,从 EEPROM 中读出的数据将依次存放该数组中;第 2 个参数指定从 EEPROM 的哪一个单元开始读;第 3 个参数是指定读多少个数据。

以下是这个软件包的源程序。

```
#define nop4  _nop_();_nop_();_nop_();_nop_()
void Start(void)            /* 起始条件 */
{    Sda = 1;Scl = 1;
     nop4;  Sda = 0;nop4;
}
void Stop(void)             /* 停止条件 */
{    Sda = 0;Scl = 1;
```

227

```
        nop4；Sda = 1；nop4；
    }
    void Ack(void)                    /＊应答位＊/
    {   Sda = 0；nop4；
        Scl = 1；nop4；    Scl = 0；
    }
    void   NoAck(void)                /＊反向应答位＊/
    {   Sda = 1；nop4；
        Scl = 1；nop4；    Scl = 0；
    }
    void Send(uchar Data)             /＊发送数据子程序，Data 为要求发送的数据＊/
    {   uchar BitCounter = 8；        /＊位数控制＊/
        uchar temp；                  /＊中间变量控制＊/
        do {
            temp = Data；
            Scl = 0；nop4；
            if((temp&0x80) == 0x80)  /＊如果最高位是 1＊/
                Sda = 1；
            else
                Sda = 0；
            Scl = 1；
            temp = Data≪1；           /＊左移 1 位＊/
            Data = temp；
            BitCounter －－ ；
        }while(BitCounter)；
        Scl = 0；
    }
    uchar Read(void)                  /＊读一个字节的数据，并返回该字节值＊/
    {   uchar temp = 0；
      uchar temp1 = 0；
        uchar BitCounter = 8；
        Sda = 1；
        do{
            Scl = 0；nop4；
            Scl = 1；nop4；
            if(Sda)                   /＊如果 Sda = 1；＊/
                temp = temp|0x01；    /＊temp 的最低位置 1＊/
            else
                temp = temp&0xfe；    /＊否则 temp 的最低位清 0＊/
            if(BitCounter－1)
            {   temp1 = temp≪1；
```

```
                temp = temp1;
            }
        BitCounter -- ;
    }while(BitCounter);
    return(temp);
}
void WrToROM(uchar Data[ ],uchar Address,uchar Num)
{   uchar i = 0;
    uchar  * PData;
    PData = Data;Start();
Send(0xa0); Ack();
Send(Address); Ack();
    for(i = 0;i<Num;i ++ )
    {  Send( * (PData + i));
        Ack();
    }
    Stop();
}
void  RdFromROM(uchar Data[ ],uchar Address,uchar Num)
{   uchar i = 0;
    uchar  * PData;
    PData = Data;
    for(i = 0;i<Num;i ++ )
    {
        Start();Send(0xa0);
        Ack(); Send(Address + i);
        Ack(); Start();
        Send(0xa1);Ack();
         * (PData + i) = Read();
        Scl = 0; NoAck();
        Stop();
    }
}
```

　　使用这一软件包非常简单,首先根据硬件连接定义好 SCL、SDA 和 WP 这 3 个引脚;然后在调用函数中定义一个数组,用以存放待写入的数据或读出数据之后用来存放数据;最后调用相关函数即可完成相应操作。

　　在 11.3 节有关于该软件包操作 24C01A 器件的实例介绍,这里就不再举例了。

10.4　X5045 的使用

SPI(Serial Peripheral Interface)是 MOTOROLA 公司推出的串行扩展接口。目前,有很多器件具有这种接口,其中 X5045 目前应用比较广泛的芯片[1]。该芯片具有以下的一些功能:上电复位、电压跌落检测、看门狗定时器、SPI 接口 EEPROM。通过学习这块芯片与单片机接口的方法,可以了解和掌握 SPI 总线接口的工作原理及一般编程方法。

10.4.1　SPI 串行总线简介

单片机与外围扩展器件在时钟线 SCK、数据线 MOSI、MISO 上都是同名端相连。由于当外围扩展多个器件时,无法通过数据线译码选择,故带 SPI 接口的外围器件都有片选端$\overline{\text{CS}}$。在扩展单个外围器件时,外围器件的$\overline{\text{CS}}$端可接地处理,或通过 I/O 来控制;在扩展多个 SPI 外围器件时,单片机应分别通过 I/O 口线来分时选通外围器件。

SPI 有较高的数据传送速度,主机方式最高速率可达 1.05 Mb/s,在单个器件的外围扩展中,片选线由外部硬件端口选择,软件实现方便。

10.4.2　X5045 的结构和特性

1. 功能描述:

本器件将 4 种功能合于一体:上电复位控制、看门狗定时器、降压管理以及具有块保护功能的串行 EEPROM。它有助于简化应用系统的设计,减小印制板的占用面积,提高可靠性。

① 上电复位功能:在通电时产生一个足够长时间的复位信号,以保证微处理器正常工作之前,其振荡电路已工作于稳定的状态。

② 看门狗功能:该功能被激活后,如果在规定的时间内单片机没有在$\overline{\text{CS}}$/WDI 引脚上产生规定的电平的变化,芯片内的看门狗电路将会动作,产生复位信号。

③ 电压跌落检测:当电源电压下降到一定的值后,X5045 中的电压跌落检测电路将会在供电电压下降到一定程度时产生复位信号,中止单片机的工作。

④ 串行 EEPROM:该芯片内的串行 EEPROM 是具有块锁保护功能的 CMOS 串行 EEPROM,被组织成 8 位的结构,通过一个由 4 线构成的 SPI 总线方式进行操作,其擦写周期至少可以达到 1 000 000 次,写好的数据能够保存 100 年。

---

① X5045 芯片的引脚说明与另一种串行总线——Microwire 相同,有一些资料称其为 Microwire 接口。这里采用 X5045 数据手册中的说法,称其为 SPI 接口。

如图 10 - 9 所示是该芯片的 8 引脚 PDIP/SOIP/MSOP 封装形式。

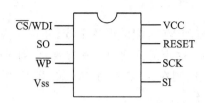

图 10 - 9　X5045 的引脚图

如表 10 - 4 所列是 X5045 芯片引脚功能的说明。

表 10 - 4　X5045 的引脚功能说明

引脚号	名　称	功能描述
1	$\overline{CS}$/WDI	芯片选择输入:当 $\overline{CS}$ 是高电平时,芯片未被选中,SO 呈高阻态。当 $\overline{CS}$ 是高电平时,将 $\overline{CS}$ 拉低将使器件处于被选择状态 看门狗输入:在看门狗定时器超时并产生复位之前,一个加在 WDI 引脚上的由高到低的电平变化将复位看门狗定时器
2	SO	串行输出:SO 是一个推/拉串行数据输出引脚,在读数据时,数据在 SCK 脉冲的下降沿由这个引脚送出
3	$\overline{WP}$	写保护:当 $\overline{WP}$ 引脚是低电平时,向 X5045 中写的操作被禁止,但是其他的功能可以正常执行。如果在 $\overline{CS}$ 是低电平时,$\overline{WP}$ 变为低电平,则会中断向 X5045 中正在进行的写的操作;但是,如果此时内部的非易失性写周期已经初始化了,$\overline{WP}$ 变为低电平不起作用
4	VSS	地
5	SI	串行输入:SI 是串行数据输入端,指令码、地址、数据都通过这个引脚进行输入。在 SCK 的上升沿进行数据的输入,并且高位(MSB)在前
6	SCK	串行时钟:串行时钟的上升沿通过 SI 引脚进行数据的输入,下降沿通过 SO 引脚进行数据的输出
7	RESET	复位输出:RESET 是一个开漏型输出引脚。只要 VCC 跌落到最小允许 VCC 值,这个引脚就会输出高电平,一直到 VCC 上升超过最小允许值之后 200 ms。同时它也受看门狗定时器控制,只要看门狗处于激活状态,并且 WDI 引脚上电平保持为高或者为低超过了定时的时间,就会产生复位信号。$\overline{CS}$ 引脚上的一个下降沿会复位看门狗定时器。由于这是一个开漏型的输出引脚,所以在使用时必须接上拉电阻
8	VCC	正电源

2. 使用方法

（1）上电复位

当器件通电并超过 V_{TRIP} 时,X5045 内部的复位电路将会提供一个约为 200 ms

的复位脉冲,让微处理器能够正常复位。

(2) 电压跌落检测

工作过程中,X5045 监测 VCC 端的电压下降,并且在 VCC 电压跌落到 V_{TRIP} 以下时会产生一个复位脉冲。这个复位脉冲一直有效,直到 VCC 降到 1V 以下。如果 VCC 在降落到 V_{TRIP} 后上升,则在 VCC 超过 V_{TRIP} 后延时约 200 ms,复位信号消失,使得微处理器可以继续工作。

(3) 看门狗定时器

看门狗定时器电路监测 WDI 的输入来判断微处理器是否工作正常。在设定的定时时间以内,微处理器必须在 WDI 引脚上产生一个由高到低的电平变化,否则 X5045 将产生一个复位信号。在 X5045 内部的一个控制寄存器中有 2 位可编程位决定了定时周期的长短,微处理器可以通过指令来改变这两个位从而改变看门狗定时时间的长短。

(4) SPI 串行编程 EEPROM

X5045 内的 EEPROM 被组织成 8 位的形式,通过 4 线制 SPI 接口与微处理器相连。片内的 4 Kb EEPROM 除可以由 WP 引脚置高保护以外,还可以使用指令进行"软件"保护,通过指令可以设置保护这 4 Kb 存储器中的某一部分或者全部。

在实际使用时,SO 和 SI 不会被同时用到,可以将 SO 和 SI 接在一起,因此,也称这种接口为"三线制 SPI 接口"。

X5045 中有一个状态寄存器,其值决定了看门狗定时器的定时时间和被保护块的大小。状态寄存器的定义如表 10-5 所列。

表 10-5　状态寄存器(缺省值是 00H)

位	7	6	5	4	3	2	1	0
位名称	0	0	WD1	WD0	BL1	BL0	WEL	WIP

定时时间的长短及被保护区域则分别如表 10-6 和表 10-7 所列。

表 10-6　看门狗定时器溢出时间设定

状态寄存器位		看门狗定时溢出时间
WD1	WD0	
0	0	1.4 s
0	1	600 ms
1	0	200 ms
1	1	禁止

表 10-7　EEPROM 数据保护设置

状态寄存器位		保护的地址空间
BL1	BL0	
0	0	不保护
0	1	180H~1FFH
1	0	100H~1FFH
1	1	000H~1FFH

10.4.3　X5045 的驱动程序

为了读者使用方便,作者设计了一个 X5045 的驱动程序,驱动程序的界面由这样几条命令组成:

➤ 写数据:将指定个数的字节写入 EEPROM 指定单片机单元中。

➤ 读数据:读出 EEPROM 中指定单片单元中的指定数据。

➤ 设置芯片的工作状态:通过预设的常数设置芯片的工作状态。

8 个预设常数分别是:

WDT200　设置 200 ms 看门狗;

WDT600　设置 600 ms 看门狗;

WDT1400　设置 1.4 s 看门狗;

NOWDT　看门狗禁止;

PROQTR　写保护区域为高 128 字节;

PROHALF　写保护区域为高 256 字节;

PROALL　写保护区域为整个存储器;

NOPRO　不对存储进行写保护。

程序中定义的符号如下:

CS　接 X5045 的 $\overline{\text{CS}}$引脚的单片机引脚;

SI　接 X5045 的 SI 引脚的单片机引脚;

SO　接 X5045 的 SO 引脚的单片机引脚;

Sck　接 X5045 的 Sck 引脚的单片机引脚;

WP　接 X5045 的 $\overline{\text{WP}}$引脚的单片机引脚。

X5045 完整的驱动程序如下:

```
#define nop2()  _nop_();_nop_()
#define WREN_INST    0x06    //写允许命令字(WREN)
#define WRDI_INST    0x04    //写禁止命令字(WRDI)
#define WRSR_INST    0x01    //写状态寄存器命令字(WRSR)
#define RDSR_INST    0x05    //读状态寄存器命令字(RDSR)
#define WRITE_INST   0x02    //写存储器命令字(WRITE)
#define READ_INST    0x03    //读存储器命令字 (READ)
#define MAX_POLL     0x99    //测试的最大次数
/**************************************************************
函数功能:移位送出一个字节,从最高位开始送 EEPROM
参    数:Data 为待送出的数据
**************************************************************/
void OutByte(uchar Data)
{   uchar  Counter = 8;
```

233

```
        for(;Counter>0;Counter--)
        {    Sck = 0;
             if((Data&0x80) == 0)              //最高位是 0
                 SI = 0;
             else
                 SI = 1;
             Sck = 1;
             Data = Data<<1;
        }
        SI = 0;
}
/ ***************************************************************
函数功能:从 EEPROM 中接收数据,高位在先
返    回:读到的数据
 ***************************************************************/
uchar InByte(void)
{    uchar result = 0;
     uchar Counter = 8;
     for(;Counter>0;Counter--)
     {    Sck = 1;nop2();Sck = 0;
          result = result<<1;
          if(SO)                               //如果输入线是高电平
               result| = 0x01;
     }
     return (result);
}
/ ***************************************************************
函数功能:读状态寄存器的值
返    回:读到的寄存器的值
 ***************************************************************/
uchar RdsrCmd()
{    uchar result;
     Sck = 0;     CS = 0;
     OutByte(RDSR_INST);
     result = InByte();                        //读状态寄存器
     Sck = 0;     CS = 1;
     return(result);
}
/ ***************************************************************
函数功能:通过检查 WIP 位来确定 X5045 内部编程是否结束
返    回:无
 ***************************************************************/
```

单片机 C 语言轻松入门(第 3 版)

```
void WipPoll()
{   uchar tmp;
    uchar i;
    for(i = 0;i<MAX_POLL;i++)
    {   tmp = RdsrCmd();
        if((tmp&0x01) == 0)
            break;
    }
}
/ ***********************************************************
函数功能:允许写存储器单元和状态寄存器
返    回:无
  ***********************************************************/
void WrenCmd()
{   Sck = 0; CS = 0;
    OutByte(WREN_INST);
    Sck = 0; CS = 1;
}
/ ***********************************************************
函数功能:将 WD0、WD1、BP0、BP1 的状态写入状态寄存器,分两次执行
参    数:RegCode 待写入的状态
  ***********************************************************/
void WrsrCmd(uchar RegCode)
{   uchar    tmp;
    Sck = 0; CS = 0;                //将CS拉低
    tmp = RdsrCmd();                //读出当前寄存器状态
    if((RegCode&0x7f)!= 0)
    {   tmp& = 0x0f;                //首先将读到的数的高 4 位清零
        tmp| = RegCode;
    }
    else
    {   tmp& = 0xf0;                //否则是写保护类指令,清除低 4 位
        tmp| = RegCode;
    }
    OutByte(WRSR_INST);            //写指令
    OutByte(tmp);
    Sck = 0;    CS = 1;
    OutByte(WRSR_INST);            //写指令
    WipPoll() ;                    //测试是否已器件内部是否写完
}
/ ***********************************************************
```

函数功能:禁止对存储单元和状态寄存器写

返　　回:无

```
*******************************************************************/
void WrdiCmd()
{   Sck = 0;    CS = 0;
    OutByte(WRDI_INST);
    Sck = 0;    CS = 1;
}
/ ******************************************************************
```

函数功能:将一个单字节写入 EEPROM

参　　数:Address 为待写单元的地址,Data 是待写入的数据

```
*******************************************************************/
void ByteWrite(uint Address,uchar Data)
{   uchar tmp;
    Sck = 0;    CS = 0;
    tmp = WRITE_INST;
    if(Address>255)
        tmp| = 0x08;
    OutByte(tmp);
    tmp = (uchar)(Address&0x00ff);
    OutByte(tmp);
    OutByte(Data);
    Sck = 0;    CS = 1;
    WipPoll();
}
/ ******************************************************************
```

函数功能:从 EEPROM 中读出一个字节

参　　数:Address 为待读单元的地址

返　　回:读到的数据

```
*******************************************************************/
uchar ByteRead(uint Address)
{   uchar tmp;
    Sck = 0;    CS = 0;
    tmp = READ_INST;
    if(Address>255)
        tmp| = 0x08;
    OutByte(tmp);
    tmp = (uchar)(Address&0x00ff);
    OutByte(Address);
    tmp = InByte();
    Sck = 0;    CS = 1;
```

```
        return (tmp);
}
/ ***************************************************************
函数功能:复位看门狗定时器
返    回:无
**************************************************************** /
void RstWatchDog()
{   CS = 0;nop2();CS = 1;//产生上升沿
}
/ ***************************************************************
函数功能:向 X5045 指定单元开始写入一串数据
参    数:* s  指向待写数据  Adress  指定待写 eeprom 地址  Len  待写入字节长度
说    明:不能跨页写
**************************************************************** /
void WriteString(uchar * s,uint Adress,uchar Len)
{   uchar i = 0;
    WP = 1;WrenCmd();//写允许
    WrsrCmd(NoPro);      //打开写保护块
    for(i = 0;i<Len;i ++ )
        ByteWrite(Adress + i, * (s + i));
    WP = 0;
}
/ ***************************************************************
函数功能:从 X5045 指定单元读出一串数据,写入 s 指定的开始地址
参    数:* s  指向待存数据区  Adress  指定待读 eeprom 地址  Len  待读入字节长度
说    明:不能跨页读
**************************************************************** /
void ReadString(uchar * s,uint Adress,uchar Len)
{   uchar i = 0;
    for(i = 0;i<Len;i ++ )
        * (s + i) = ByteRead(Adress + i);
}
```

使用这一软件包非常简单,首先根据硬件连接定义 5 个引脚:SI、SO、Sck、WP 和 CS;然后在调用函数中定义一个数组,用以存放待写入数据或读出之后存放数据组的单元;最后调用相关函数即可完成相应操作。

在 11.4 节有关于该软件包的应用实例,这里就不再举例了。

10.5　模/数转换接口

在工业控制和智能化仪表中,常由单片机进行实时控制及实时数据处理。单片

机所分析和处理的信息总是数字量，而被控制或测量对象的有关参量往往是连续变化的模拟量，如温度、速度、压力等，与此对应的电信号是模拟电信号。单片机要处理这种信号，首先必须将模拟量转换成数字量，这一转换过程就是模/数转换，实现模/数转换的设备称为 A/D 转换器或 ADC。

A/D 转换器的种类非常多，这里以具有串行接口的 A/D 转换器为例介绍其使用方法。

TLC0831 是德州仪器公司出品的 8 位串行 A/D，其特点是：

➤ 8 位分辨率；

➤ 单通道；

➤ 5 V 工作电压下其输入电压可达 5 V；

➤ 输入/输出电平与 TTL/CMOS 兼容；

➤ 工作频率为 250 KHz 时，转换时间为 32 μs。

如图 10 - 10 所示是该器件的引脚图。图中$\overline{CS}$为片选端；IN＋为正输入端，IN－是负输入端。TLC0831 可以接入差分信号，如果输入单端信号，IN－应该接地；REF 是参考电压输入端，使用中应接参考电压或直接与 VCC 接通；DO 是数据输出端，CLK 是时钟信号端，这两个引脚用于和 CPU 通信。

如图 10 - 11 所示是 TLC0831 与单片机的接线图。

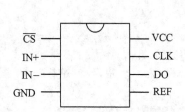

图 10 - 10　TLC0831 引脚图

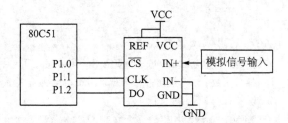

图 10 - 11　80C51 单片机与 TLC0831 接线图

置$\overline{CS}$为低开始一次转换，在整个转换过程中$\overline{CS}$必须为低。连续输入 10 个脉冲完成一次转换，数据从第 2 个脉冲的下降沿开始输出。转换结束后应将$\overline{CS}$置高，当$\overline{CS}$重新拉低时将开始新的一次转换。

1. TLC0831 的驱动程序

```
#define nop2()   _nop_();_nop_()
/******************************************************
函数功能:进行一次 A/D 转换
返    回:A/D 转换的结果
  ******************************************************/
unsigned char ADConv()
{   unsigned char i,ADValue = 0;
```

```
    ADCS = 0;        nop2();
    ADCLK = 1;       nop2();
    ADCLK = 0;       nop2();
    ADCLK = 1;       nop2();
    ADCLK = 0;       nop2();
    for(i = 0;i< = 8;i + + )                      //准备送后 8 个时钟脉冲
    {   if(ADDO)
            ADValue| = 0x01;                      //末位置 1
        ADValue = ADValue≪1;                      //左移一位
        ADCLK = 1;       nop2();
        ADCLK = 0;       nop2();
    }
    ADCS = 1;                                     //拉高/CS 端
    ADCLK = 0;                                    //拉低 CLK 端
    ADDO = 1;                                     //拉高 ADDO 端,回到初始状态
    return(ADValue);
}
```

2. 驱动程序的使用

该驱动程序中用到了 3 个标记符号:

ADCS　　与 TLC0831 的 $\overline{CS}$ 引脚相连的单片机引脚;

ADCLK　　与 TLC0831 的 CLK 引脚相连的单片机引脚;

ADDO　　与 TLC0831 的 DO 引脚相连的单片机引脚。

实际使用时,根据接线的情况定义好 ADCS、ADCLK、ADDO 即可使用。

【例 10 - 4】　TLC0831 与单片机连接如图 10 - 11 所示,要求获得 TLC0831 的 IN+端输入值。

程序如下:

```
sbit        ADCS      = P1^0;
sbit        ADCLK     = P1^1;
sbit        ADDO      = P1^2;          / * 根据硬件连线定义标记符号 * /
void main()
{   unsigned char ADValue;
    ……
    ADValue = ADConv();
}
```

10.6　数/模转换接口

由单片机运算处理的结果(数字量)往往也需要转换为模拟量,以便控制对象,这

一过程即为"数/模转换"(D/A)。

D/A 转换器有各种现成的集成电路,对使用者而言,关键是选择好合用的芯片以及掌握芯片与单片机的正确的连接方法。目前越来越多的应用中选用具有串行接口的 D/A 转换器,这里以 TLC5615 为例进行介绍。

TLC5615 是带有 3 线串行接口且具有缓冲输入的 10 位 DAC,输出可达 2 倍 REF 的变化范围,其特点如下:

- ➢ 5 V 单电源工作;
- ➢ 3 线制串行接口;
- ➢ 高阻抗基准输入;
- ➢ 电压输出可达基准电压的 2 倍;
- ➢ 内部复位。

如图 10 - 12 所示是 TLC5615 的引脚图,各引脚的定义如下:

- ➢ DIN:串行数据输入端;
- ➢ SCLK:串行时钟输入端;
- ➢ $\overline{CS}$:片选信号;
- ➢ DOUT:串行数据输出端,用于级联;
- ➢ AGND:模拟地;
- ➢ REFIN:基准电压输入;
- ➢ OUT:DAC 模拟电压输出端;
- ➢ VDD:电源端。

如图 10 - 13 所示是单片机与 TLC5615 的接线图。

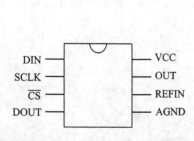

图 10 - 12　TLC5615 引脚图

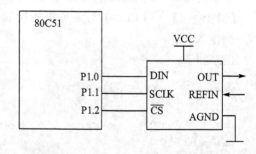

图 10 - 13　80C51 与 TLC5615 接线图

1. TLC5615 的驱动程序

```
/**************************************************************
函数功能:进行一次 D/A 转换
参    数:DaDat 是待转换的数据
**************************************************************/
void    DaConv(uint  DaDat)
```

```
{   uchar i = 0;
    DaCS = 1;nop2();
    DIN = 0;
    DaSCLK = 0;
    DaCS = 0;
    nop2();
    for(i = 0;i<12;i++)
    {   DaDat = _irol_(DaDat,1);
        if((DaDat&0x0400)!= 0)
            DIN = 1;
        else
            DIN = 0;
        DaSCLK = 1;nop2();DaSCLK = 0;          //DaSCLK 产生脉冲
    }
    DaCS = 1;DIN = 0;DaSCLK = 0;
}
```

2. 驱动程序的使用

该驱动程序中用到了 3 个标记符号：

DIN　　　与 TLC5615 的 DI 引脚相连的单片机引脚；

DASCLK　　与 TLC5615 的 CLK 引脚相连的单片机引脚；

DACS　　　与 TLC5615 的 $\overline{CS}$ 引脚相连的单片机引脚。

实际使用时，根据接线的情况定义好 DAIN、DACLK、ADCS 即可使用。

【例 10 - 5】　TLC5615 与单片机连接如图 10 - 13 所示，要求将经过处理的数据送到 D/A 进行转换。

程序如下：

```
sbit        DIN = P1^0;
sbit        DaSCLK =  P1^1;
sbit        DaCS = P1^2;              //根据硬件连线定义引脚
……                                   //这里加入 DAConv 函数统一编译即可
void main()
{   unsigned int    DaDate;           //待转换的数据
    ……
    DAConv(DaDate);
    ……
}
```

10.7 液晶显示器接口

液晶显示器由于体积小、质量轻、功耗低等优点，日渐成为各种便携式电子产品的理想显示器。从液晶显示器显示内容来分，可分为段型、字符型和点阵型 3 种。其中字符型液晶显示器以其价廉、显示内容丰富、美观、无须定制、使用方便等特点成为 LED 显示器的理想替代品。如图 10－14 所示是某 1602 型字符液晶的外形图。

图 10－14 某 1602 字符型液晶显示器外形图

10.7.1 字符型液晶显示器的基本知识

字符型液晶显示器专门用于显示数字、字母、图形符号并可显示少量自定义符号。这类显示器均把 LCD 控制器、点阵驱动器、字符存储器等做在一块板上，再与液晶屏一起组成一个显示模块，因此，这类显示器安装与使用都较简单。

这类液晶显示器的型号通常为×××1602、×××1604、×××2002、×××2004 等。其中×××为商标名称，16 代表液晶每行可显示 16 个字符，02 表示共有 2 行，即这种显示器可同时显示 32 个字符；20 表示液晶每行可显示 20 个字符，02 表示共可显示 2 行，即这种液晶显示器可同时显示 40 个字符，其余型号以此类推。

这一类液晶显示器通常有 16 根接口线，表 10－8 是这 16 根线的定义。

表 10－8 字符型液晶接口说明

编 号	符 号	引脚说明	编 号	符 号	引脚说明
1	VSS	电源地	9	D2	数据线 2
2	VDD	电源正	10	D3	数据线 3
3	VL	液晶显示偏压信号	11	D4	数据线 4
4	RS	数据/命令选择端	12	D5	数据线 5
5	R/W	读/写选择端	13	D6	数据线 6
6	E	使能信号	14	D7	数据线 7
7	D0	数据线 0	15	BLA	背光源正极
8	D1	数据线 1	16	BLK	背光源负极

如图 10－15 所示是字符型液晶显示器与单片机的接线图，这里用了 P0 口的 8 根线作为液晶显示器的数据线，用 P2.5、P2.6 、P2.7 作为 3 根控制线。与 VL 端相连的电位器的阻值为 10 kΩ，用来调节液晶显示器的对比度，5 V 电源通过一个电阻与 BLA 相连用以提供背光，该电阻可用 10 Ω、1/2 W。

242

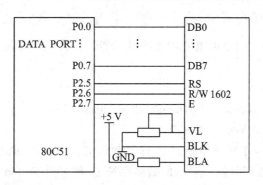

图 10 - 15　字符型液晶与单片机的接线图

10.7.2　字符型液晶显示器的使用

字符型液晶一般均采用 HD44780 及兼容芯片作为控制器,因此,其接口方式基本是标准的。为便于使用,编写了驱动程序软件包。

1. 字符型液晶显示器的驱动程序

这个驱动程序适用于 1602 型字符液晶显示器,提供如下命令。

(1) 初始化液晶显示器命令

void RstLcd()

功能:设置控制器的工作模式,在程序开始时调用。

参数:无。

(2) 清屏命令

void ClrLcd()

功能:清除屏幕显示的所有内容。

参数:无。

(3) 光标控制命令

void SetCur(uchar Para)

功能:控制光标是否显示及是否闪烁。

参数:1 个,用于设定显示器的开关、光标的开关及是否闪烁。

程序中预定义了 4 个符号常数,只要使用 4 个符号常数作为参数即可。这 4 个常数分别是 NoDisp、NoCur、CurNoFlash 和 CurFlash。

(4) 写字符命令

void WriteChar(uchar c,uchar xPos,uchar yPos)

功能:在指定位置(行和列)显示指定的字符。

参数:共有 3 个,即待显示字符、行值和列值,分别存放在字符 c 和 XPOS、YPOS 中。

例如:要求在第 1 行的第 1 列显示字符'a'。

```
WriteChar('a',0,0);
```

有了以上 4 条命令,已可以使用液晶显示器。但为使用方便,再提供一条写字符串命令。

(5) 字符串命令

void WriteString(uchar * s,uchar xPos,uchar yPos)

功能:在指定位置显示一串字符。

参数:共有 3 个,即字符串指针 s、行值和列值。字符串须以 0 结尾。如果字符串的长度超过了从该列开始可显示的最多字符数,则其后字符被截断,并不在下一行显示出来。

以下是完整的驱动源程序。

```
typedef    unsigned char uchar;
typedef    unsigned int  uint;
#define    NoDisp        0              //无显示
#define    NoCur         1              //有显示无光标
#define    CurNoFlash    2              //有光标但不闪烁
#define    CurFlash      3              //有光标且闪烁


/****************************************************************
函数功能:在指定的行与列显示指定的字符。
参    数:xpos:光标所在行,ypos:光标所在列,c:待显示字符
****************************************************************/
void WriteChar(uchar c,uchar xPos,uchar yPos)
{   LcdPos(xPos,yPos);
    LcdWd(c);
}
/****************************************************************
函数功能:在指定位置显示字符串
参    数:* s 指向待显示的字符串,xPos:光标所在行,yPos:光标所在列
说    明:如果指定的行显示不下,将余下字符截断,不换行显示
****************************************************************/
void WriteString(uchar * s,uchar xPos,uchar yPos)
{   uchar i;
    if( * s == 0)                       //遇到字符串结束
        return;
    for(i = 0;;i ++ )
    {   if( * (s + i) == 0)
            break;
        WriteChar( * (s + i),xPos,yPos);
        xPos ++ ;
        if(xPos> = 15)                  //如果 XPOS 中的值未到 15(可显示的最多位)
            break;
```

```
    }
}
/ *****************************************************************
函数功能:设置光标。
参　　数:Para 是光标类型,有 4 种预定义值可供使用
***************************************************************** /
void SetCur(uchar Para)      //设置光标
{   mDelay(2);
    switch(Para)
    {   case 0:
        {   LcdWc(0x08);break;      //关显示
        }
        case 1:
        {   LcdWc(0x0c);break;       //开显示但无光标
        }
        case 2:
        {   LcdWc(0x0e);     break;//开显示有光标但不闪烁
        }
        case 3:
        {   LcdWc(0x0f);     break;//开显示有光标且闪烁
        }
        default:break;
    }
}
/ *****************************************************************
函数功能:清屏。
***************************************************************** /
void ClrLcd()
{   LcdWc(0x01);
}
/ *****************************************************************
函数功能:正常读写操作之前检测 LCD 控制器状态
***************************************************************** /
void WaitIdle()
{   uchar tmp;
    RS = 0;RW = 1;E = 1;
    _nop_();
    for(;;)
    {   tmp = DPORT;
        tmp& = 0x80;
        if(    tmp = = 0)
```

```
            break;
        }
    E = 0;
}
/ ***********************************************************
函数功能:写字符
参　　数:c 是待写入的字符
*********************************************************** /
void LcdWd(uchar c)
{   WaitIdle();
    RS = 1;     RW = 0;
    DPORT = c;                //将待写数据送到数据端口
    E = 1;_nop_();      E = 0;
}
/ ***********************************************************
函数功能:送控制字子程序(检测忙信号)
参　　数:c 是控制字
*********************************************************** /
void LcdWc(uchar c)
{   WaitIdle();
    LcdWcn(c);
}
/ ***********************************************************
函数功能:送控制字子程序(不检测忙信号)
参　　数:c 是控制字
*********************************************************** /
void LcdWcn(uchar c)
{   RS = 0;RW = 0;
    DPORT = c;
    E = 1;_nop_();      E = 0;//Epin引脚产生脉冲
}
/ ***********************************************************
函数功能:设置第(xPos,yPos)个字符的地址
参　　数:xPos,yPos:光标所在位置
*********************************************************** /
void LcdPos(uchar xPos,uchar yPos)
{   unsigned char tmp;
    xPos& = 0x0f;          //X 位置范围是 0～15
    yPos& = 0x01;          //Y 位置范围是 0～1
    if(yPos == 0)          //显示第 1 行
        tmp = xPos;
```

```
        else
            tmp = xPos + 0x40;
        tmp| = 0x80;
        LcdWc(tmp);
}
/ ***********************************************************
函数功能:复位 LCD 控制器
 ***********************************************************/
void RstLcd()
{   mDelay(15);                    //使用 12 MHz 或以下晶振不必修改,12 MHz 以上晶振改为 30
    LcdWc(0x38);                   //显示模式设置
    LcdWc(0x08);                   //显示关闭
    LcdWc(0x01);                   //显示清屏
    LcdWc(0x06);                   //显示光标移动位置
    LcdWc(0x0c);                   //显示开及光标设置
}
/ ***********************************************************
函数功能:延时
参      数:j 是待延时的毫秒数
 ***********************************************************/
void mDelay(uchar j)
{   uint i = 0;
    for(;j>0;j--)
    {   for(i = 0;i<124;i++)
        {;}
    }
}
```

2. 液晶显示驱动程序的使用

只要在主函数中定义好 xPos 和 yPos 两个变量,定义一个字符数组或者字符型指针,然后调用此液晶显示函数,即可将数组中的字符在液晶显示器规定的位置显示出来。

```
void main()
{   uchar xPos,yPos;
    uchar * s = "Welcome..!";
    xPos = 0;yPos = 1;                 //确定 x 和 y 坐标
    RstLcd();                          //复位液晶显示控制器
    ClrLcd();                          //清屏
    SetCur(CurFlash);                  //开光标显示、闪烁
    WriteString(s,xPos,yPos);          //在指定位置显示字符串
    for(;;){;}
}
```

10.7.3 点阵型液晶显示器的基础知识

点阵式液晶显示屏又称之为 LCM,它既可以显示 ASCII 字符,又可以显示包括汉字在内的各种图形。目前,市场上的 LCM 产品非常多,从其接口特征来分可以分为通用型和智能型两种。智能型 LCM 一般内置汉字库,具有一套接口命令,使用方便。通用型 LCM 必须由用户自行编程来实现各种功能,使用较为复杂,但其成本较低。LCM 的功能特点主要取决于其控制芯片,目前常用的控制芯片有 T6963、HD61202、SED1520、SED13305、KS0107、ST7920、RA8803 等。

1. FM12864I 及其控制芯片 HD61202

如图 10 - 16 所示是 FM12864I 产品的外形图。

这款液晶显示模块使用的是 HD61202 控制芯片,内部结构示意图如图 10 - 17 所示。由于 HD61202 芯片只能控制 64×64 点,因此产品中使用了 2 块 HD61202,分别控制屏的左、右两个部分。也就是这块 128×64 的显示屏实际上可以看做是 2 块 64×64 显示屏的组合。除了这两块控制芯片外,图中显示还用到了一块 HD61203A 芯片,但该芯片仅供内部使用以提供列扫描信号,没有与外部的接口,使用者无需关心。

图 10 - 16 FM12864I 外形图

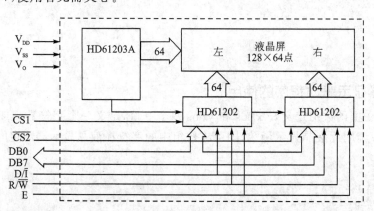

图 10 - 17 FM12864I 的内部结构示意图

这款液晶显示器共有 20 个引脚,其引脚排列如表 10 - 9 所列。

表 10 - 9　FM12864 接口

编　号	符　号	引脚说明	编　号	符　号	引脚说明
1	V_{SS}	电源地	15	CSA	片选 IC1
2	V_{DD}	电源正极（+5 V）	16	CSB	片选 IC2
3	V_0	LCD 偏压输入	17	RST	复位端（H:正常工作,L:复位）
4	RS	数据/命令选择端（H/L）	18	V_{EE}	LCD 驱动负压输出（-4.8 V）
5	R/W	读/写控制信号（H/L）	19	BLA	背光源正极
6	E	使能信号	20	BLK	背光源负极
7~14	DB0~DB7	数据输入口			

2. HD61202 及其兼容控制驱动器的特点

HD61202 及其兼容控制驱动器是一种带有列驱动输出的液晶显示控制器,它可与行驱动器 HD61203 配合使用组成液晶显示驱动控制系统。HD61202 芯片具有如下一些特点:

- 内藏 64×64 共 4 096 位显示 RAM,RAM 中每位数据对应 LCD 屏上一个点的亮暗状态。
- HD61202 是列驱动,具有 64 路列驱动输出。
- HD61202 读/写操作时序与 68 系列微处理器相符,因此它可直接与 68 系列微处理器接口相连,在与 80C51 系列微处理接口时要进行适当处理,或使用模拟口线的方式。
- HD61202 占空比为 1/32~1/64。

3. HD61202 及其兼容控制驱动器的指令系统

HD61202 的指令系统比较简单,共只有 7 种。

（1）显示开/关指令

R/W	D/I	DB7	DB6	DB5	DB4	DB3	DB2	DB1	DB0
0	0	0	0	1	1	1	1	1	1/0

注:表中前两列是此命令所对应的引脚电平状态,后 8 位是读/写字节。以下各指令表中的含义相同,不再重复说明。

该指令中,如果 DB0 为 1,则 LCD 显示 RAM 中的内容;如果 DB0 为 0,则关闭显示。

（2）显示起始行 ROW 设置指令

R/W	D/I	DB7	DB6	DB5	DB4	DB3	DB2	DB1	DB0
0	0	1	1	显示起始行 0~63					

该指令设置了对应液晶屏最上面的一行显示 RAM 的行号,有规律地改变显示起始行,可实现显示滚屏的效果。

（3）页 PAGE 设置指令

R/W	D/I	DB7	DB6	DB5	DB4	DB3	DB2	DB1	DB0
0	0	1	0	1	1	1	页号 0～7		

显示 RAM 可视为 64 行,分 8 页,每页 8 行对应一个字节的 8 位。

（4）列地址设置指令

R/W	D/I	DB7	DB6	DB5	DB4	DB3	DB2	DB1	DB0
0	0	0	1	显示列地址 0～63					

设置了页地址和列地址,就唯一地确定了显示 RAM 中的一个单元。这样 MCU 就可以用读指令读出该单元中的内容,用写指令向该单元写进一个字节数据。

（5）读状态指令

R/W	D/I	DB7	DB6	DB5	DB4	DB3	DB2	DB1	DB0
1	0	BUSY	0	ON/OFF	REST	0	0	0	0

该指令用来查询 HD61202 的状态,执行该条指令后,得到一个返回的数据值,根据数据各位来判断 HD61202 芯片当前的工作状态。各参数含义如下:

BUSY：　　1:内部在工作,　　　0:正常状态;

ON/OFF：　1:显示关闭,　　　　0:显示打开;

REST：　　 1:复位状态,　　　　0:正常状态。

如果芯片当前正处在在 BUSY 和 REST 状态,除读状态指令外其他指令均无操作效果。因此,在对 HD61202 操作之前要查询 BUSY 状态,以确定是否可以对其进行操作。

（6）写数据指令

R/W	D/I	DB7	DB6	DB5	DB4	DB3	DB2	DB1	DB0
0	1	写数据指令							

该指令用以将显示数据写入 HD61202 芯片中的 RAM 区中。

（7）读数据指令

R/W	D/I	DB7	DB6	DB5	DB4	DB3	DB2	DB1	DB0
1	1	读数据指令							

该指令用以读出 HD61202 芯片 RAM 中指定单元的数据。

读/写数据指令每执行完一次,读/写操作列地址就自动增 1。必须注意的是进行读操作之前,必须要有一次空读操作,紧接着再读,才会读出所要读的单元中的数据。

10.7.4　字模的产生

图形液晶显示器的重要用途之一是显示汉字，编程的重要工作之一是获得待显示汉字的字模。目前网络上可以找到各种各样的字模软件，为用好这些字模软件，有必要学习字模的一些基本知识，才能理解字模软件中一些参数设置的方法，以获得正确的结果。

1. 字模生成软件

如图 10 - 18 所示是某字模生成软件，其中用黑框圈起来的是其输出格式及取模方式设定部分。

图 10 - 18　某字模提取软件取模方式的设置

使用该软件生成字模时，按需要设定好各种参数，单击"参数确认"按钮，界面下方的"输入字串"按钮变为可用状态，在该按钮前的文本输入框中输入需要转换的汉字，单击"输入字串"按钮，即可按所设定的输出格式及取模方式来获得字模数据。如图 10 - 19 所示即按所设置方式生成"电子技术"这 4 个字的字模表。

从图 10 - 18 中可以看到该软件有 4 种取模方式，实用时究竟应选择何种取模方式，取决于 LCM 点阵屏与驱动电路之间的连接方法，以下就来介绍一下这 4 种取模方式的具体含义。

单片机 C 语言轻松入门(第 3 版)

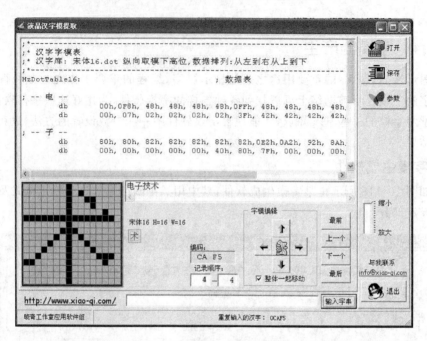

图 10 - 19 按所设定方式生成字模表

252

2. 8×8 点阵字模的生成

为简单起见,先以 8×8 点阵为例来说明几种取模方式。如图 10 - 20 所示的"中"字,有 4 种取模方式,可分别参考图 10 - 21～图 10 - 24。

如果将图中有颜色的方块视为 1,空白区域视为 0,则按图 10 - 21～图 10～24 这 4 种不同方式取模时,字模分别如下。

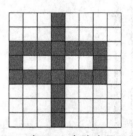

图 10 - 20 在 8×8 点阵中显示"中"字

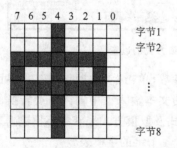

图 10 - 21 横向取模左高位

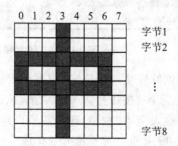

图 10 - 22 横向取模右高位

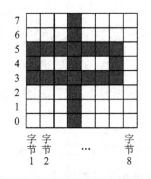

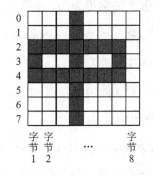

图 10-23　纵向取模上高位　　　　图 10-24　纵向取模下高位

（1）横向取模左高位

横向取模左高位字形与字模对照关系如表 10-10 所列。

表 10-10　字形与字模的对照关系表（横向取模左高位）

位 字节	7	6	5	4	3	2	1	0	
字节 1	0	0	0	1	0	0	0	0	10H
字节 2	0	0	0	1	0	0	0	0	10H
字节 3	1	1	1	1	1	1	1	0	0FEH
字节 4	1	0	0	1	0	0	1	0	92H
字节 5	1	1	1	1	1	1	1	0	0FEH
字节 6	0	0	0	1	0	0	0	0	10H
字节 7	0	0	0	1	0	0	0	0	10H
字节 8	0	0	0	1	0	0	0	0	10H

即在该种方式下字模表为：

```
ZMDB:10H,10H,0FEH,92H,0FEH,10H,10H,10H
```

（2）横向取模右高位

这种取模方式与表 10-10 类似，区别仅在于表格的第 1 行，即位排列方式不同，如表 10-11 所列。

表 10-11　字形与字模的对照关系表（横向取模右高位）

位 字节	0	1	2	3	4	5	6	7	
字节 1	0	0	0	1	0	0	0	0	08H
⋮	⋮	⋮	⋮	⋮	⋮	⋮	⋮	⋮	⋮
字节 8	0	0	0	1	0	0	0	0	08H

在该种方式下字模表为：

ZMDB:08H,08H,7FH,49H,7FH,08H,08H,08H

（3）纵向取模下高位

ZMDB:1CH,14H,14H,0FFH,14H,14H,1CH,00H

（4）纵向取模上高位

ZM　DB:38H,28H,28H,0FFH,28H,28H,38H,00H

究竟应该采取哪一种取模方式，取决于硬件电路的连接方式。

如图 10 - 25 所示是 HD61202 内部 RAM 结构示意图，从图中可以看出每片 HD61202 可以控制 64×64 点，每 8 行称为 1 页。为方便 MCU 控制，一页内任意一列的 8 个点对应 1 字节的 8 个位，并且是高位在下。由此可知，如果要进行取字模的操作，应该选择"纵向取模下高位"的方式。

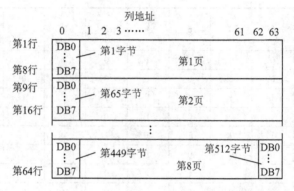

图 10 - 25　HD61202 内部 RAM 结构示意图

字模数据取决于 RAM 结构，而数据排列方式则与编程方法有关。下面就来介绍 16 点阵字模产生的方法。

3. 16 点阵字模的产生

通常用 8×8 点阵来显示汉字太过粗糙，为显示一个完整的汉字，至少需要 16× 16 点阵的显示器。这样，每个汉字就需要 32 字节的字模，这时就需要考虑字模数据的排列顺序。如图 10 - 18 所示软件中有两种数据排列顺序，如图 10 - 26 所示。

要解释这两种数据排列顺序，就要了解 16 点阵字库的构成。如图 10 - 27 所示，是"电"字的 16 点阵字形。

这个 16×16 点阵的字形可以分为 4 个 8×8 点阵，如图 10 - 28 所示。

图 10-27　"电"字的
16 点阵字形

图 10-28　将 16×16 点阵
分成 4 个 8×8 点阵

数据排列顺序
从左到右从上到下
从左到右从上到下
从上到下从左到右

图 10-26　数据排列方式

对于这 4 个 8×8 点阵的每一部分的取模方式由上述的 4 种方式确定,每个部分有 8 字节的数据。各部分数据的组合方式有两种,第 1 种是"从左到右,从上到下",字模数据应该按照

的顺序排列,即先取第 1 部分的字模数据共 8 字节,然后取第 2 部分的 8 字节放在第 1 部分的 8 字节之后。剩余的 2 部分依此类推,这种方式不难理解。

第 2 种数据排列顺序是"从上到下,从左到右",字模数据按照

的顺序排列,但其排列方式并非先取第 1 部分 8 字节,然后将第 2 部的 8 字节加在第 1 部分的 8 字节之后。而是第 1 部分的第 1 字节后是第 2 部分的第 1 字节;然后是第 1 部分的第 2 字节;后面接着的是第 2 部分的第 2 字节,依此类推。如果按此种方式取模,则部分字模如下:

```
0x00, 0x00,0xF8, 0x07, 0x48, 0x02, 0x48, 0x02
……
```

读者可以对照字形来看,其中第 1 和第 2 字节均为 00H,从图 10-28 中可以看到这正是该字形左侧的上下两个部分的第 1 字节。而 0F8H 和 07H 则分别是左侧上下两个部分的第 2 字节,余者依此类推。

这两种方法获得的字模并无区别,究竟采用哪种方式,取决于编程者的编程思路。

目前在网上可以找到的字模软件非常多,参数设置包括参数名称等也各不相同,但理解了上述原则就不难进行相关参数的设定了。

10.7.5　点阵型液晶显示器的使用

在了解了控制芯片内部的结构以后,就能编写驱动程序了。只要将数据填充入相应的 RAM 位置,即可在显示屏上显示出相应的点。

255

1. 点阵型液晶显示器的驱动程序

这个驱动程序提供了如下命令。

(1) 初始化液晶显示器命令

LcmReset()

功能:设置控制器的工作模式,在程序开始时调用。

参数:无。

(2) 显示汉字字符串命令

PutString(uchar,uchar xPos,uchar yPos,bit attr)

功能:在指定位置显示汉字字符串。

参数:* pStr 指向字符串首地址,xPos 和 yPos 是起点坐标,attr 是否反色

(3) 显示 ASCII 字符

AscDisp(uchar AscNum,uchar xPos,uchar yPos,bit attr)

功能:在指定位置显示 1 个 ASCII 字符。

参数:HzNum 汉字字形表中位置,xPos 和 yPos 分别是 x 方向和 y 方向坐标,attr 是可否在字符底部加一条线,形成光标效果。

(4) 用指定数据填充屏幕

LcmFill(uchar FillDat)

功能:用指定数据填充屏幕,可以实现清屏功能。

参数:FillDat 填充数据。

(5) 在指定位置显示汉字

ChsDisp16(uchar HzNum,uchar xPos,uchar yPos,bit attr)

功能:在指定位置显示 1 个汉字。

参数:HzNum 汉字字形表中位置,xPos、yPos 显示起点的 x 和 y 坐标,attr 显示属性。

以下为驱动程序。

```
/ *********************************************************
函数功能:判断第一块控制芯片是否可以写入
返    回:可以写入时退出本函数,否则无限循环
    ********************************************************/
void WaitIdleL()                        //判断当前是否能够写入指令
    {   uchar cTmp;
        Port = 0xff;
        sPin = 0;RwPin = 1;CsLPin = 1;
    EPin = 1;nop4;
        for(;;)
        {   cTmp = DPort;
```

```
                nop4;
                if((cTmp&0x80) == 0)         //如果 DPort.7 = 1,循环
                    break;
            }
            nop4;EPin = 0;CsLPin = 0;
}
/ ***********************************************************
函数功能:判断第 2 块控制芯片是否可以写入
  ***********************************************************/
void WaitIdleR()                          //判断当前是否能够写入指令
{   uchar cTmp;
    DPort = 0xff;
    RsPin = 0;RwPin = 1;CsRPin = 1;
    EPin = 1;nop4;
    for(;;)
    {   cTmp = DPort;
        nop4;
        if((cTmp&0x80) == 0)             //如果 DPort.7 = 1,循环
        break;
    }
    nop4;EPin = 0;CsRPin = 0;
}
/ ***********************************************************
函数功能:将控制字写入第 1 块控制芯片
参     数:待写入的控制字
  ***********************************************************/
void LcmWcL(uchar Dat)                    //Lcm 左写命令
{   WaitIdleL();                          //等待上一命令完成结束
    DPort = Dat;                          //送出命令
    RsPin = 0;RwPin = 0;CsLPin = 1;       //RS = 0,RW = 0,CSL = 1
    EPin = 1;nop4;EPin = 0;
    CsLPin = 0;
}
/ ***********************************************************
函数功能:将控制字写入第 2 块控制芯片
参     数:待写入的控制字
  ***********************************************************/
void LcmWcR(uchar Dat)                    //Lcm 右写命令
{   WaitIdleR();                          //等待上一命令完成结束
    DPort = Dat;                          //送出命令
    RsPin = 0;RwPin = 0;CsRPin = 1;       //RS = 0,RW = 0,CSR = 1
```

```
    EPin = 1;nop4;      EPin = 0;
    CsRPin = 0;
}
/ *********************************************************
函数功能:将数据写入第 1 块控制芯片
参    数:待写入的数据
 *********************************************************/
void LcmWdL(uchar Dat)                      //Lcm 左写数据
{   WaitIdleL();                            //等待上一命令完成结束
    DPort = Dat;                            //送出数据
    RsPin = 1;RwPin = 0;CsLPin = 1;         //RS = 1,RW = 0,CSL = 1
    EPin = 1;nop4;EPin = 0;
    CsLPin = 0;
}

/ *********************************************************
函数功能:将数据写入第 2 块控制芯片
参    数:待写入的数据
 *********************************************************/
void LcmWdR(uchar Dat)                      //Lcm 右写数据
{   WaitIdleR();                            //等待上一命令完成结束
    DPort = Dat;                            //送出数据
    RsPin = 1;RwPin = 0;CsRPin = 1;         //RS = 1,RW = 0,CSR = 1
    EPin = 1;nop4;EPin = 0;                 //形成脉冲
    CsRPin = 0;
}

/ *********************************************************
函数功能:将数据写入指定位置
参    数:待写入的数据,x 坐标,y 坐标
备    注:根据 xpos 的值自动判断对 2 块 HD61202 中的哪一块芯片操作
 *********************************************************/
void LcmWd(uchar Dat,uchar xPos,yPos)
{   uchar xTmp,yTmp;
    xTmp = xPos;xTmp& = 0x3f;xTmp| = 0x40;
    yTmp = yPos;yTmp& = 0x07;yTmp + = 0xb8;
    if(xPos<64)
    {   LcmWcL(yTmp);                        //设页码
        LcmWcL(xTmp);                        //设列码
    }
    else
    {   LcmWcR(yTmp);
        LcmWcR(xTmp);
```

```
    }
    if(xPos<64)              //xPos 小于 64 则对 CSL 操作
        LcmWdL(Dat);
    else
        LcmWdR(Dat);
}
/* **************************************************************
函数功能:用指定数据填充屏幕数据
参      数:FillDat 填充数据
************************************************************** */
void LcmFill(uchar FillDat)
{   uchar xPos = 0;
    uchar yPos = 0;
    for(;;)
    {   LcmWd(FillDat,xPos,yPos);
        yPos& = 0x07;
        xPos ++ ;
        if(xPos> = 128)
        {   yPos ++ ;
            xPos = 0;
        }
        if(yPos> = 0x8)
        {   yPos = 0;
            break;
        }
    }
}
/* **************************************************************
函数功能:在指定位置显示 1 个 ASCII 字符
参      数:HzNum   汉字字形表中位置
            xPos  显示起点的 x 坐标,可用值为 0~(127-8)
            yPos  显示起点的 y 坐标,可用值为 0~6
            attr  为 1 时在最低行显示一条线,用以形成光标的效果
************************************************************** */
void AscDisp(uchar AscNum,uchar xPos,uchar yPos,bit attr)
{   uchar i,hTmp,lTmp;
    for(i = 0;i<8;i ++ )
    {   hTmp = ascTab[AscNum][i * 2];
        lTmp = ascTab[AscNum][i * 2 + 1];
        if(attr)    //反色显示
        {   lTmp| = 0xc0;
```

```
        }
            LcmWd(hTmp,xPos + i,yPos);
            LcmWd(lTmp,xPos + i,yPos + 1);
    }
}
/ **********************************************************
函数功能:在指定位置显示 1 个汉字
参    数:HzNum  汉字字形表中位置
          xPos  显示起点的 x 坐标,可用值为 0～(127 - 16)
          yPos  显示起点的 y 坐标,可用值为 0～6
          attr  属性,1 时反色显示
备    注:一个汉字将占用 2 行 y 坐标,即第 0 行显示汉字后须在第 2 行显示,否则将吃掉上
          一行的汉字
取模规则:纵向取模下高位
数据格式:从上到下,从左到右
 **********************************************************/
void ChsDisp16(uchar HzNum,uchar xPos,uchar yPos,bit attr)
{   uchar i,hTmp,lTmp;
    for(i = 0;i<16;i ++ )
    {   hTmp = DotTbl16[HzNum][i * 2];
        lTmp = DotTbl16[HzNum][i * 2 + 1];
        if(attr)              //反色显示
        {   hTmp = ～hTmp;
            lTmp = ～lTmp;
        }
        LcmWd(hTmp,xPos + i,yPos);
        LcmWd(lTmp,xPos + i,yPos + 1);
    }
}
/ **********************************************************
函数功能:显示汉字字符串
参    数: * pStr 指向字符串首地址,xPos 和 yPos 是起点坐标,attr 是否反色
 **********************************************************/
void PutString(uchar,uchar xPos,uchar yPos,bit attr)
{   uchar cTmp;
    uchar i = 0;
    for(;;)
    {   cTmp = * (pStr + i);     //取字符表中的字符数据
        if(cTmp == 0xff)
            break;
        if(cTmp<128)            //显示汉字
```

```
                ChsDisp16(cTmp,xPos + i * 16,yPos,attr);          i ++ ;
        }
}
/ ****************************************************************
函数功能:复位液晶控制芯片
   *************************************************************/
void LcmReset()
{   LcmWcL(0x3f);      //开左 LCM 显示
    LcmWcR(0x3f);      //开右 LCM 显示
    LcmWcL(0xc0);      //设定显示起始行
    LcmWcR(0xc0);      //设定显示起始行
}
```

2. 驱动程序的使用

定义好单片机与液晶显示器的连接引脚,将此驱动程序加入一起编译,在 main
函数中调用相关的函数,即可显示汉字、字符等。

```
    sbit     RsPin     =     P2^1;
    sbit     RwPin     =     P2^0;
    sbit     Epin      =     P2^2;
    sbit     CsLPin    =     P3^5;
    sbit     CsRPin    =     P3^4;
    #define   Dport           P0
//以上定义引脚
unsigned char hzString[] = {0,1,2,3};
void main()
{   LcmReset();                        //复位控制器
    LcmFill(0);                        //清屏
    AscDisp(0,0,1,0);                  //在坐标 0,0 处显示字符表中的第 1 个字符
    ChsDisp16(0,2,2,0);                //在坐标 0,2 处显示汉字表中的第 2 个字符
    PutString(hzString,0,4,0);         //在坐标 0,4 处显示字符串
    for(;;)
    {;}
}
```

更详细的例子将在第 11 章中说明。

第 **11** 章

应用设计实例

本章利用第 2 章中介绍的实验电路设计若干个简单但比较全面的程序,读者可以利用它们来做一些比较完整的"产品",以便对使用 C 语言进行系统开发有一个比较完整的了解。

11.1 秒 表

这个例子的用途是做一个 0~59 s 不断运行的秒表。要求每 1 s 时间到,数码管显示的秒数加 1;加到 59 s 时,再过 1 s,又回到 0;从 0 开始加。实验电路板相关部分的电路如图 11-1 所示。

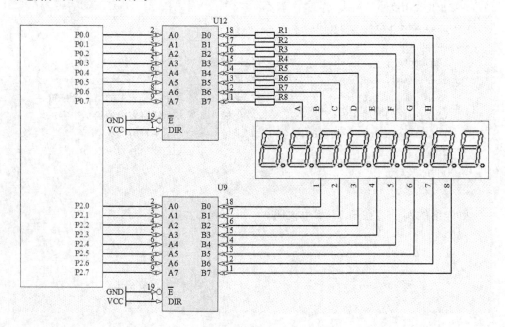

图 11-1 秒表电路

为实现这样的功能,程序中要有这样的几个部分。

① 秒信号的产生。这可以利用定时器来做,但直接用定时器做不行,因为定时器没有那么长的定时时间,所以要稍加变化。

② 计数器。用一个 static(静态)型变量,每 1 s 时间到,该变量加 1,加到 60 就回到 0,这个功能用 if 语句不难实现。

③ 把计数器的值变成十进制并显示出来。由于这里的计数值最大只到 59,也就是一个两位数,所以只要把这个数值除以 10,得到的商和余数就分别是十位和个位了。比如:37(25H)除以 10,商是 3,而余数是 7。分别把这两个值送到显示缓冲区的高位和低位,然后再调用显示程序,就会在数码管上显示 37,这就是所需要的结果。此外,在程序编写时还要考虑到首位 0 消隐的问题,即十位上如果是 0,那么这个 0 不应该显示。为此,在进行了十进制转换后,对首位进行判断,如果是 0,就送一个消隐码到显示缓冲区;否则将首位数据送显示缓冲区。显示程序使用定时中断实现,主程序只要将待显示的值送往显示缓冲区即可。

【例 11 - 1】　用实验板制作秒表,且具有高位 0 消隐功能。

```c
#include      <reg51.h>
typedef unsigned char uchar;
typedef unsigned int uint;

#define Hidden 0x10;              //消隐字符在字形码表中的位置
uchar code BitTab[] = {0x01,0x02,0x04,0x08,0x10,0x20,0x40,0x80};
uchar code DispTab[] = {0xC0,0xF9,0xA4,0xB0,0x99,0x92,0x82,0xF8,0x80,0x90,0x88,
0x83,0xC6,0xA1,0x86,0x8E,0xFF};
uchar DispBuf[8];                 //8 字节的显示缓冲区
bit    Sec;                       //1 s 到的标记
uchar SecValue;                   //秒计数值

uchar code TH0Val = 63266/256;
uchar code TL0Val = 63266 % 256;  //当晶振为 11.0592 MHz 时,定时 2.5 ms 的定时器初值
//经过精确调整,在值为 63266 时,定时时间为 1.00043362 s
void Timer0() interrupt 1
{   uchar tmp;
    static uchar dCount;          //用于确定当前正在显示哪一位数码管
    static uint Count;            //秒计数器
    const uint CountNum = 400;    //预置值
    TH0 = TH0Val;TL0 = TL0Val;    //重置定时初值
    tmp = BitTab[dCount];         //根据当前的计数值取位值
    P2 = 0;
    P2 = P2|tmp;                  //P2 与取出的位值相"与",将某位置 1
    tmp = DispBuf[dCount];        //根据当前的计数值取显示缓冲待显示值
```

```
        tmp = DispTab[tmp];                        //取字形码
        P0 = tmp;                                  //送出字形码
        dCount ++ ;                                //计数值加 1
        if(dCount == 8)                            //如果计数值等于 8,则让其回 0
            dCount = 0;
    //以下是秒计数的程序行
        Count ++ ;                                 //计数器加 1
        if(Count > = CountNum)                     //到达预计数值
        {   Count = 0;                             //清零
            Sec = 1;                               //置位 1 s 到标志
            SecValue ++ ;                          //秒值加 1
            if(SecValue > = 60)
                SecValue = 0;                      //秒从 0 计到 59
        }
    }


void Init()                                        //初始化程序
{   TMOD = 0x01;
    TH0 = TH0Val;TL0 = TL0Val;
    ET0 = 1;EA = 1;TR0 = 1;                         //开 T0 中断、总中断、T0 开始运行
}
void main()
{   uchar i;
    Init();                                        //初始化
    for(i = 0;i < = 6;i ++ )
        DispBuf[i] = Hidden;                       //显示器前 6 位消隐
    DispBuf[6] = SecValue/10;
    DispBuf[7] = SecValue % 10;
    for(;;)
    {   if(Sec)                                    //1 s 时间到
        {   DispBuf[6] = SecValue/10;
            DispBuf[7] = SecValue % 10;
            if(DispBuf[6] == 0)
                DispBuf[6] = Hidden;               //高位 0 消隐
            Sec = 0;                               //清除 1 s 到的标志
        }
    }
}
```

程序实现:这段程序既可以用硬件来实现,也可以用 dpj 实验仿真板来演示。

注:本书配套资料中\exam\ch11\sec1 文件夹中的 sec1.avi 记录了用 dpj 实验仿真板的演示过程。

程序分析：

① 消隐的实现。消隐即数码管的任一段都不被点亮，只要将数 0xff 送往 P0 口，即可实现消隐。为使程序更有通用性，将这个消隐码放在字形码表的最后一位，即从 0 位算起的第 16 位，因此，只要将数据 16 送入显示缓冲区的某一位，即可实现该位的消隐。

② 在程序的开始部分，使用 ♯define 预处理指令定义了一些符号变量和符号常量，便于理解程序，如用 HIDDEN 代替 0x10（即十进制 16）。

③ 秒信号的形成：由于单片机外接晶振的频率是 11.059 2 MHz，即使定时器工作于方式 1（16 位的定时/计数模式），最长定时时间也只有 71 ms 左右，不能直接利用定时器来实现秒定时。为此这里利用软件计数器的概念，设置一个 int 型计数器（Count）并置初值为 0，定时器 T0 的定时时间设定为 2.5 ms，每次定时时间一到，Count 单元中的值就加 1。这样，当 Count 加到 400 时，说明已有 400 次间隔为 2.5 ms 的中断产生，也就是 1 s 时间到了。这里在程序中没有直接写：

```
if(Count> = 400)
```

而是这么写：

```
if(Count> = CountNum)              //到达预计数值
```

其中的 CountNum 是一个预置值：

```
const uint CountNum = 400;
```

如果需要改变计时值，只要将该行的 400 改成需要的数值就可以了。

在 1 s 时间到后，置位 1 s 时间到的标记（SEC）后返回。主程序是一个无限循环程序，不断判断（SEC）标志是否为 1。如果为 1，说明 1 s 时间已到，首先把 SEC 标志清 0，避免下次错误判断；然后把计数器 Count 的值分离成十位和个位，分别送入显示缓冲区即可显示出秒值来。

11.2　可预置倒计时钟

本节的例子是例 11-1 的扩展，实现用键盘设置最大定时值为 59 s 的倒计时钟。其功能是：从一个设置值开始倒计时到 0，然后回到这个设置继续倒计时，再从这个设置值开始倒计到 0，如此循环不已。设置值可以用键盘来设定，最长为 59 s。各个键的功能如下：

K1：开始运行；

K2：停止运行；

K3：高位加 1，按一次，数码管的十位加 1，从 0～5 循环变化；

K4：低位加 1，按一次，数码管的个位加 1，从 0～9 循环变化。

实验电路板相关部分的电路如图 11-2 所示，从图中可以看出，这里用了实验板的 8 位 LED 数码管及驱动电路、4 位按键电路。

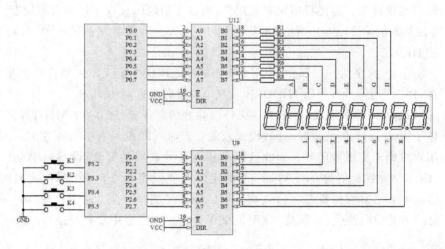

图 11-2　可预置倒计时钟原理图

如图 11-3 所示是有可预置倒计时钟的程序流程图。从图中可以看到，主程序首先调用键盘程序，判断是否有键按下，如果有键按下，转去键值处理；否则将秒计数值转化为十进制，并分别送显示缓冲区的高位和低位，然后调用显示程序。

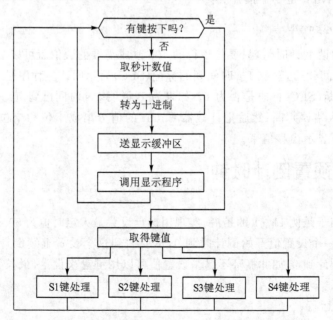

图 11-3　可预置的倒计时钟主程序流程

【**例 11-2**】　有设置功能的倒计时钟程序。

```
# include        <reg51.h>
typedef unsigned char uchar;
typedef unsigned int uint;

# define Hidden 0x10;              //消隐字符在字形码表中的位置
uchar code BitTab[] = {0x01,0x02,0x04,0x08,0x10,0x20,0x40,0x80};
uchar code DispTab[] = {0xC0,0xF9,0xA4,0xB0,0x99,0x92,0x82,0xF8,0x80,0x90,0x88,
0x83,0xC6,0xA1,0x86,0x8E,0xFF};
uchar DispBuf[8];                  //8 字节的显示缓冲区
bit    Sec;                        //1 s 到的标记
uchar SecVal;                      //秒计数值
bit    KeyOk;
bit    StartRun;
uchar    SetSecVal;                //秒的预置值

uchar code TH0Val = 63266/256;
uchar code TL0Val = 63266 % 256;   //当晶振为 11.059 2 MHz 时,定时 2.5 ms 的定时器初值

void Timer0() interrupt 1
{   uchar tmp;
    static uchar dCount;           //显示程序通过该变量获知当前显示的数码管
    static uint Count;             //秒计数器
    const uint CountNum = 400;     //预置值
    TH0 = TH0Val;TL0 = TL0Val;
    tmp = BitTab[dCount];          //根据当前的计数值取位值
    P2 = 0;
    P2 = P2|tmp;                   //P2 与取出的位值相"或",将某位置 1
    tmp = DispBuf[dCount];         //根据当前的计数值取显示缓冲待显示值
    tmp = DispTab[tmp];            //取字形码
    P0 = tmp;                      //送出字形码
    dCount ++ ;                    //计数值加 1
    if(dCount == 8)                //如果计数值等于 6,则让其回 0
        dCount = 0;
//以下是秒计数的程序行
    Count ++ ;                     //计数器加 1
    if(Count> = CountNum)          //到达预计数值
    {   Count = 0;                 //清零
        if(StartRun)               //要求运行
        {   if((SecVal -- ) == 0)
                SecVal = SetSecVal;   //减到 0 后重置初值
        }
```

```
        }
    }
    void mDelay(unsigned int Delay)
    {   unsigned     int     i;
        for(;Delay>0;Delay -- )
        {   for(i = 0;i<124;i ++ )
            {;}
        }
    }
    void KeyProc(uchar KValue)                      //键值处理
    {   if((KValue&0x04) == 0)                      //Start
            StartRun = 1；
        if((KValue&0x08) == 0)                      //Stop
            StartRun = 0；
        if((KValue&0x10) == 0)
        {   StartRun = 0；                           //停止运行
            DispBuf[6] ++ ；
            if(DispBuf[6]> = 6)                     //次高位由 0 加到 5
                DispBuf[6] = 0；
            SetSecVal = DispBuf[6] * 10 + DispBuf[7]；    //计算出设置值
            SecVal = SetSecVal；
        }
        if((KValue&0x20) == 0)
        {   StartRun = 0；                           //停止运行
            DispBuf[7] ++ ；
            if(DispBuf[7]> = 10)                    //末位由 0 加到 9
                DispBuf[7] = 0；
            SetSecVal = DispBuf[6] * 10 + DispBuf[7]；    //计算出设置值
            SecVal = SetSecVal；
        }
    }
    uchar Key()
    {   uchar KValue；
        uchar tmp；
        P3| = 0x3c；                                 //将 P3 口的接键盘的中间 4 位置 1
        KValue = P3；
        KValue| = 0xc3；                             //将未接键的 4 位置 1
        if(KValue == 0xff)                          //中间 4 位均为 1,无键按下
            return(0)；                              //返回
        mDelay(10)；                                 //延时 10 ms,去键抖
        KValue = P3；
```

```
        KValue| = 0xc3;                      //将未接键的 4 位置 1
        if(KValue == 0xff)                   //中间 4 位均为 1,无键按下
            return(0);                       //返回
        for(;;)
        {   tmp = P3;
            if((tmp|0xc3) == 0xff)
                break;                       //等待按键释放
        }
        return(KValue);
    }
    void Init()
    {   ......                               //参考例 11 - 1
    }
    void main()
    {   uchar KeyVal;
        uchar i;
        Init();                              //初始化
        for(i = 0;i< = 6;i + + )
            DispBuf[i] = Hidden;             //显示器前 6 位消隐
        DispBuf[6] = SecVal/10;DispBuf[7] = SecVal % 10;
        for(;;)
        {   KeyVal = Key();
            if(KeyVal)
                KeyProc(KeyVal);
            DispBuf[6] = SecVal/10;
            DispBuf[7] = SecVal % 10;
        }
    }
```

程序实现:这个程序可以用硬件电路完成,也可以使用 Dpj 实验仿真板实现。

注:本书配套资料\exam\ch11\sec2 文件夹中的 sec2.avi 记录了使用 dpj 实验仿真板的演示过程。

程序分析:与例 11 - 1 的程序相比,这个程序增加了键盘功能,对键盘处理过程分析如下。

① K1 键的功能是开始运行。在这个按键按下之前,所有的部分几乎都已经开始工作,包括秒发生器也在运行;但在这个键还没有按下时,每 1 s 到后不执行秒值减 1 这项工作。因此,只要设置一个标志位,每 1 s 到后检测该位。如果该位是 1,就执行减 1 的工作;如果该位是 0,就不执行减 1 的工作。这样,按下"开始"键所进行的操作就是把这一标志位置 1。

② K2 键的功能是停止,从上面的分析可知,只要在按下这个键之后把这一标志

位清 0 就行了。

③ K3 键的功能是十位加 1,并使十位在 0~5 之间循环,每按一次该键就把代表十位的那个显示缓冲区中的值加 1;然后判断是否是 6,如果是 6,就把它变为 0。

④ K4 键的功能是个位加 1,直接把显示缓冲区的个位数加 1,然后判断这个值是否大于或等于 10,如果大于或等于 10,就让这个值减去 10。

每次设置完毕把十位的显示缓冲区的数取出,乘以 10,再加上个位的显示缓冲区的值,结果就是预置值。

程序的其他部分请自行分析。

11.3　AT24C01A 的综合应用

本节例子用于演示对 AT24C01A 芯片的读/写操作。例中包含了一个串口通信程序,把 PC 作为一个远程终端来使用。该例子可实现单片机从串行口接收命令,对实验板上的 AT24CXX 芯片进行读/写操作。

11.3.1　功能描述

本程序一共提供了 2 条命令,每条命令由 3 字节组成。在第 1 条命令中,第 1 字节是 0,表示向 EEPROM 中写入数据;第 2 字节表示要写入的地址;第 3 字节表示要写入的数据。在第 2 条命令中,第 1 个字节是 1,表示读 EEPROM 中的数据;第 2 字节表示要读出的单元地址;第 3 字节无意义,可以取任意值,但一定要有这么一个字节,否则命令不完整,不会被执行。如命令:

　　0　　10　　22

表示将 22 写入 10 单元中。而命令:

　　1　　12　　1

表示将 12 单元中的数据读出并送回主机,最后一个数可以是任意值。

至于命令中的数究竟是什么数制,由 PC 端软件负责解释,写入或读出的数据会同时以十六进制的形式显示在数码管上。

11.3.2　实例分析

与实验电路板相关部分的电路如图 11 - 4 所示。从图中可以看出,这里使用了实验板的 8 位 LED 数码管及驱动电路、串行接口电路和 AT24C01A 的接口电路。

串行口使用中断方式编程,如图 11 - 5 所示是串口中断服务程序的流程图。从图中可以看出,单片机每收到 1 个数据就把它依次送到缓冲区中。如果收到 3 字节,则恢复存数的指针(计数器清零),同时置位一个标志(REC),该标志将通知主程序,并进行相应的处理。

将不同的数送入缓冲器相应地址的方法是使用缓冲器指针,这实际上是一个名

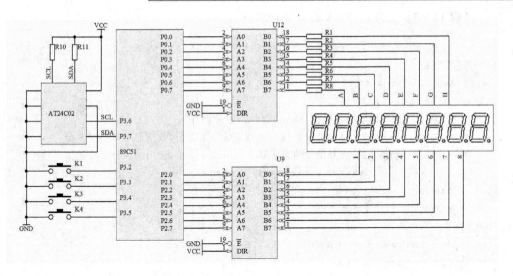

图 11-4 AT24C01A 的综合应用实验

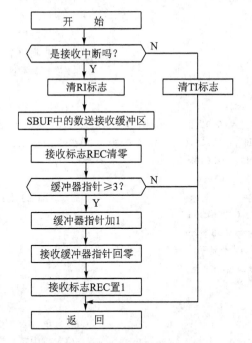

图 11-5 串口中断服务程序流程图

为 Count 的计数器，该计数器在 0～2 之间反复循环。在串行中断中，如果判断是接收中断，就将 SBUF 中的数据送到 RecBuf[Count]中，然后将计数器 Count 的值加 1。如果结果大于或等于 3，就让 Count 回到 0。

【例 11 - 3】　AT24C01A 综合应用程序。

```
/****************************************************
功能描述：
PC 端发送 3 个数据 n0,n1,n2
n0 = 0 写,将 n1 写入 n2 地址中
n0 = 1 读,读出 n1 地址中的数据,n2 不起作用,但必须有
        收到一个字节后,将其地址值显示在数码管第 1、2 位,数值显示在第 7、8 位;
        读出一个字节后,将其地址值显示在数码管第 1、2 位,读出的值显示在第 7、8 位
****************************************************/
#include      <reg52.h>
#include      <intrins.h>


typedef unsigned char uchar;
typedef unsigned int uint;
#define Slaw       0x0a;                        //写命令字
#define Slar       0xa1;                        //读命令字
sbit     Scl = P3^6;                            //串行时钟
sbit     Sda = P3^7;                            //串行数据
bit      Rec;                                   //接收到数据的标志
uchar    RecBuf[3];                             //接收缓冲区

#define Hidden 0x10;                            //消隐字符在字形码表中的位置
uchar code BitTab[] = {0x01,0x02,0x04,0x08,0x10,0x20,0x40,0x80};
uchar code DispTab[] = {0xC0,0xF9,0xA4,0xB0,0x99,0x92,0x82,0xF8,0x80,0x90,
0x88,0x83,0xC6,0xA1,0x86,0x8E,0xFF};

uchar DispBuf[8];                               //8 字节的显示缓冲区
uchar code TH0Val = 63266/256;
uchar code TL0Val = 63266 % 256;
//以下是中断程序,用于显示
void Timer0() interrupt 1
{    ……                                        //参考例 11 - 1
}
……                                             //这里加入 I²C 函数统一编译
void Recive() interrupt 4                       //串行中断程序
{    static uchar Count = 0;
    if(TI)
    {    TI = 0;
        return;                                 //如果是发送中断,清 TI 后退出
    }
    RI = 0;                                     //清 RI 标志
```

```
    RecBuf[Count] = SBUF;
    Count ++ ;
    Rec = 0;
    if(Count > = 3)
    {   Count = 0;
        Rec = 1;                                    //置位标志
    }
}


void Init()                                         //初始化
{   TMOD = 0x21;
    TH1 = 0xfd;      TL1 = 0xfd;
    TH0 = TH0Val;TL0 = TL0Val;
    PCON| = 0x80;SCON = 0x50;
    EA = 1;ET0 = 1;      ES = 1;                     //开 T0 中断
    TR0 = 1;TR1 = 1;RI = 0;                          //T0 开始运行
}
void Calc(uchar Dat1,uchar Dat2)       //第 1 个和第 2 个参数分别显示在 1、2 和 7、8 位
{   DispBuf[0] = Dat1/16;DispBuf[1] = Dat1 % 16;
    DispBuf[6] = Dat2/16;DispBuf[7] = Dat2 % 16;
}


void main()
{   uchar     RomDat[4];
    Init();                                         //初始化
    DispBuf[2] = Hidden;     DispBuf[3] = Hidden;
    DispBuf[4] = Hidden;     DispBuf[5] = Hidden;    //显示器中间 4 位消隐
    for(;;)
    {   Calc(RecBuf[1],RomDat[0]);                   //分别显示地址和数据
        if(Rec)                                      //接收到数据
        {   Rec = 0;                                 //清除标志
            if(RecBuf[0] == 0)                       //第一种功能,写入
            {   RomDat[0] = RecBuf[2];
                WrToROM(RomDat,RecBuf[1],1);
                SBUF = RomDat[0];
            }
            else
            {   RdFromROM(RomDat,RecBuf[1],1);
                SBUF = RomDat[0];
            }
        }
    }
}
```

273

程序说明:限于篇幅,这里有关函数没有完整地写出,只在相应的位置进行了注

解,但本书配套资料中的例子是完整的。

　　程序实现:这个程序只能用硬件实验板来完成,不能用仿真实验板实现。

　　程序分析:这个程序使用了 I²C 软件包对 AT24C×× 进行读/写操作。使用该软件包之前,首先根据硬件连线定义好 Sda 和 Scl,各引脚的定义如下:

```
sbit      Scl      P3^6        //串行时钟
sbit      Sda      P3^7        //串行数据
```

然后定义一个字符型数组:

```
uchar   RomDat[4];
```

这个数组的大小视一次需要存入多少字节而定。如果程序中每次保存的字节量不定,那么就取最大的需要量。如程序中需保存 3 组参数,3 组参数分别需要 2、3、4 字节,那么就将数组定义为 4 字节。

　　如果需要保存数据,只需要将欲保存的数据存入 RomDat 中。注意要从最低地址开始保存,然后调用 WrToROM 函数即可。WrToROM 一共有 3 个参数,第 1 个参数就是数组名 RomDat;第 2 个参数是一个数字,即待存放的 EEPROM 的首地址,数据将保存在以此地址开始的 EEPROM 单元中;第 3 个参数是一次写入的字节数,如果某次写入时不需要使用整个数组,则可使用这个参数来控制需要写入的字节数。

11.3.3　实例应用

　　将该程序编译后,写入芯片,将芯片插入实验电路板,用串口线将实验电路板与 PC 相连,在 PC 上运行"串口助手"软件。选中"十六进制显示"和"十六进制发送",然后在其发送数据窗口写入 00 并发送,即准备写入数据;接着将待发送数据改为 01 并发送,即拟将数据写入 EEPROM 的 01H 单元中。此时,实验板上的第 1、2 位数码管应该显示 01;将发送窗口数据改为 55,即设置写入的数据为 0x55,发送以后,可以看到数码管的第 7、8 位显示 55,同时串口助手的接收窗口也将显示 55。

　　接着给 02H 写入 0xAA 数据,写完后,数码管第 1、2 位显示 02,第 7、8 位显示 AA。串口助手的接收窗口显示为 55 AA。

　　在发送窗口写入 01 并发送,即要求读出数据;接着再按一次"发送"按钮,即要求读出 01H 单元中的数值,此时实验板第 1、2 位将显示 01;最后再按一次"发送"按钮,送出第 3 个数,此时,实验板数码管第 7、8 位应该显示 55,而串口助手的接收窗口也会收到 55 这个数,因此窗口中将显示 55　AA　55。

　　这个例子比较简单,但它演示了远程控制的基本编程方法,读者可以自行扩充,使它具有更多的命令和更强大的功能。

11.4　X5045 的综合应用

本书例子演示了对 X5045 芯片的读/写操作，并提供了一种常用键盘程序设计的方法。实验电路板相关部分的电路如图 11-6 所示，从图中可以看出，这里用了实验板的 8 位 LED 数码管及驱动电路、键盘接口电路、2 位 LED 指示灯电路和 X5045 芯片的接口电路。

接在 89C51 单片机的 P3.2、P3.3、P3.4 和 P3.5 引脚上的按键分别定义为键 K1、K2、K3 和 K4。

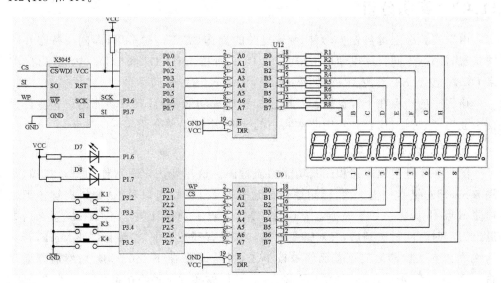

图 11-6　X5045 综合应用实验

11.4.1　功能描述

为对 X5045 进行测试，设计了具有如下功能的程序。

1. 读指定地址的内容

开机后，LED 数码管第 1、2 和第 7、8 位分别显示 00，第 3、4、5、6 位消隐，发光二极管 D7 点亮。按下 K1 或 K2 键，数码管第 1、2 位显示的数字加 1 或减 1，该数字表示的是待读的 X5045 中存储器单元的地址。按下 K4 键，读出该单元的内容，并且以十六进制的形式显示在 LED 数码管的第 7、8 位上。

2. 将值写入指定单元

开机后，发光二极管 D7 点亮，此时，可以按 K1 或 K2 键，使 LED 数码管的第 1、2 位显示待写入单元的地址值。然后按下 K3 键，该地址值被记录，发光二极管 D8 点亮。按 K1 或 K2 键，LED 数码管的第 7、8 位以十六进制形式显示待写入的数据。

按下 K4 键，该数据被写入 1、2 位指定的 EEPROM 单元中。

为更明确，现将各键功能单独列出并描述如下：

> K1：加 1 键，具有连加功能。按下该键，显示器显示值加 1，如果按着不放，过一段时间后，快速连加。
> K2：减 1 键，功能同 K1 类似。
> K3：切换键，按此键，将使 D7 和 D8 轮流点亮。
> K4：执行键，根据 D7 和 D8 点亮的情况分别执行读指定地址 EEPROM 内容和将设定内容写入指定的 EEPROM 单元中的功能。

11.4.2 实例分析

由于实验板上键数较少，为执行较复杂的操作，需要一键多用，即同一按键在不同状态时用途不同。这里使用了 P1.6 和 P1.7 所接 LED（D7 和 D8）作为指示灯，如果 D7 亮，按下 K4 键，表示读；如果 D8 亮，按下 K4 键，表示写。

该程序的特点在于键盘能够实现连加和连减功能，并且有双功能键。这些都是在工业生产、仪器、仪表开发中非常实用的功能，下面简单介绍实现的方法。

1. 连加、连减的实现

图 11-7 是实现连加和连减功能的流程图。这里使用定时器作为键盘扫描，每隔 5 ms 即对键盘扫描一次，检测是否有键按下。从图中可以看出，如果有键按下则检测 KMark 标志。如果该标志为 0，将 KMark 置 1，将键计数器（KCount）置 2 后即退出。定时时间再次到后，又对键盘扫描。如果有键被按下，检测标志 KMark，若为 1，说明在本次检测之前键就已经被按下了，将键计数器（KCount）减 1；然后判断是否到 0，若为 0，则进行键值处理；否则退出，这样就实现了消除按键前沿抖动的功能。

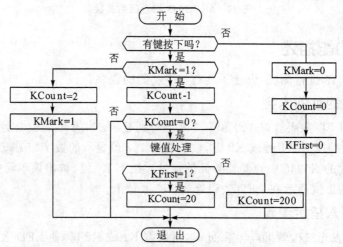

图 11-7 实现连加功能的键盘处理流程图

键值处理完毕后,检测标志 KFirst 是否是 1,如果是 1,说明处于连加状态,将键计数器减去 20;否则是第 1 次按键处理,将键计数器减去 200 并退出。如果检测到没有键按下,清所有标志退出。这里的键计数器(KCount)代表了响应的时间,第 1 次置入 2,是设置去键抖的时间,该时间是 10 ms(2×5 ms＝10 ms);第 2 次置入 200,是设置连续按的时间超过 1 s(5 ms×200＝1 000 ms)后进行连加的操作;第 3 次置入 20,是设置连加的速度是 0.1 s/次(20×5 ms＝100 ms),这些参数是完全分离的,可以根据实际要求加以调整。

2. 键盘双功能的实现

这一功能的实现比较简单,由于只有两个功能,所以只要设置一个标志位(KFunc),按下一次键,取反一次该位,然后在主程序中根据这一位是 1 还 0 进行相应的处理。需要说明的是,由于键盘设计为具有连加、连减功能,人们可能习惯于长时间按住键盘的某一键,因此,这个键也可能会被连续按着,这样会出现反复切换的现象。为此,再用一个变量 Kfunc1,在该键被处理后,将这一位变量置 1,而在处理该键时,首先判断这一位是否是 1,如果是 1,就不再处理,而这一位变量只有在键盘释放后才会被清 0。这样就保证了即使连续按着 K3 键,也不会出现反复切换的现象。

这个程序中的键盘程序有一定的通用性,读者可以直接应用于自己的项目中。

【例 11 - 4】　X5045 的综合应用程序。

```c
# include        "reg52.h"
# include        "intrins.h"
typedef unsigned char uchar;
typedef unsigned int uint;


sbit        CS = P2^1;
sbit        SI = P3^7;
sbit        Sck = P3^6;
sbit        SO = P3^7;
sbit        WP = P2^0;
sbit        D8Led = P1^7;
sbit        D7Led = P1^6;


bit         KFirst;              //第一次按键
bit         KFunc;               //两种功能
bit         KEnter;              //执行 K4 键的操作


uchar    AddrCount = 0;          //地址计数值
uchar    NumCount = 0;           //数据计数值


# define Hidden 0x10;            //消隐字符在字形码表中的位置
```

```
uchar code BitTab[] = {0x01,0x02,0x04,0x08,0x10,0x20,0x40,0x80};
    uchar code DispTab[] = {0xC0,0xF9,0xA4,0xB0,0x99,0x92,0x82,0xF8,0x80,0x90,0x88,
0x83,0xC6,0xA1,0x86,0x8E,0xFF};
    uchar DispBuf[8];                        //8 字节的显示缓冲区

    uchar code TH0Val = 63266/256;
    uchar code TL0Val = 63266 % 256;         //当晶振为 11.059 2 MHz 时,定时 2.5 ms 的定时器初值

    ……                                      //这里加入 X5045 的驱动程序统一编译

//由 Delay 参数确定延迟时间
void mDelay(unsigned int Delay)
{    unsigned int i;
    for(;Delay>0;Delay -- )
    {    for(i = 0;i<124;i ++ )
        {;}
    }
}


//以下是中断程序,实现显示及键盘处理
void Timer0() interrupt 1
{    uchar tmp;
    static uchar        dCount;      //计数器,显示程序通过它得知现正显示哪个数码管
    static uchar        KCount;      //控制去键抖延时,首次按下延时,连续按下时的延时
    static    bit       KMark;       //有键被按下
    static    bit       KFunc1;      //用于 K3 键,防止长时间按着时反复切换
    TH0 = TH0Val;
    TL0 = TL0Val;
    tmp = BitTab[dCount];            //根据当前的计数值取位值
    P2 = 0
    P2 = P2|tmp;                     //P2 与取出的位值相或,将某一位置 1
    tmp = DispBuf[dCount];           //根据当前的计数值取显示缓冲待显示值
    tmp = DispTab[tmp];              //取字形码
    P0 = tmp;                        //送出字形码
    dCount ++ ;                      //计数值加 1
    if(dCount == 8)                  //如果计数值等于 8,则让其回 0
        dCount = 0;
    P3 | = 0x3c;                     //接有按键的各位置 1
    tmp = P3;
    tmp| = 0xc3;                     //未接键的各位置 1
    tmp = ~tmp;                      //取反各位
```

```
    if(! tmp)                            //如果结果是 0 表示无键被按下
    {   KMark = 0;KFirst = 0;
        KCount = 0;KFunc1 = 0;
        return;
    }
    if(! KMark)                          //如果键按下标志无效
    {   KCount = 4;                       //去键抖
        KMark = 1;
        return;
    }
    KCount -- ;
    if(KCount! = 0)                      //如果不等于 0
        return;
    if((tmp&0xfb) == 0)                  //P3.2 被按下
    {   if(KFunc)                        //要求计数值操作
            NumCount ++ ;
        else
            AddrCount ++ ;
    }
    else if((tmp&0xf7) == 0)             //P3.3 被按下
    {   if(KFunc)                        //要求计数值操作
            NumCount -- ;
        else
            AddrCount -- ;
    }
    else if((tmp&0xef) == 0)             //P3.4 被按下
    {   if(! KFunc1)
        {   KFunc = ! KFunc;             //切换状态
            KFunc1 = 1;
        }
    }
    else if((tmp&0xdf) == 0)
    {   KEnter = 1;
    }
    else                                 //无键按下(出错处理)
    {   KMark = 0;      KFirst = 0;
        KCount = 0;     KFunc1 = 0;
    }
    if(KFirst)                           //不是第一次被按下(连加)
    {   KCount = 20;}
    else                                 //第一次被按下(间隔较长)
```

```
    {   KCount = 200;
        KFirst = 1;
    }
}


void Init()
{   TMOD = 0x01;
    TH0 = TH0Val;TL0 = TL0Val;              //设置 T0 定时初值
    ET0 = 1;     EA = 1;    TR0 = 1;        //开 T0 中断,开总中断,允许 T0 运行
}


void Calc(uchar Dat1,uchar Dat2)           //第一和第二个参数分别在 1、2 和 7、8 位显示
{   DispBuf[0] = Dat1/16;DispBuf[1] = Dat1 % 16;
    DispBuf[6] = Dat2/16;DispBuf[7] = Dat2 % 16;
}


void main()
{   uchar    Mtd[5];                        //待写数据存入该数组
    uchar    Mrd[5];                        //读出的数据存入该数组
    Init();
    WrsrCmd(NoWdt);                         //关闭看门狗
    WrsrCmd(NoPro);                         //不保护
    DispBuf[2] = Hidden;      DispBuf[3] = Hidden;
    DispBuf[4] = Hidden;      DispBuf[5] = Hidden;
    D1Led = 0;                              //点亮"读"控制灯
    CS = 1;SO = 1;Sck = 0;SI = 0;          //初始引脚电平
    for(;;)
    {   Calc(AddrCount,NumCount);
        if(KFunc)
        {   D2Led = 0;                      //点亮"数据"灯
            D1Led = 1;                      //关断"地址"灯
        }
        else
        {   D1Led = 0;                      //点亮"读"LED 灯
            D2Led = 1;                      //关掉"写"LED 灯
        }
        if(KEnter)                          //按下了回车键
        {   if(KFunc)                       //写数据
            {   Mtd[0] = NumCount;          //当前的计数值作为待写入的值
                WP = 1;
                D8Led = 0;                  //点亮指示灯
```

```
                    WriteString(Mtd,AddrCount,1);        //1 字节数据写入
                    WP = 0;
            }
            else                                         //读数据
            {    D8Led = 1;                              //点亮指示灯,表示命令被正确执行
                    ReadString(Mrd,AddrCount,1);         //读出 1 字节数据
                    NumCount = Mrd[0];
            }
            KEnter = 0;                                  //清回车键被按下的标志
            mDelay(100);                                 //延时一段时间(为看清 D8 亮过)
            D8Led = 1;                                   //关闭 D8 指示灯
        }
    }
}
```

程序说明:限于篇幅,这里有关函数没有完整地写出,只在相应的位置进行了注解,但本书配套资料中的例子是完整的。

程序实现:这个程序只能用硬件实验板来完成,不能用仿真实验板实现。

程序分析:这个程序使用了 X5045 读/写软件包来完成对 X5045 的设置、读取 EEPROM 数据、将数据写入 EEPROM 等操作。

main 函数中定义了两个数组:

```
    uchar      Mtd[5];                           //待写数据存入该数组
    uchar      Mrd[5];                           //读出的数据存入该数组
```

分别用于存放待写入的数据和保存读出的数据。

然后通过命令:

```
    WrsrCmd(NoWdt);                              //关闭看门狗
    WrsrCmd(NoPro);                              //不保护
```

分别设置将看门狗关闭及不对 EEPROM 进行写保护。这里要注意,在分析 X5045 的结构时进行过说明,设置看门狗及设置写保护是在同一个字节中进行的。但在程序设计时却是将这两者分开的,也就是说要用同一条命令 WrstCmd 分两次进行,但是参数不一样,调用的先后没有关系。

看一看数据是如何被写入 EEPROM 中的:

```
Mtd[0] = NumCount;                          //当前的计数值作为待写入的值
WP = 1;
WriteString(Mtd,AddrCount,1);               //1 字节数据写入
WP = 0;
```

首先将待写入的数据放到数组 Mtd 中;然后将 WP 置 1;接着调用 WriteString

函数,该函数的 3 个参数依次是:存放数据的数组名、待写入单元的首地址、待写入的数据个数;最后将 WP 清 0,即用硬件对 EEPROM 中的数据进行保护。上面的例子只写了一个数据,没有什么问题,如果写多个数据,那么 Mtd[0] 中的数据将被写入地址为 AddCount 的单元中,Mtd[1] 中的数据被写入 AddCount＋1 这一单元中,依次类推。需要注意的是,不能跨页写,即如果存放数的地址为 255,而其后面还有数据待写入,那么这个数据不会被写到 256 单元中去,这种情况是不允许发生的,调用程序时要注意避免这种情况的发生。

从 EEPROM 中读取数据的程序行如下:

```
ReadString(Mrd,AddrCount,1);          //读出 1 字节数据
```

这一语句行从 EEPROM 中 AddrCount 的值指定的单元中开始读取 1 字节的数据并存放到数组 Mrd 中,改变最后一个参数可以一次读出多个数据。同样注意不能够跨页读。

11.4.3　实例应用

这个练习必须使用硬件实验板完成,编译、链接正确后,设置为使用硬件仿真。按 Ctrl＋F5 键将程序下载到仿真芯片中,全速运行。可以看到,第 1、2 和第 7、8 位数码管均显示 00,中间 4 位消隐。D7 点亮,表示目前处于待读状态。按 K1、K2 键,将第 1、2 位显示数值变为 10;按下 K4 键,即读出 X5045 芯片中 EEPROM 的 10H 单元中的内容,这个内容用十六进制的形式被显示在数码管的第 7、8 位上。

重新按下 K1 或 K2 键,将第 1、2 位数码管显示的显示值调至 00;按下 K3 键,P1.6 所接 LED 点亮,按下 K1、K2 键,将第 7、8 位显示变为 1F,按下 K4 键,则数值 0x1F 被写入 X5045 中 EEPROM 的 00 单元中。

复位实验板上的 CPU,停止仿真,给实验板断电,然后接通电源,重复刚才步骤,再次将程序下载到仿真芯片中,读取 00H 单元的数据,看一看显示出来的是否是 0x1F。

11.5　交通灯控制

交通灯控制电路如图 11−8 所示。STC89C52 单片机控制一片连接 8 个 LED 的 74HC595。这 8 个 LED 被分成 2 组,其中东西方向(水平方向)主干道上和南北方向(竖直方向)主干道上各放置 3 个 LED,代表红、黄、绿 3 色交通灯;人行道上各放置一个,代表人行道交通信号灯。2 块由 74HC245 芯片驱动的 8 位数码管,前面的 4 位用做东西向红绿灯计时,后 4 位用做南北向计时。

11.5.1　交通灯动作过程分析

本例中红绿灯按以下顺序运行:南北向绿灯亮 30 s,随即以 1 s 每次的速率闪烁 3

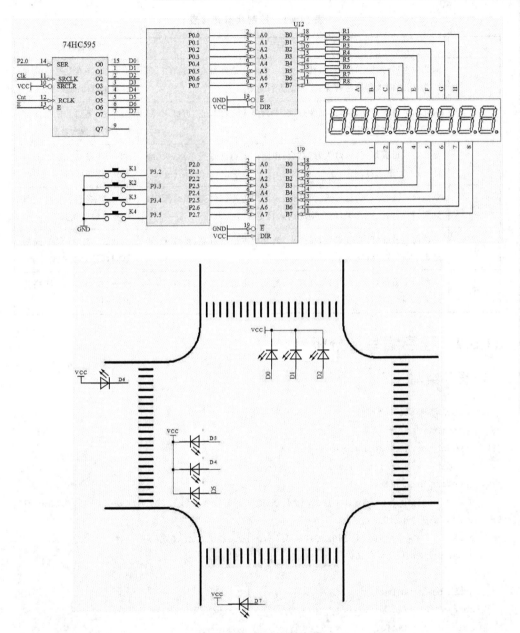

图 11-8　交通灯电路图

次,黄灯亮 2 s;东西向绿灯亮 20 s,随即以 1 s 每次的速率闪烁 3 次,黄灯亮 2 s……
如此不断循环。在主路红、黄、绿灯切换时,人行道上的绿灯也进行相应的变化。

　　能够满足这一要求的程序编写方法很多,这里介绍一种状态转移法,使用这种方
法编程各阶段逻辑关系明确,各种设置灵活,便于修改,不易出错。

　　表 11-1 列出了红绿灯工作时的状态及其切换条件、各种状态下的输出。

单片机C语言轻松入门（第3版）

表 11 - 1　控制状态转移表

状　态	输　出	转移条件
S0	南北向主道绿灯亮,红灯灭,黄灯灭;东西向主道红灯亮,黄灯灭,绿灯灭;南北向人行道绿灯亮;东西向人行道绿灯灭	S0→S1 条件:南北向绿灯亮定时时间到
S1	南北向主道绿灯闪,红灯灭,黄灯灭;东西向主道红灯亮,黄灯灭,绿灯灭;人行道绿灯均灭	S1→S2 条件:南北向绿灯闪烁计数次数到
S2	南北向主道黄灯亮,绿灯灭,红灯灭;东西向主道红灯亮,黄灯灭,绿灯灭;人行道绿灯均灭	S2→S3 条件:南北向黄灯亮定时时间到
S3	东西向主道绿灯亮,红灯灭,黄灯灭;南北向主道红灯亮,黄灯灭,绿灯灭;东西向人行道绿灯亮;南北向人行道绿灯灭	S3→S4 条件:东西向绿灯亮定时时间到
S4	东西向主道绿灯闪,红灯灭,黄灯灭;南北向主道红灯亮,黄灯灭,绿灯灭;人行道绿灯均灭	S4→S5 条件:东西向绿灯闪烁计数次数到
S5	东西向主道黄灯亮,绿灯灭,红灯灭;南北向主道红灯亮,黄灯灭,绿灯灭;人行道绿灯均灭	S5→S0 条件:黄灯亮定时时间到

11.5.2　程序编写及分析

1. 程序编写

```
# include "stc12.h"
# include <intrins.h>
typedef unsigned char uchar;
typedef unsigned int  uint;
# define Hidden 16
uchar DispTab[] = {0xC0,0xF9,0xA4,0xB0,0x99,0x92,0x82,0xF8,0x80,0x90,0x88,0x83,
0xC6,0xA1,0x86,0x8E,0xFF};
uchar BitTab[] = {0x01,0x02,0x04,0x08,0x10,0x20,0X40,0X80};
uchar DispBuf[8] = {16,16,16,16,16,16,16,16};

uchar bdata OutDat;
sbit    R1 = OutDat^0;                    //第 1 组红、黄、绿灯
sbit    Y1 = OutDat^1;
sbit    G1 = OutDat^2;
sbit    R2 = OutDat^3;                    //第 2 组红、黄、绿灯
sbit    Y2 = OutDat^4;
```

```
sbit    G2 = OutDat^5;
sbit    L1 = OutDat^6;                    //人行道上的灯
sbit    L2 = OutDat^7;                    //人行道上的灯


sbit Dat = P2^0;
sbit Clk = P2^1;
sbit Cnt595 = P2^2;
sbit E = P4^4;
#define RCK Cnt595 = 0;_nop_();_nop_();_nop_();_nop_();Cnt595 = 1

void SendData(unsigned char SendDat)
{
    unsigned char i;
    for(i = 0; i<8; i++)
    {
        if((SendDat&0x80) == 0)
            Dat = 0;
        else
            Dat = 1;
        _nop_();
        Clk = 0;
        _nop_();
        Clk = 1;
        SendDat = SendDat<<1;
    }
}
uchar C100ms,C1s;
bit     b100ms,b1s;
bit     T1i = 0,T2i = 0,T1o = 0,T2o = 0;
uint    T1Num,T2Num;
bit     sMark;
bit     esMark;
void Timer1() interrupt 3
{
    static  uchar sCount;                 //秒计数器
    static uchar Count;
    uchar tmp;
    TH1 = (65536 - 1000)/256;
    TL1 = (65536 - 1000)%256;             //重置定时初值 5 ms
    tmp = BitTab[Count];                  //根据当前的计数值取位值
    P2 = 0;
```

```
P2 = P2 | tmp;                    //P2 与取出的位值相"与",将某一位清零
tmp = DispBuf[Count];            //根据当前的计数值取显示缓冲待显示值
tmp = DispTab[tmp];             //取字形码
P0 = tmp;                       //送出字形码
Count ++ ;                      //计数值加 1
if(Count == 8)                  //如果计数值等于 6,则让其回 0
    Count = 0;
if(esMark)
{   sCount ++ ;
    if(sCount > = 200)
    {   sCount = 0;
        sMark = 1;
    }
}
else
    sMark = 0;
if(b100ms == 1)
    b100ms = 0;
if(b1s == 1)
    b1s = 0;
if( ++ C100ms == 40)
{   C100ms = 0;
    C1s ++ ;
    b100ms = 1;
}
if(C1s == 10)
{   C1s = 0;
    b1s = 1;
}
if(T1i)
{   if(b100ms)
        T1Num -- ;
    if(T1Num == 0)
    {   T1o = 1;
        T1i = 0;
    }
}
else
    T1Num = 0;
if(T2i)
{   if(b100ms)
```

```
            T2Num -- ;
        if(T2Num == 0)
        {   T2o = 1;
            T2i = 0;
        }
    }
    else
        T2Num = 0;
}
void initTmr1()
{
    TMOD = 0x10;
    TH1 = (65536 - 2500)/256;
    TL1 = (65536 - 2500) % 256;
    EA = 1;                         //开总中断
    ET1 = 1;                        //T1 中断允许
    TR1 = 1;                        //定时器 T1 开始运行
}


void    main()
{
    uchar   Status = 0;
    uchar   fCount = 0;
    initTmr1();
    P4SW| = 0xf0;
    E = 0;
    for(;;)
    {
        if((Status == 0)&&(T1o))        //状态 0 到状态 1 的切换条件:定时时间到
        {
            Status = 1;                 //状态 1:南北向绿灯闪,开始计数
        }
        else if((Status == 1)&&(fCount> = 6))
        //状态 1 到状态 2 的切换条件:计数次数大于等于 6
        {
            Status = 2;                 //状态 2:南北向绿灯灭,黄灯亮,开启 2 s 定时
        }
        else if((Status == 2)&&(T1o))   //状态 2 到状态 3 的切换条件:2 s 时间到
        {
            Status = 3;                 //状态 3:东西向绿灯亮,黄灯灭,红灯灭,开启 20 s 定时
        }
```

```
else if((Status == 3)&&(T2o))          //状态 3 到状态 4 的切换条件:20 s 时间到
{
    Status = 4;                        //状态 4:东西向绿灯闪,计数
}
else if((Status == 4)&&(fCount> = 6))
//状态 4 到状态 5 的切换条件:计数次数大于或等于 6
{
    Status = 5;                        //状态 5:东西向绿灯灭,黄灯亮,开启 2s 定时
}
else if((Status == 5)&&(T2o))          //状态 5 到状态 0 的切换条件:2s 时间到
{
    Status = 0;              //状态 0:南北向绿灯亮,黄灯灭,红灯灭。开启 30 s 定时
}
switch(Status)
{
case     0:                            //南北向绿灯亮
{
    T1o = 0;T2o = 0;
    G1 = 1;Y1 = 0;R1 = 0; R2 = 1;
    Y2 = 0;G2 = 0;L1 = 1; L2 = 0;
    if(! T1i)                          //南北向定时
    {   T1i = 1;
        T1Num = 300;
    }
    if(! T2i)                          //东西向定时
    {   T2i = 1;
        T2Num = 350;
    }
    DispBuf[3] = 0;
    DispBuf[4] = (T2Num/10)/10;   //东西向红绿灯计时
    DispBuf[5] = (T2Num/10) % 10;
    DispBuf[6] = (T1Num/10)/10;   //南北向红绿灯计时
    DispBuf[7] = (T1Num/10) % 10;
    break;
}
case     1:                            //南北向绿灯闪 3 次
{
    T1o = 0;T2o = 0;
    Y1 = 0; R1 = 0; R2 = 1;Y2 = 0;
    G2 = 0; L1 = 0; L2 = 0;
    if(! esMark)
```

```
    {   esMark = 1;
        fCount = 0;
    }
    if(sMark)
    {   sMark = 0;
        G1 = ! G1;                          //绿灯闪烁
        fCount ++ ;
    }
    DispBuf[3] = 1;
    DispBuf[4] = (T2Num/10)/10;             //东西向红绿灯计时
    DispBuf[5] = (T2Num/10) % 10;
    DispBuf[6] = Hidden;
    DispBuf[7] = (6 - fCount)/2;
    break;
}
case    2：
{   T1o = 0； T2o = 0；esMark = 0;
    G1 = 0；  Y1 = 1; R1 = 0; G2 = 0;
    Y2 = 0; R2 = 1；  L1 = 0；  L2 = 0;
    if(! T1i)
    {   T1i = 1;
        T1Num = 20;                         //2 s 定时
    }
    DispBuf[3] = 2;
    DispBuf[4] = (T2Num/10)/10;             //东西向红绿灯计时
    DispBuf[5] = (T2Num/10) % 10;
    DispBuf[6] = Hidden;
    DispBuf[7] = T1Num/10 + 1;
    break;
}
case    3：
{   T1o = 0；   T2o = 0;
    G1 = 0; Y1 = 0；R1 = 1;G2 = 1;
    Y2 = 0; R2 = 0；L2 = 1;L1 = 0;
    if(! T1i)
    {   T1i = 1;
        T1Num = 250;
    }
    if(! T2i)
    {   T2i = 1;
        T2Num = 200;
```

```
            }
            DispBuf[3] = 3;
            DispBuf[4] = (T2Num/10)/10;              //东西向红绿灯计时
            DispBuf[5] = (T2Num/10) % 10;
            DispBuf[6] = (T1Num/10)/10;              //南北向红绿灯计时
            DispBuf[7] = (T1Num/10) % 10;
            break;
        }
        case    4:
        {   T1o = 0;T2o = 0;
            G1 = 0; Y1 = 0;R1 = 1;
            R2 = 0; Y2 = 0; L1 = 0;L2 = 0;
            if(! esMark)
            {   esMark = 1;
                fCount = 0;
            }
            if(sMark)
            {   sMark = 0;
                G2 = ! G2;
                fCount ++ ;
            }
            DispBuf[3] = 4;
            DispBuf[4] = Hidden;                      //东西向显示器
            DispBuf[5] = (6 - fCount)/2;
            DispBuf[6] = (T1Num/10)/10;              //南北向红绿灯计时
            DispBuf[7] = (T1Num/10) % 10;
            break;
        }
        case 5:
        {   T1o = 0; T2o = 0;   esMark = 0;
            G1 = 0;Y1 = 0;R1 = 1; G2 = 0;
            Y2 = 1; R2 = 0;L1 = 0; L2 = 0;
            if(! T2i)
            {   T2i = 1;
                T2Num = 20;
            }
            DispBuf[3] = 5;
            DispBuf[4] = Hidden;
            DispBuf[5] = T2Num/10 + 1;
            DispBuf[6] = (T1Num/10)/10;              //南北向红绿灯计时
            DispBuf[7] = (T1Num/10) % 10;
```

```
        }
    default:
        break;
    }
    SendData(~OutDat);
    RCK;                              //存储寄存器输入允许
    }
}
```

2. 程序分析

(1) 软件定时器

在很多程序中往往需要使用定时、延时等功能,通常延时功能可以使用无限循环方式。但是采用无限循环方式有个问题,就是一旦进入了这个循环当中,CPU 就不能再做其他工作(中断处理程序除外),一直要等到循环结束,才能做其他工作,这往往难以满足实际工作需要。为此,可以使用定时器来实现"并行"工作,但是一般单片机仅有 2 个或 3 个定时器,不够使用,为此,可以使用软件定时器来完成延时、定时等工作。

很多应用中对于定时器的定时精度要求并不很高,只需要 10 ms、100 ms 甚至 1 s就可以,这样就便于扩展软件定时器。本程序借鉴 PLC 定时器的用法,分别定义了软件定时器的线包(T1i)、定时器的输出触点(T1o)和定时时间设定变量(T1Num)。在需要使用这些软件定时器时,只需要让线包(T1i)接通即置为 1,并设定需要定时的时间值。以 100 ms 精度的定时器为例,设定值为 0.1 s 的倍数,如设定为 10 则定时时间为 1 s。随后在程序中不断检测 T1o,如果 T1o 为 0,则说明定时时间未到;如果 T1o 为 1,则说明定时时间已到。代码如下:

```
    if(! T1i)
    {   T1i = 1;
        T1Num = 10;                    //延时 1 s
    }
    if(T1o)
    {……                               //这里放需要完成的工作
    }
```

上面的程序行是使用软件定时器的代码,有关软件定时器的代码在定时器 TMR1 中实现。位变量 T1i 和 T1o,无符号字节型变量 T1Num 是全局变量,用于在调用软件定时器的函数和软件定时器处理函数之间进行数据传递。变量 C100ms 用做计数器,由于这里定时器 T1 每 5 ms 产生一次中断,因此当变量 C100ms 从 0 计到 19 共 20 个数时,说明 100 ms 时间到,设定变量 b100ms 为 1。判断 T1i 是否为 1,如果为 1,则使变量 T1Num 减 1;若 T1Num 减为 0,说明定时时间到,则将变量 T1o 置为 1,代码如下。

```
if(T1i)
    {   if(b100ms)
        {   T1Num -- ;
            if(T1Num == 0)
                T1o = 1;
        }
        else
            T1Num = 0;
    }
```

有了这样的软件定时器以后,基本不再需要采用无限循环的延时方式,这会给编程带来很大的方便。因为它能使程序中各部分"并行"运行,也能使得编程者的思路与生产实践更接近,就可以直接以"时间"为单位来进行思考,而不是将"时间"转化为一个内部计数量来进行思考。如果一个软件定时器不够使用,可以很简单地扩展出第 2 个、第 3 个、第 n 个软件定时器。

(2)软件定时器流程图

如图 11-9 所示是软件定时器的流程图。

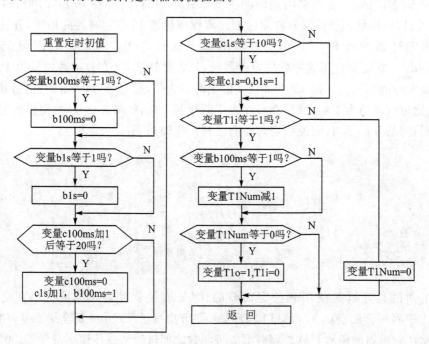

图 11-9 软件定时器流程图

11.6　模块化编程实例

　　当编写的程序较小时,将所有的功能函数写在一个文件中是恰当的,这样编译、调试等都很方便。当编写的程序规模越来越大时,程序的规模将急剧增加,再将所有的源程序全部放在一个文件中就不合适了。这时应该将不同功能的函数分别写成文件,然后在一个项目中将它们集成起来进行编译,即采用模块化编程的方式来编程。

　　为学习模块化编程的方法,这里将一个实际产品移植到实验电路板上,利用实验电路板上的 LCM 和按键等来实现一个手持式编程器。

　　如图 11 - 10 所示是手持式编程器的电路原理图。

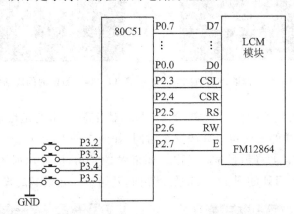

图 11 - 10　手持式编程器电路原理图

　　由图可见,本编程器由 4 个按键和液晶显示器组成。本设备用于对从设备进行通信,因此还有通信部分的电路,但因为与本例无关,图中就没有画出来。

11.6.1　功能描述

　　为便于读者自行练习这个例子,下面先详细说明其操作方法。

　　本编程器的用途是用于设置从设备的时间,从设备最多有 64 台,但每一台的地址各不相同。只要在本编程器上设定好地址,就能对各从设备分别进行操作,互不干扰。如图 11 - 11 所示是开机后的界面,提示可以用"↑"、"↓"修改地址,用"←"选择联机通信/地址设定功能。

　　地址设定完成后,按下"←"即可选择"联机通信",如图 11 - 12 所示。

　　按提示,按下"↵"即可执行联机通信功能。如果通信正常,那么就会将从设备中的当前时间和预置时间读取过来,并且显示出来,如图 11 - 13 所示。

　　此时按"←"可以移动光标,当光标停于某个数字之下时,按"↑"、"↓"即可修改这个数字,按下"↵"可以将设定好的时间送往从设备,发送成功,则显示如图 11 - 14

所示画面。

图 11 - 11　修改地址值

图 11 - 12　选择联机通信

图 11 - 13　修改当前时间

图 11 - 14　当前时间成功发送

按下"↵"进入预置时间的设定，此时，显示器上显示出的是读取到的从设备中的预置时间，按同样的方法可以修改这个时间，如图 11 - 15 所示。

设置完毕，用"↵"将预置时间送出。如果发送成功，则显示如图 11 - 16 所示界面。此时按"↵"可回到如图 11 - 11 所示界面，开始下一台设备的设置工作。

图 11 - 15　设定预置时间

图 11 - 16　预置时间成功发送

为实现这些功能，需要用到 LCM 操作函数、按键处理函数、字符串处理函数、通信函数等，而且各部分函数的内容都较多，如果将这些函数全部放在一个文件中，会使文件很长，不便于调试，也不利于代码重用。这时，采用多模块编程方式就比较合理。

11.6.2　模块化编程的实现

本项目用了 3 个文件 main.c，lcm.c 和 fun.c 来实现全部功能。在组成同一个项目的所有文件中，有且只有一个文件中包含 main 函数。本例中 main.c 函数中包含了 main()函数。

在 Keil 软件中可以方便地进行模块化编程，只需要组成同一模块的各个文件逐一加入到同一个项目中即可,与实现单一文件编程并没有什么区别。如图 11 - 17 所示,分别双击各个待加入的文件,当所有文件全部加入完毕后,即建好一个多模块的项目。

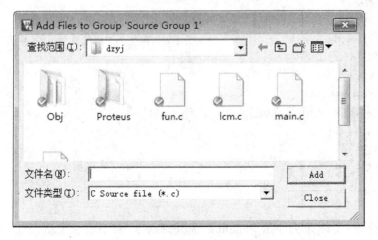

图 11 - 17　将所有文件加入项目中

如图 11 - 18 所示是 Keil 中实现手持式编程器项目所包含的各个 C 源程序文件的结构图。

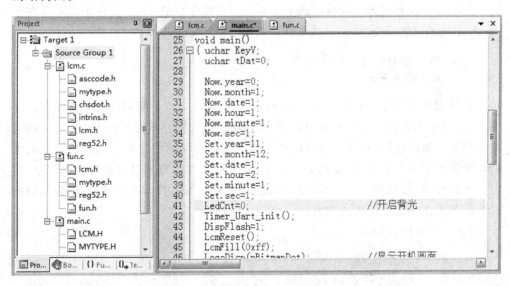

图 11 - 18　模块化编程

main.c 文件内容如下:

```
# include "lcm.h"
# include "lcm_logo.h"
```

```
#include "fun.h"

uchar flag;
bit     flash;                      //用于光标闪烁
bit     DispFlash;                  //显示刷新,该位为1时允许显示,否则直接返回
uchar AddrChn = 1;                  //地址
uchar status = 0;
struct Tim Now,Set;
//根据状态字的不同,发送相应数据,并且转入接收模式
void main()
{   uchar KeyV;
    uchar tDat = 0;
……
}
```

程序分析：文件开头使用 #include 预处理命令，将 lcm.h、Lcm_logo.h 和 fun.h 三个文件包含进来。其中 lcm.h 提供了对 lcm 操作的函数原型，而 fun.h 则提供了键盘操作、字符显示等自定义函数的函数原型。

查看 lcm.h 文件，可以看到，这个文件中提供了 6 个 lcm 操作函数。但是打开 lcm.c 文件，可以看到函数的数量远不止 6 个。那些存在于 lcm.c 文件中但不存在于 lcm.h 中的函数名，不能够被其他文件所调用。例如在 lcm.c 中有函数

```
void  WaitIdleL(void)
void  WaitIdleR(void)
```

但它们并没有出现在 lcm.h 中。因此，在 main.c 文件中就不能调用这两个函数。事实上，这两个函数仅仅是为 lcm 中的其他函数服务，它们并不需要也不应该被其他文件所调用。通过这样的方式，可以让复杂的操作拥有简单的接口。当编程者在其他应用中需要使用 lcm 时，只要把 lcm.c 和 lcm.h 两个文件复制过去并加入工程中，对这 6 个函数进行操作就可以，不必理会 lcm.c 中的其他函数。由此可见，模块化编程给代码的重用带来了很大的方便。

fun.h 文件内容如下：

```
#include "mytype.h"
#include <at89x52.h>


sbit    Key2    =    P3^2;          //确定键
sbit    Key3    =    P3^3;          //左箭头
sbit    Key4    =    P3^4;          //上箭头
sbit    Key5    =    P3^5;          //下箭头
```

```
#define   ENTER        0xfe
#define   LEFTARROW    0xfd
#define   UPARROW      0xfb
#define   DOWNARROW    0xf7

void mDelay(uint DelayTim);
void Timer_Uart_init();
void UartSend(uchar Dat);
uchar Key(uchar status);
void KeyProc(uchar KeyV);
void Comm(uchar Status);
void DispComm();
void DispCommErr();
void DispSendNowTim();
void DispSendSetTim();
void DispNowTim();
void DispSetTim();
```

fun.h 文件中定义了引脚及一些宏定义，列出了需要被其他文件调用的函数原型。

fun.c 文件内容如下：

```
#include "lcm.h"
#include "fun.h"

uchar code strXGFS[] = {49,50,46,47,51,40,41,42,0xff};
//"上箭头""左箭头""下箭头""右箭头"修改，
uchar code strDZSD[] = {0,1,2,3,35,0xff};                    //地址设定
uchar code strLJTX[] = {4,5,6,7,0xff};                       //联机通信
……


bit        msMark;
extern     bit     flash;
extern     bit     DispFlash;
extern  uchar AddrChn = 10;
uchar NowStation = 1;

extern struct Tim Now,Set;
extern uchar status;


……
```

```
void KeyProc(uchar KeyV)
{   LedCntTim = 0;
    DispFlash = 1;                          //刷新显示
    if(KeyV == UPARROW)                     //Up 键按下
    {   ......
    }
    else if(KeyV == DOWNARROW)              //Down 键按下
    {
        ......
    }
    else if(KeyV == LEFTARROW)              //左箭头键按下移位
    {   ......
    }
    else if(KeyV == ENTER)                  //确认键按下
    {   NowStation = 0;
        if((status == 1)||(status == 2)||(status == 4))      //要求通信
        {   LcmFill(0);
            status ++ ;                      //不调用通信模块,直接模拟设置当前时间的状态
            NowStation = 1;                  //进入修改状态
        }
        else                                 //不要通信
        {   LcmFill(0);
            if(status == 3)
            {   status = 4; NowStation = 1;}
            if(status == 5)
                status = 0;
            if(status == 6)
                status = 0;
        }
    }
}
......
void DispComm()
{
    uchar cTmp1,cTmp2;
    if(! DispFlash)                          //如果 DispFlash = 0
        return;                              //直接返回
    PutString(strDZSD,0,0,0);                //用 select 来决定
    PutString(strLJTX,0,2,1);
    PutString(strXZZX,0,6,1);
    cTmp1 = AddrChn/10;
```

```
    cTmp2 = AddrChn % 10;
    AscDisp(cTmp1,80,0,0);
    AscDisp(cTmp2,88,0,0);
}
```

说明:限于篇幅,这里没有提供全部代码,但是在本书配套资料中提供了完整的代码供读者测试。

程序分析:

① 字符串函数中的数字表示该字符在小字库中的位置。如:

```
uchar code strDZSD[] = {0,1,2,3,35,0xff};          //地址设定:
```

是用来产生"地址设定:"这 4 个汉字和一个符号的,其中"地"、"址"、"设"、"定"4 个字在字库中分别排列在第 0、1、2、4 位,":"字符在第 35 位。这个字库是将本项目所用到的所有汉字、字符抽取出来,生成字模,并将它们做成二维数组,保存在名为 chs-dot.h 的文件中,并且在 lcm.c 文件中包含这个文件。该文件部分内容如下:

```
#include "mytype.h"
unsigned char code DotTbl16[][32] =                    //数据表
{
//-- 地 --          0
    0x40,0x20,0x40,0x60,0xFE,0x3F,0x40,0x10,
    0x40,0x10,0x80,0x00,0xFC,0x3F,0x40,0x40,
    0x40,0x40,0xFF,0x5F,0x20,0x44,0x20,0x48,
    0xF0,0x47,0x20,0x40,0x00,0x70,0x00,0x00,
//-- 址 --          1
    0x10,0x20,0x10,0x60,0x10,0x20,0xFF,0x3F,
    0x10,0x10,0x18,0x50,0x10,0x48,0xF8,0x7F,
    0x00,0x40,0x00,0x40,0xFF,0x7F,0x20,0x40,
    0x20,0x40,0x30,0x60,0x20,0x40,0x00,0x00,
//-- 设 --          2
    0x40,0x00,0x40,0x00,0x42,0x00,0xCC,0x7F,
    0x00,0xA0,0x40,0x90,0xA0,0x40,0x9F,0x43,
    0x81,0x2C,0x81,0x10,0x81,0x28,0x9F,0x26,
    0xA0,0x41,0x20,0xC0,0x20,0x40,0x00,0x00,
//-- 定 --          3
    0x10,0x80,0x0C,0x40,0x04,0x20,0x24,0x1F,
    0x24,0x20,0x24,0x40,0x25,0x40,0xE6,0x7F,
    0x24,0x42,0x24,0x42,0x34,0x43,0x24,0x42,
    0x04,0x40,0x14,0x60,0x0C,0x20,0x00,0x00,
......
```

每个字符串以 0xff 结束,显示函数读到 0xff,说明这个字符串已结束。

② 本例是一个工程实例的简化，没有加入通信部分。因此，在处理 Enter 键按下时，直接用了：

```
status ++ ;                        //不调用通信模块，直接进入下一个状态
```

来直接进入下一个状态。实际工程中，这里要调用一次通信处理函数，并且根据从设备返回的信息来决定进入设置状态还是进入错误显示状态。

11.6.3　模块化编程方法的总结

① 每个模块就是一个 C 语言文件和一个头文件的结合。如将 lcm 操作的所有功能集中于 lcm.c 文件，将各种函数的声明提取出来，专门放在一个名为 lcm.h 文件中。如果其他文件需要用到 lcm.c 文件中的函数，只要将 lcm.h 文件包含进去就可以。

② 在头文件中，不能有可执行代码，也不能有数据的定义，只能有宏、类型，数据和函数的声明。例：lcm.h 中是这样定义的：

```
# include      "mytype.h"
# include      <at89x52.h>


sbit    CsLPin    =    P2^3;                         //引脚定义
sbit    CsRPin    =    P2^4;
sbit    RsPin     =    P2^5;
sbit    RwPin     =    P2^6;
sbit    Epin      =    P2^7;
#define    DPort P0                                  //宏定义端口
 #define nop4    _nop_();_nop_();_nop_();_nop_()    //宏定义
/ * 以下是可以被其他文件调用的函数原型 * /
void    LcmReset();
void    AscDisp(uchar AscNum,uchar xPos,uchar yPos,bit attr);
void    ChsDisp16(uchar HzNum,uchar xPos,uchar yPos,bit attr);
void    LcmFill(uchar FillDat);
void    PutString(uchar * pStr,uchar xPos,uchar yPos,bit attr);
void    LogoDisp(uchar * pLogo);
```

③ 头文件中不能包括全局变量和函数，模块内的函数和全局变量需在.c 文件开头冠以 static 关键字声明。

④ 如果一个头文件被多个文件包含，可以使用条件编译来避免重复定义。

打开 at89x52.h 文件，可以看到这个文件的结构为：

```
# ifndef __AT89X52_H__
# define __AT89X52_H__
```

```
sfr P0        = 0x80;
sfr SP        = 0x81;
……
#endif
```

也就是首先判断是否存在 `__AT89X52_H__` 这个宏定义，如果没有这个宏定义，那么编译下面的程序行，否则其后的内容全部不被编译。在编译内容中，首先就是定义一个 `__AT89X52_H__` 宏，这样下次遇到这个文件时，就不再编译其中的内容，避免出现重复定义的错误。

如果将其中 `#define __AT89X52_H__` 前加上"//"注释掉该行，再次编译，就会出现数十个错误：

```
D:\KEIL\C51\INC\ATMEL\AT89X52.H(15): error C231: 'P0': redefinition
D:\KEIL\C51\INC\ATMEL\AT89X52.H(16): error C231: 'SP': redefinition
……
```

⑤ 如果有 2 个或者 2 个以上的文件需要使用同一变量，那么这个变量应在其中的任一个文件中定义，而在其他文件中用 extern 关键字说明。

例如这个项目中 main.c 文件和 fun.c 函数用到多个相同的变量，并依赖于这些变量进行数据的传递，则其定义分别如下：

在 main.c 文件中：

```
bit        flash;              //用于光标闪烁
bit        DispFlash;          //显示刷新，该位为 1 时允许显示，否则直接返回
uchar      AddrChn = 1;        //地址
```

而在 fun.c 中则作如下说明：

```
extern    bit        flash;
extern    bit        DispFlash;
extern    uchar      AddrChn;
```

注意：在使用 extern 前缀进行说明时不可以对此变量赋初值，否则会产生错误。

如果在 fun.c 文件中这样说明：

```
extern    uchar      AddrChn = 10;
```

则会产生如下编译错误：

```
***ERROR L104: MULTIPLE PUBLIC DEFINITIONS
    SYMBOL:  ADDRCHN
    MODULE:  fun.obj (FUN)
```

即编译器认为定义了两个相同名字的变量 ADDRCHN。

第 12 章

RTOS 简介

　　一个使用单片机的系统，很少只完成单一的工作，例如仅为一个灯闪烁而使用一片单片机。通常一个由单片机构成的系统要做很多工作，如键盘操作、数码管显示、串行通信、运算、执行机构动作等。这些工作之间通常相互关联，如按键操作后数码管要改变显示；运算完成以后要将结果送到输出端以完成输出的变化；接收到串行口通信传来的数据后要由执行机构产生相应的动作等。当一个系统中需要完成的工作较多、各工作之间关系较为复杂时，采用操作系统来管理任务、分配时间，就成为一个较好的选择。于是本章将介绍有关 RTOS(Real Time Operation System，实时操作系统)的知识。

12.1　RTOS 基本知识

　　单片机编程时通常采用时间片轮转的方法编程，即将实时性要求不高的工作放在主函数之中，依次轮流执行；实时性要求高的工作，使用中断技术及时处理。这样构成前、后台处理程序，程序间通过软件标志、全局变量等完成通信与联络。当系统所要完成的工作不太多，对实时性的要求不是很严格时，这种编程方法可以胜任；但是当所要完成的工作比较多，各工作之间相互关系复杂，系统对实时性要求比较高时，用这样的方法编写程序很困难，甚至难以完成任务。

　　单片机的开发者往往是各个行业的专家，但并不是计算机专家。由于对计算机本身的规律并不精通，难以应用计算机的专业理论指导自己的编程工作，所编写程序可能相互干扰而产生死锁，甚至有一些任务可能无法满足特定的时间要求。

　　举例来说，某系统有这样的要求：当接收到某信号之后，必须输出一个控制信号，在任何情况下，收到信号到送出控制信号的时间不能超过 50 ms。这样的要求看似简单，但如果用目前所学到的知识来编程实现，要在任何情况下都能满足这一要求并不容易，甚至可以说无法做到。

　　遇到这一类问题时，采用操作系统来管理任务、分配时间，就成为一个较好的选择。操作系统通常是由计算机专家或专家组编写的，所编写的操作系统通过市场检验，能够满足其技术参数中保证的各项性能指标。使用操作系统后，将待完成的工作分解成若干个任务，编程时只需集中精力完成各个任务，而各任务的管理、实时性的保证等就留给操作系统来完成。因此，使用操作系统可以简化编程，提高系统的可靠性，加快开发速度。

随着单片机技术的飞速发展，单片机应用系统的规模不断扩大，越来越多的场合需要用到操作系统，学习与使用操作系统正成为单片机开发中最热门的话题之一。目前有很多为单片机系统应用而设计的操作系统，其中著名的有 VxWork、μC/OC-II 等。由于这些操作系统必须满足实时性的要求，因此被称之为实时操作系统 RTOS。

使用 RTOS 一般必须付出一些代价，因此并不是任何场合都适宜使用 RTOS。RTOS 本身会占用系统的一部分资源如 ROM、RAM、CPU 的运算能力等，可能会增加系统的硬件成本。大部分 RTOS 必须付费购买，有一些还必须支付使用费用，这会增加系统的成本。因此，在开发很小的控制系统（如一个冰箱控制器等）时，不宜用 RTOS；而当所开发的系统较大时，使用 RTOS 是较好的选择。

本章以 80C51 系列单片机为例来学习 RTOS。由于 80C51 系列单片机内部资源有限，能够用于 80C51 系列单片机的 RTOS 并不多见，Rtx51 是其中比较优秀的一种，也比较容易获得，所以这里选用 Rtx51 进行学习。

12.2　Rtx51 Tiny 入门

Rtx51 是德国 Keil 公司开发的专门针对 80C51 及其兼容 MCU 的 RTOS。Rtx51 有 Rtx51 Full 和 Rtx51 Tiny 两个版本。

其中 Rtx51 Full 版本支持 4 级任务优先级，最多可以有 256 个任务，它同时支持抢占式与时间片轮转两种调度方式。抢占式调度方式可以在需要时中止其他任务而执行某一特定任务，因而可以满足实时性要求，功能强大。

Rtx51 Tiny 是 Rtx51 Full 的子集，是一个很小的内核，只占用 900 字节左右的存储空间。它只需要用 51 单片机的内部寄存器即可实现所有功能，因此可以在 51 单片机构成的单片系统中应用。Rtx51 Tiny 可以支持 16 个任务，任务间遵循时间片轮转的规则，但不支持抢占式任务切换的方式。因此它适用于对实时性要求不十分严格，而仅要求多任务管理的应用场合。

Rtx51 Full 是单独销售的，而 Rtx51 Tiny 则是完全免费的，随 Keil 软件一起提供，在 Keil 软件安装完成之后即可使用，并且 Keil 公司还提供了其源程序，从 Rtx Tiny 开始学习 RTOS 是较好的选择。

12.2.1　用 Rtx51 Tiny 实现 LED 闪烁

为学习 Rtx51 Tiny，这里首先使用 Rtx51 Tiny 来编写一个简单的程序，观察 Rtx51 Tiny 编写的程序与采用传统方式编写程序的区别。

【例 12 - 1】　如图 12 - 1 所示电路，要求 P1.0 所接 LED 每秒亮、灭各 1 次，P1.1 所接 LED 每秒亮、灭各 5 次，P1.2 所接 LED 每秒亮、灭各 2 次，P1.3 所接 LED 每 2 s 亮、灭各 1 次。

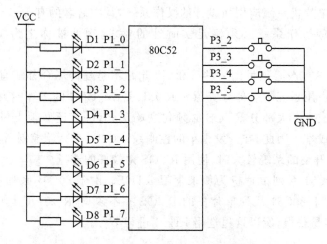

图 12 - 1　用于测试 Rtx51 的电路图

程序如下：

```
# include        <rtx51tny.h>         //使用 Rtx51 必须加上该头文件
# include        <reg52.h>
sbit     P1_0 = P1^0;
sbit     P1_1 = P1^1;
sbit     P1_2 = P1^2;
sbit     P1_3 = P1^3;
//以上第 1 部分，变量定义
job0 () _task_ 0 {
    os_create_task (1);          /* 创建任务 1 */
    os_create_task (2);          /* 创建任务 2 */
    os_create_task (3);          /* 创建任务 3 */
    os_create_task (4);          /* 创建任务 4 */
    os_delete_task (0);          /* 删除任务 0，在以后的工作中，该任务已不再需要 */
}
//以上第 2 部分，在任务 0 中创建其他任务并删除自身
job1 () _task_ 1 {               //任务 1
    while (1) {
```

```
        P1_0 = ! P1_0;
        os_wait (K_TMO, 50, 0);
    }
}
//以上第 3 部分,P1.0 控制 LED 闪烁
job2 () _task_ 2 {
    while (1) {
        P1_1 = ! P1_1;
        os_wait (K_TMO, 20, 0);
    }
}
//以上第 4 部分,P1.1 控制 LED 闪烁
job3 () _task_ 3 {
    while (1) {
        P1_2 = ! P1_2;
        os_wait (K_TMO, 200, 0);
    }
}
//以上第 5 部分,P1.2 控制 LED 闪烁
job4 () _task_ 4 {
    while (1) {
        P1_3 = ! P1_3;
        os_wait (K_TMO, 100, 0);
    }
}
//以上第 6 部分,P1.3 控制 LED 闪烁
```

程序实现:输入程序,以 rtx.c 为文件名存盘,建立名为 rtx 的工程(注意,在选择单片机型号时,必须选择 52 一类的单片机),将 rtx1.c 加入工程中。设置工程,单击工程窗口中的 Target 1,然后选择 Project→Option for Target 'Target 1'打开设置对话框,如图 12-2 所示。在 Target 选项卡中选择 Operating 为 RTX-51 Tiny 选项;然后切换到 Debug 选项卡,如图 12-3 所示。在 Parameter 后的文本框中键入 -dledkey,准备使用键盘 LED 实验仿真板来演示这一程序的结果。最后,单击 OK 按钮完成设置。编译、链接程序,按 Ctrl+F5 或选择菜单 Debug→Start/Stop Debug Session 进入调试,选择 PeriPherails 菜单项中的"键盘 LED 实验仿真板",打开仿真板,全速运行程序,注意观察 LED 的变化,可以看到 4 个 LED 在闪烁变化。

由于软件仿真的固有缺陷,闪烁的速度可能与要求不符,因此最好采用硬件仿真型单片机实验板来进行实验。

注:本书配套资料\exam\ch12\rtx 文件夹中名为 rtx.avi 的文件记录了实验的整个过程,包括输入源程序、设置工程、运行后的现象等,可供参考。

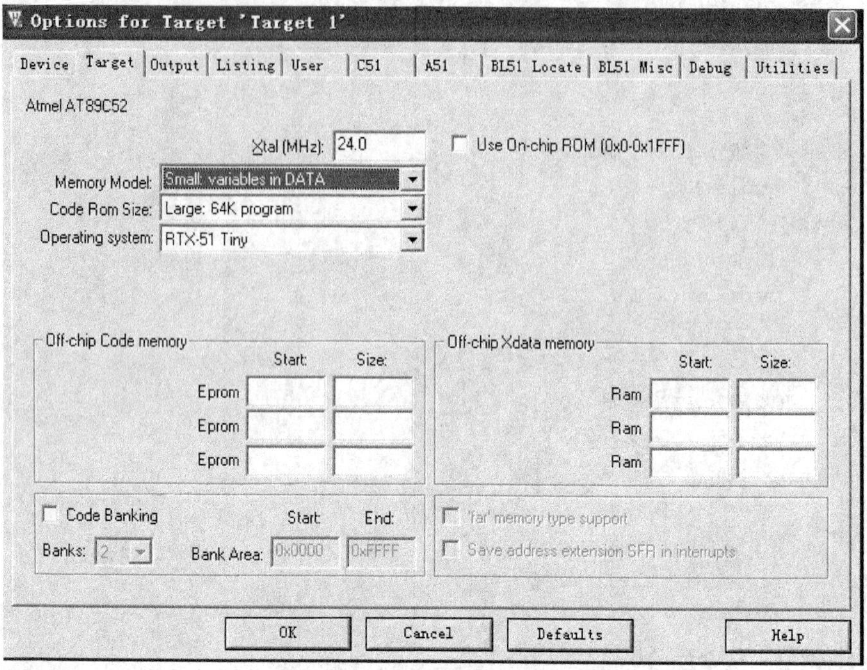

图 12 - 2　设置工程选择操作系统为 Rtx 51 Tiny

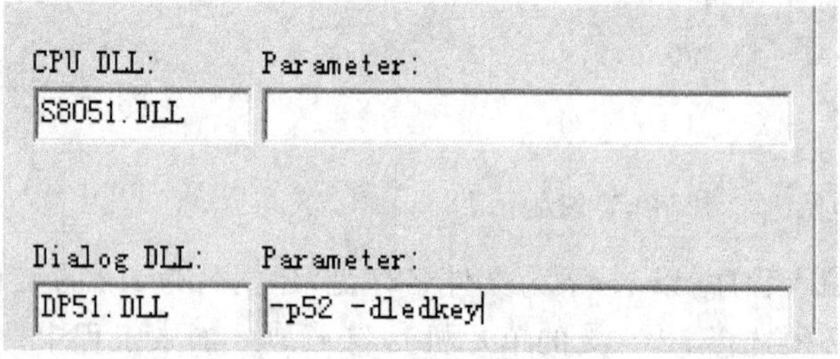

图 12 - 3　Debug 选项卡的设置

　　程序分析：上面程序中，第 1 部分是变量的定义，即定义 4 个输出引脚，这与一般程序写法一样；第 2 部分是"job0()_task_0{…}"，该部分程序中定义了 4 个任务，然后使用

```
os_delete_task(0);
```

语句将自身删除，因为在以后的工作中不需要这一任务了。

　　其后第 3~6 部分程序的结构完全一样，都用"while(1){…}"构成一个无限循环。使用 Rtx Tiny 操作系统时，每个任务都是一个无限循环的过程。既然是无限循环，一旦进入，又如何能够退出呢？这就依靠 Rtx Tiny 在后台调度了。Rtx Tiny 规定每个任务最多执行一个时间片的时间，如果超过一个时间片的时间这个任务还没有结束,Rtx Tiny 将强制中止该程序的执行,并且保存该程序的运行结果,然后切换到下一个任务;同样也会执行一个时间片的长度,然后再切换到下一下任务;直到所有任务全部执行一遍,又回来执行第一个任务,如此不断循环。在 Rtx Tiny 中,任务数最多不超过 16 个,默认的时间片长度是 50 000 个机器周期。如果系统所用晶振为 12 MHz,则每个时间片的长度是 50 ms,该值可以被修改以满足不同的需要。

12.2.2　对 RTOS 工作过程的初步认识

除了 Rtx Tiny 的强制退出以外,每个任务也可以通过一定的方法提前结束本身程序的执行,转而去执行下一个任务。例 12 - 1 中使用了 os_wait 函数,该函数有 3 个参数,其中第 2 个参数决定了两次执行时间的长短,即将该值乘以时钟报时信号的长度。默认情况下,每个时钟报时信号的长度是 10 000 个机器周期,当使用 12 MHz 晶振时,每 10 ms 是一次时钟报时信号。因此 oswait2(K_TMO,50) 是每过 50 个 10 ms 执行一次该任务,即每 0.5 s LED 将会变化一次(由亮到灭或由灭到亮),其他几个任务也仅仅是改变了输出引脚和时间常数,不难理解。

如果默认的时钟报时信号及时间片不能满足要求,则可修改以适合需要。打开 \Keil\C51\RTXTiny2文件夹,将其中的 cong_tny.a51 文件复制一份到 rtx1.c 所在文件夹中,在工程窗口中单击 Source Group 然后右击,选择 Add files to Group "Source Group"将 conf_tny.a51 加入工程中,如图 12 - 4 所示。

图 12 - 4　加入 conf_tny.a51 文件

在工程窗口中双击文件名,打开该文件,可以看到其中有这样的两个定义,如图 12 - 5 所示。

其中 INT_CLOCK 即为报时信号机器周期定义,默认为 10 000 个机器周期。TIMESHARING 定义每 5 个时钟报时周期为一个时间片,时间片为 5×10 000,即 50 000 个机器周期。

将 INT_CLOCK 后的 10 000 改为 50 000,即将一个时钟报时的间隔由 10 000 个机器周期变为 50 000 个机器周期,然后按 F7 键重新编译、链接工程,再次调试程序,会发现各个 LED 的闪烁速度均变慢了。

再看一看这个配置文件中的其他定义:

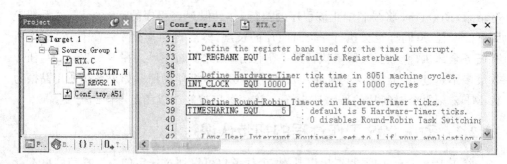

图 12 - 5　CONF_TNY.A51 文件中的有关定义

> RAMTOP EQU 0FFH; default is address (256 - 1)

这个定义用于指定片内 RAM 的数量，默认是 256 字节，即必须采用 80C52 类型的单片机。如果工程中所用单片机型号改为 89C51，编译正常，但却不能正常工作，进入调试后会出现如图 12 - 6 所示错误提示。

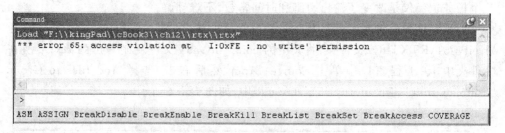

图 12 - 6　单片机选型为 89C51 时无法正常工作

如果需要使用 80C51 类的单片机，可进行如下修改：

> RAMTOP　　　　EQU　　　7FH

当 RAMTOP 的值为 0FFH 时，将 RAMTOP 的值改为 7FH，就能够正常工作了。

> FREE_STACK EQU 20; default is 20 bytes free space on stack

这个定义指定多少自由空间可用于堆栈，默认为 20 字节，可根据需要增加或减少。

12.3　Rtx51 Tiny 的工作过程及其函数

12.2 节学习了使用 Rtx51 Tiny 编写程序的方法，这一节通过另一些实例分析 Rtx51 Tiny 控制程序运行的具体过程及 Rtx51 Tiny 提供的函数。

12.3.1 键控流水灯程序

【例 12 - 2】 硬件电路如图 12 - 1 所示,用这个电路中的按键来实现可键控的流水灯,具有如下功能:

S1:开始键,按此键则灯开始流动;

S2:停止键,按此键灯停止流动;

S3、S4:方向键,按这两个键可以改变灯的流动方向。

程序如下:

```
# include      <reg51.h>
# include      <intrins.h>
# include      <rtx51tny.h>
typedef  unsigned char  uchar;
typedef  unsigned int   uint;
# define Init     0                  //初始化
# define Led      1                  //LED 闪烁定为任务 2
# define Key      2                  //键盘操作定义为任务 3
bit      StartFlow;                  //开始/停止流动
bit      LeftRight;                  //控制流动方向
void job0 (void ) _task_ Init {
os_create_task (Led);               / * 创建任务  * /
os_create_task (Key);
os_delete_task (0);}
void LedFlow(void) _task_ Led
{    static uchar OutData = 0xfe;
    while(1)
    {    if(StartFlow)
        {    P1 = OutData;
            if(LeftRight)
                OutData = _crol_(OutData,1);
            else
                OutData = _cror_(OutData,1);
        }
        os_wait(K_IVL,100,0);       //等待 1 s
    }
}
void KeyValue(uchar KeyV)
{    if((KeyV|0xfb)!= 0xff)          // S1 键被按下
            StartFlow = 1;
        else if((KeyV|0xf7)!= 0xff)
```

```
            StartFlow = 0;
        else if((KeyV|0xef)! = 0xff)
            LeftRight = 1;
        else if((KeyV|0xdf)! = 0xff)
            LeftRight = 0;
    }


    void KeyProcess(void) _task_ Key
    {
        uchar tmp;
        while(1)
        {   P3| = 0x3c;              //中间 4 位置高电平
            tmp = P3;
            tmp| = 0xc3;             //两边 4 位置高电平
            if(tmp! = 0xff)
                KeyValue(tmp);
            os_wait(K_IVL,2,0);
        }
    }
```

310

程序实现:输入程序,以 LedKey.c 为文件名存盘,建立名为 LedKey 的工程,选择 89C52 单片机为 CPU,将 LedKey.c 加入工程。设置工程,在 Target 选项卡中选择操作系统为 Rtx51 Tiny,在 Debug 选项卡 Parameter 后的编辑框中加入 - dLedKey。退出后编译、运行程序,即可用 LedKey 实验仿真板演示该程序运行的结果。当然,最好是能用硬件来实现,这样比较真实。

注:本书配套资料\exam\ch12\LedKey 文件夹中名为 LedKey.avi 的文件记录了实验现象,可供参考。

程序分析:这段程序共创建了 3 个任务,其中 Init 为任务 0,在该任务中定义 Led 和 Key 两个任务(任务号分别为 1 和 2);然后将 Init 任务删除,此后就不再需要这个任务了。程序的开头部分定义了 StartFlow 和 LeftRight 两个 bit 型的全局变量,用于两个任务之间的参数传递。

在任务 Led 中定义了一个静态的 uchar 型变量 OutData,该变量被赋予初值 0xfe,用二进制表示即 11111110B。不难看出,如果对该变量的循环左移或循环右移,将使其中的 0 出现在不同的位置,并将该变量值送到 P1 口,即可循序点亮相应位的 LED。

程序对全局变量 StartFlow 判断,如果该位为 0,即为停止运行,不进行任何处理;如果该位为 1,则进入下一步处理,即判断 LeftRight 究竟是 1 还是 0。如果该位为 1,则调用_crol_函数对 OutData 进行循环左移;否则调用_cror_函数对 OutData 进行循环右移,然后将该变量的值送往 P1,以点亮相应的发光二极管。这些工作都做完之后，调用 os_wait 函数，等待超时的发生，时间是 100 个 tick。由于每个 tick 为 10 ms，所以是等待 1 s 时间，显然，更改数值 100 可以改变灯的流动速度。

任务 Key 是键处理程序，首先将 P3 口的值与 0x3c(00111100B)相或，即将中间 4 位置高电平，然后读取 P3 口的输入值，与 0xc3(11000011B)相或。如果无键接下，中间 4 位应均为 1，相或后结果是 0xff；反之，如果有键按下，相或后结果就不为 0xff，如此即可判断是否有键按下。一旦有键被按下，则调用键值处理程序来处理键值。与传统的键值处理程序不同，这段程序没有调用延时子程序以去除键抖，但本程序同样具有一定的防键抖作用。程序中有一行"os_wait(K_IVL,2,0);"，即每 2 个 tick (20 ms)读一次 P3 口的值，这样的处理使得程序相当简洁。

为何这样写程序即可完成键控流水灯的功能呢？这是由 Rtx51 Tiny 在"幕后"参与工作之下完成的，下面来分析一下 Rtx51 Tiny 的工作过程。

12.3.2　Rtx51 Tiny 的工作过程

Rtx51 Tiny 使用了 80C51 单片机的定时器 T0，T0 中断产生的周期报时信号作为 Rtx51 Tiny 的时间片。确切地说，每一个时间片是若干次中断时间的总和，而每次中断的时间由 conf_tny.a51 中的符号常量 INT_CLOCK 确定，中断次数则由 conf_tny.a51 中的符号常量 TIMESHARING 确定。

使用 Rtx51 Tiny 编程时，程序不需要主函数，但至少必须有一个任务 0。单片机上电后，Rtx51 Tiny 操作系统首先取得控制权，然后自动执行任务 0，可以在任务 0 中创建其他任务。所有任务构成一个任务队列，每个任务都是无限循环的过程，程序通常采用：

```
while(1)
{……}
```

或类似结构。

例如上面程序中的任务是这样写的：

```
void LedFlash(void) _task_ Led{
static uchar OutData = 0xfe;
while(1){…内容处理部分}
}
```

通过 RTX 在后台的调度，每个任务占用整个运行时间的至多一个时间片。一旦一个时间片到达而该任务还未主动退出，操作系统即强行退出该任务，切换至队列中的下一个任务。当队列中所有的任务都被执行一遍之后，再转到第一个任务，如此不断地循环，使得每一个任务都能被执行到。

一个任务可能有 5 种状态：

Delete　　表示这个任务已从队列中删除，不会参与调度，当然其中的程序也不会被执行；

Runing　表示这个任务正在运行，任一时刻只能有一个任务处于 Runing 状态；

Ready　　表示该任务处于就绪状态，可随时执行；

TimeOut　表示该任务处于就绪状态，可随时执行，该任务是被 RTX 强行退出的；

Waiting　表示该任务目前正被挂起，等待一个事件的发生，当切换到处于该状态的任务后，不执行这个任务中的程序即退出。

如图 12 - 7 所示是例 12 - 2 中各任务的状态。

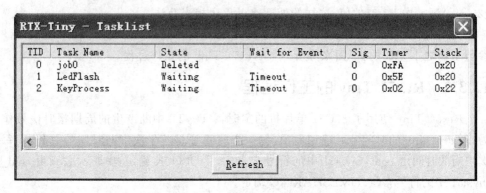

图 12 - 7　程序中的各任务状态

12.3.3　Rtx51 Tiny 的事件

对一些任务而言，在一个时间片里不足以完成一个完整功能，如进行复杂的计算等工作；但也有一些任务的工作很简单，如果该任务需完成的工作已结束，而分配给它的一个时间片的时间还没有到，那么它仍需等待一个时间片的时间再切换给其他任务。例如，在 LED 闪烁灯的应用中，每个时间片的长度是 50 ms，而任务却很简单，只是取反一次引脚状态，微秒级的时间即可完成。如果一个任务中该做的工作已做完，却还要等上近 50 ms 才能切换到下一个任务，那么这段"漫长"的时间纯粹是浪费。Rtx51 Tiny 允许任务提前结束，转而去执行任务队列里已处于就绪状态的下一个任务，这可通过使用 Rtx51 Tiny 提供的 os_wait 函数来实现。

在一个任务中，如果执行了 os_wait 函数，即将该任务置为 Waiting 状态，等待一段时间或某个信号的到来再将该任务置为 Ready 状态。在 Rtx51 Tiny 中，将所等待的时间到或者信号到称为一次"事件"的发生。此外，使用 os_wait 函数可以在一个任务中所需完成的工作完成后立即退出该任务，避免进入不必要的循环中，方便编程。如例 12 - 1 中，完成了取反的工作后即退出该任务；否则反复循环，不能得到正确的结果。

12.3.4　Rtx51 Tiny 的函数

Rtx51 Tiny 提供了如下一些函数：

1. os_create_task

该函数用于创建一个任务，其一般调用形式为：

```
char os_create_task(unsigned char task_id);          //待创建任务的 ID 号
```

如果任务成功地开始，os_create_task 函数返回 0；如果任务不能被开始或不能使用规定任务号定义任务，则返回－1。

一旦创建了任务，在写函数时，只要在函数名后用关键字_task_加任务 ID 号即可将该函数指定为该 ID 号的任务。

例如：在任务 0 中定义其他任务。

```
#define    Init      0   //初始化部分定义为任务 0
#define    Disp      1   //显示功能部分的程序定为任务 1
void job0（void ）_task_ Init {
if(os_create_task（Disp)) //创建任务,任务 ID 号为 Disp 即 1
{……                     //如果返回值不为 0,表示未能成功创建任务,则在此进行处理工作
}
……                      //创建其他任务或进行其他初始化工作
}
```

上述程序中，在任务定义时判断任务是否成功地被创建。如果任务未能成功创建，说明程序有错，可以进行一些处理工作，如产生报警信号等，这样可以编写出"健壮"的程序。

任务创建后，有关显示部分的程序可以这么写：

```
void Display(void) _task_ Disp       //函数 Display 被指定为任务 1
{……                                 //显示程序的执行部分
}
```

2. os_delete_task

该函数用于将一任务从执行队列中删除，其一般调用形式为：

```
char os_delete_task(unsigned char task_id);//待删除任务的 ID 号
```

如果任务成功地停止和删除，os_create_task 函数返回 0；如果规定的任务不存在或没有开始，返回－1。

前已述及，RTX 的工作原理是时间片轮转，在任务队列中的每一个任务都有机会分配到一个时间片的运行时间。如果某一任务已不再需要运行，可以将其删除，以提高系统的效率。

例如：任务 0 在定义了其他任务后将自身删除。

```
void job0(void ) _task_ Init {
……                              //在这里完成任务定义及其他初始化工作
os_delete_task(Init);  }        //删除任务 Init,该任务在初始化时使用,以后已不再需要
```

3. os_send_signal

该函数用于在一个任务中发送一个信号给另一个任务，可用于任务间的简单通信。其一般调用形式为：

```
char os_send_signal(unsigned char task_id);//要将信号发送给某任务,就写上该信号的 ID 号
```

如果执行成功，os_send_signal 函数返回 0；如果规定的任务不存在，返回 -1。

注意：该函数只能在任务函数中被调用。

例如：如果键盘处理程序为任务 1，显示处理程序为任务 2，当有键被按下后，键盘处理程序发送一个信号给显示处理程序，通知该程序进行计算工作。

```
# include        <Rtx51tny.h>
void Key_func  (void) _task_ 1
{  ……
                           //在这里处理键盘的操作,如果需要重新计算显示值,则送一个信号
    os_send_signal(2);//送一个信号到 2 号任务
    ……
}
void tst_os_send_signal  (void) _task_ 2
{  ……
    os_wait2(K_SIG)    //等待一个信号的到来
}
```

4. isr_send_signal

该函数实现的功能与 os_send_signal 函数相同。由于 os_send_signal 函数只能在任务函数中被调用，如果需要在中断函数中向某任务送出信号，就需要用到这一函数。其一般调用形式为：

```
char isr_send_signal(unsigned char task_id);//要将信号发送给某任务,就写上该信号的 ID 号
```

如果执行成功，isr_send_signal 函数返回 0；如果规定的任务不存在，返回 -1。

例如：在定时中断处理中向其他任务发送信号

```
void Timer1() interrupt 3
{    TH1 = -(10000/256);
     TL1 = -(10000 % 256);         //12 MHz 晶振定时 10 ms
     isr_send_signal(Led);         //定时时间到,通知任务号为 Led 的任务开始执行
}
```

5. os_clear_single

该函数通过指定 task_id 号来清除信号。其一般形式为：

```
char os_clear_signal ( unsigned char task_id);        /*待清除的任务号 */
```

如果执行成功,返回值 0;如果指定的 task_id 不存在,返回值为－1。例如：

```
# include <rtx51tny.h>
void tst_os_clear_signal (void) _task_ 8
{
    ……
    os_clear_signal (5);             /*清除任务 5 中的信号 */
    ……
}
```

6. os_wait

该函数停止当前任务并等待一个或几个事件,比如一个时间间隔、一个超时,或从一个任务或中断发送给另一个任务的信号。其一般调用形式为：

```
char os_wait  (unsigned char event_sel,        /* 等待的事件  */
               unsigned char ticks,            /*等待的报时信号数 */
               unsigned int dummy);
```

参数 event_sel 确定事件或要等待的事件,可以使用下列常数：

K_IVL　　等待一个报时信号间隔；

K_SIG　　等待一个信号；

K_TMO　　等待一个超时(time-out)。

上述常数可以用字符"|"进行逻辑或。例如,K_TMO | K_SIG,要求任务等待一次时间到或一个信号到。参数 ticks 用以指定等待一个间隔事件(K_IVL)或一个超时事件(K_TMO)的报时信号数目。参数 dummy 是为了该函数能与 Rtx51 Full 中的 os_wait 函数兼容而设置的。在 Rtx51 Tiny 中没有使用,可以用任意常数。以下详细介绍 event_sel 的几个可选项。

➢ K_SIG:该参数用以说明等待一个信号,该信号可以在其他任务或中断处理程序中用 os_send_signal、isr_send_signal 函数送出。当某任务中执行到使用了 K_SIG 参数的 os_wait 函数时,该任务将进入等待(Waiting)状态,直到信号被送达,该任务才返回 Ready 状态并被执行。

➢ TIMEOUT：从 os_wait 函数开始的时间延迟,延迟的持续时间为指定的时钟报时信号个数。执行到使用了 TIMEOUT 参数的 os_wait 函数时,该任务将进入等待(Waiting)状态,直到所等待的时间到达,然后,任务返回到 Ready 状态并被执行。

> INTERVAL：从 os_wait 函数开始的间隔延迟，延迟的间隔为指定的时钟报时信号个数。与超时延迟的区别是 Rtx51 计时器没有复位。该参数仅在 Rtx51 Tiny 提供的 os_wait 函数中被使用，而在 Rtx Full 提供的 os_wait 函数中没有这样的一个参数。

在所等待的事件发生后，os_wait 函数会产生返回值，其值可能是以下 3 种之一：

① SIG_EVENT：接收到一个信号。

② TMO_EVENT：超时完成或时间间隔终止。

③ NOT_OK：参数 event_sel 的值无效。

例如：测试 os_wait 函数。

```
# include <rtx51tny.h>
void tst_os_wait (void) _task_ 9 {
    while (1)    {
    char event;                          //定义一个变量
    event = os_wait (K_SIG|K_TMO,50,0);  //调用 os_wait 函数，并得到返回值
    switch (event)
        {   default:                     //没有事件发生
                break;
            case TMO_EVENT:              //超时事件发生
                break;
            case SIG_EVENT:              //接收到信号
                break;
        }
    }
}
```

　　看到这里，读者可能会有一个疑问，如果系统中的每一个任务都是用 os_wait 函数退出，而每个任务本身执行的时间又都很短，那么时间到哪里去了呢？如例 12 - 1 和例 12 - 2 都是这样的一种情况，这会不会导致 os_wait 函数参数中规定的时间与要求不符呢？答案是不会，在 Keil 中调试一下不难得到这样的结论。Rtx Tiny 的具体工作过程这里不进行分析，但可以做个简单的测试，增加一个任务，但不用 os_wait 退出，再次调试可以发现程序的大部分时间都在这个任务中运行。

7. os_wait1

　　该函数停止当前任务并等待一个事件的发生。其一般调用形式为：

```
char os_wait1(unsigned char event_sel); /* 等待的事件 */
```

　　os_wait1 函数是 os_wait 函数的一个子集。event_sel 参数规定要等待的事件，在这个函数里只能够用 K_SIG。当有信号到达后，任务继续运行，os_wait1 函数返回一个用于识别重新启动任务的事件的识别常数。该函数可能的返回值是 SIG_

EVENT和 NOT_OK,其含义参考前一函数的介绍。

8. os_wait2

该函数停止当前任务并等待一个或几个事件,比如一个时间间隔、一个超时、从一个任务或中断发送给另一个任务或中断的信号。其一般调用形式为:

```
char os_wait2(unsigned char event_sel,       /* 等待的事件 */
              unsigned char ticks);          /* 等待的报时信号数 */
```

该函数是 os_wait 的一个简写版本,去除了 os_wait 函数的第 3 个参数,其余与 os_wait 函数相同。

9. os_running_task_id

该函数用于数判断当前执行的任务函数的任务标识符,其返回值为 0~15。其一般调用形式为:

```
char os_running_task_id(void);
```

例如:在程序中检测任务号。

```
include <Rtx51tny.h>
void tst_os_running_task(void) _task_ 3
{   unsigned char tid;
    tid = os_running_task_id();                /* 执行的结果是 tid = 3 */
}
```

12.4　Rtx51 Tiny 应用实例

前面学习了 Rtx51 Tiny 的工作过程以及它所提供的部分函数。下面通过一个例子来进一步学习 Rtx Tiny 提供的其他函数、信号机制及 Rtx51 Tiny 程序调试方法。

12.4.1　百分秒表的实现

【例 12-3】　使用 LED 数码管做一个百分秒表显示,并有键控流水灯的功能。本例子用到的显示部分原理如图 12-8 所示,键控流水灯部分的电路与图 12-1 相同,即 P1 接 8 个 LED,P3.2~P3.4 接有 4 个按钮。

单片机的 P0 口和 P2 口经过 74HC245 缓冲后驱动 8 位数码管,数码管采用共阳型,P2.0~P2.7 分别驱动第 1~8 位数码管。

下面首先给出程序,然后再进行分析。

单片机 C 语言轻松入门（第 3 版）

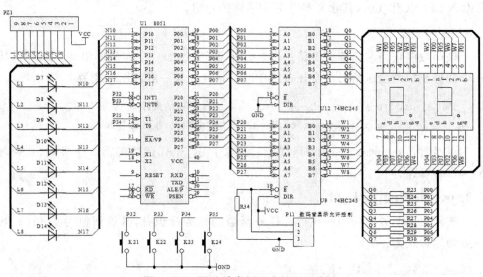

图 12 - 8　百分秒表例子中的显示电路

```
# include        <rtx51tny.h>
# include        <reg51.h>
# include        <intrins.h>
typedef        unsigned char uchar;
typedef        unsigned int  uint;
typedef        unsigned long ulong;
# define    Init        0              //初始化
# define    Disp        1              //显示程序定为任务 1
# define    Led         2              //LED 闪烁定为任务 2
# define    Data        3              //数值处理
# define    Key         4              //键盘操作定义为任务 3
bit    StartLedFlash;                  //启停 LED 流动
bit    LeftRight;                      //流动方向

uchar DispTab[] = {0xC0,0xF9,0xA4,0xB0,0x99,0x92,0x82,0xF8,0x80,0x90,0x88,0x83,
            0xC6,0xA1,0x86,0x8E,0xFF};
uchar DispBuf[8];
ulong   Count = 0;                     //计数器
void job0 (void ) _task_ Init {
    TH1 = - (10000/256);
    TL1 = - (10000 % 256);
    TMOD| = 0x10;
    ET1 = 1;
```

```
    TR1 = 1;
    PT1 = 1;
os_create_task (Disp);
os_create_task (Led);
os_create_task (Data);
os_create_task (Key);
os_delete_task (0);
}
void Display(void) _task_ Disp{
    static uchar DispCount;
    while(1){
    P0 = 0xff;                                  //数码管全部熄灭
    P0 = DispTab[DispBuf[DispCount]];
    P2 = BitTab[DispCount];
    DispCount ++ ;
    if(DispCount == 6)
        DispCount = 0;
    os_wait2(K_IVL,4);
    }
}
void Timer1() interrupt 3
{    TH1 = - (10000/256);
    TL1 = - (10000 % 256);
    isr_send_signal(Led);                       //送出信号
}
void LedFlash(void) _task_ Led{
    static uchar FlashLed = 0xfe;
    static uchar LedCount;
    while(1)
    {    LedCount ++ ;
        Count ++ ;                              //计数值不断加 1
        if(LedCount> = 100)
        {    if(StartLedFlash)
            {    P1 = FlashLed;
                if(LeftRight)
                    FlashLed = _crol_(FlashLed,1);
                else
                    FlashLed = _cror_(FlashLed,1);
            }
            LedCount = 0;
        }
```

```
            os_wait(K_SIG,1,0);                //等待信号
        }
    }
    void DataProcess(void) _task_ Data{
            ulong    tmp;
            while(1){
            tmp = Count;
            DispBuf[5] = tmp % 10;     tmp/ = 10;
            DispBuf[4] = tmp % 10;     tmp/ = 10;
            DispBuf[3] = tmp % 10;     tmp/ = 10;
            DispBuf[2] = tmp % 10;     tmp/ = 10;
            DispBuf[1] = tmp % 10;         DispBuf[0] = tmp/10;
        }
    }
    void KeyValue(uchar KeyV)
    {    if((KeyV|0xfb)! = 0xff)
            StartLedFlash = 1;
        else if((KeyV|0xf7)! = 0xff)
            StartLedFlash = 0;
        else if((KeyV|0xef)! = 0xff)
            LeftRight = 1;
        else if((KeyV|0xdf)! = 0xff)
            LeftRight = 0;
    }
    void KeyProcess(void) _task_ Key{
        uchar tmp;
        while(1)
        {    P3| = 0x3c;                  //中间 4 位置高电平
            tmp = P3;
            tmp| = 0xc3;                   //两边 4 位置高电平
            if(tmp! = 0xff)
                KeyValue(tmp);
            os_wait(K_IVL,2,0);
        }
    }
```

程序实现：输入源文件并以 disp.c 为文件名存盘，建立名为 disp 的工程，选择 89S52 单片机为 CPU，将 disp.c 加入工程。将 conf_tny.a51 文件复制到与该源文件同一文件夹下，并将该文件也加入工程。把 conf_tny.a51 中的 INT_CLOCK 值改为 1000（原为 10 000），即将报时周期改为 1 ms，将 TimeSharing 由 5 改为 1，这样系统的时间片确定为 1 ms。设置工程，在 Target 选项卡中选择操作系统为 Rtx 51 Tiny，

在 Debug 选项卡的 Parameter 后的编辑框中加入- ddpj。编译、链接正确后，按 Ctrl
＋F5 键进入调试，全速运行程序，即可用 dpj 实验仿真板演示该程序运行的结果，如
图 12 - 9 所示是某个运行时刻的截图。

图 12 - 9　51 单片机实验仿真板

　　程序分析：这段程序共创建了 5 个任务。其中 Init 为任务 0，在该任务中定义
Disp、Led、Data、Key 四个任务(任务号分别为 1、2、3 和 4)，然后将 Init 任务删除，此
后就不再需要该任务了。

　　程序的开头定义两个 bit 型的全局变量 StartLedFlash 和 LeftRight，用于任务
间的参数传递。数组 DispTab 是字形码表，数组 BitTab 是位显示数组，用于决定在
动态显示的某一次中究竟点亮哪一只数码管。数组 DispBuff 开辟了 8 字节的显示
缓冲区。任务 Disp 是数码管显示程序，该程序与一般动态显示程序的编程思想类
似。首先将 0xff 送到 P0 口，使得数码管所有笔段全灭，然后根据显示缓冲区的值查
字形码，将查到的字形码送到 P0 口；接着根据一个计数器(Count)的值查位码，并将
查到的位码送到 P2 口，以决定 8 只数码定中究竟哪一只被点亮；最后将 Cont 的值加
1，并判断是否到 8，如到 8 则返回 0，即 Count 的值在 0～7 之间变化，对应点亮第 1～
8 个数码管。在程序的结尾调用 os_wait 函数等待 4 个 tick。由于已修改配置，使 1
个 tick 为 1ms，因此为每 4 ms 执行一次该任务。这里省却了一般动态显示程序中的
重置定时器初值等工作，这使得该部分程序非常简洁。

　　任务 KeyProcess 的工原理这里就不再重复分析。任务 DataProcess 是用于对
百分秒计数器 Count 的值进行处理，将其变为 4 位十进制数并存入显示缓冲区。

　　除了这 5 个任务之外，程序中还用到了定时器 1 的定时中断。这个中断处理程
序的功能很简单，重置定时初值，然后调用 isr_Send()函数发送一个信号。

12.4.2　Rtx51 Tiny 中的信号

　　有时，某个任务(称之为任务 A)必须要在另一个任务(称之为任务 B)完成之后
才能执行，或其程序的执行才有意义，这可以使用 Rtx51 Tiny 提供的信号机制来实
现。例如，在某个应用中，数码管仅被用于显示按键值，显然，只有在键被按下去后才

需要重新计算键值（即执行任务 A）；没有键按下去时，键值计算程序是不需要工作的。对这种应用，可将计算程序作为一个任务，在初始化后挂起。即当 Rtx51 Tiny 切换到该任务时，该任务中的程序并不被运行，而是直接退出这一任务。转去运行任务队列中的下一个任务。当有键被按下时，调用键盘处理程序（任务 B）。当键盘处理程序确认有键被按下时，发送信号，通知任务 A 工作。

在例 12 - 3 中，任务 Led 调用 os_wait(K_SIG,1,0) 函数以等待一个信号，等到这个信号有效后才执行程序。该信号由定时中断 1 产生，定时中断 1 的时间是 10 ms，即每 10 ms 发送一次信号。任务 Led 在收到信号后进行计数的操作，每计 100，使 LED 移动一位，因此灯流动的速度是 1 s/次。此外，在该任务中还对全局变量 Count 进行加计数。该变量被用做百姓分秒表计数器，每隔 10ms 加 1。

12.5　使用 Rtx51 Tiny 操作系统程序的调试

使用 Rtx51 Tiny 操作系统编写的程序，其调试的方法与一般 C 语言程序类似，可以通过单步、过程单步、设置断点等方法进行调试。如图 12 - 10 所示，是在函数

```
void LedFlash(void) _task_ Led
```

中设置断点。全速运行后，遇到断点即停止运行，此时，可以观察左侧 Project Work-space 窗口中各寄存器、累加器的值。其中，比较有价值的是观察 states/sec 的值，可以通过这两个值的观察，了解到程序运行的时间。在例 12 - 3 程序中，中断程序如下：

```
void Timer1() interrupt 3
{    TH1 = - (10000/256);
     TL1 = - (10000 % 256);
     isr_send_signal(Led);              //送出信号
}
```

观察得到的两次 sec 值分别是 0.060 310 s 和 0.069 813 00 s，计算两者的差是 0.009 503 s，不到预期的 10 ms。因此，需要略加长中断时间，经数次调整，直到：

```
TH1 = - (10400/256);
TL1 = - (10400 % 256);
```

时，已较为接近 10 ms 的要求。

除了可以设置断点以外，还可以使用单步、过程单步执行程序，以跟踪程序执行的过程，如图 12 - 11 所示，是在执行到语句：

```
os_wait(K_SIG,1,0);              //等待信号
```

时，按 F11 键跟踪进入了 CONF_tny.A51 源程序中。

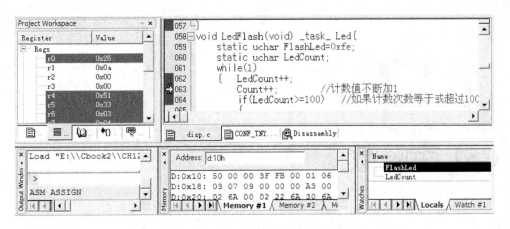

图 12 - 10　设置断点进行调试

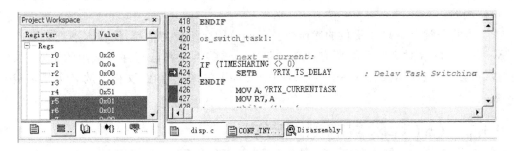

图 12 - 11　使用 F11 键单步跟踪进入 CONF_tny.A51 源程序中

　　此外,在进入调试后,Peripherals 菜单下会多出一项 Rtx Tiny task-list 的选项,选中该项,即出现对话框。该对话框列出了当前程序中所有的任务,并给出了每个任务的状态,通过该对话框可以了解程序中各任务的工作状态。

第 13 章

C51 库函数

库函数并不是 C 语言的一部分，它是由软件开发公司根据需要编制并提供给用户使用的。

本章分类介绍 C51 提供的库函数。对函数的介绍较为精简，但在本书配套资料 \exam\ch13 文件夹中配有所有函数的例子。这些例子都已写好测试用的 main 函数，可以直接进行测试，每一个例子以一个文件夹的形式存在，文件夹的名字就是函数名。

13.1　C51 库函数的测试方法

不同类型的函数运行时要采用不同的方法观察测试效果，下面先介绍例子中采用的测试方法，以便读者学习。

① 如果在测试函数中用到了 printf 这个函数，首先要用＃include＜stdio.h＞将头文件 stdio.h 包含到源程序中；其次要在 main 函数中设置串行口，以便利用 Keil 软件的串行窗口进行输出，便于观察。而要设置串行口，又必须用＃include ＜reg51.h＞或＃include＜reg52.h＞将头文件 reg51.h 或 reg52.h 加入源程序中，否则无法通过编译。

② 当使用到 get、getchar 之类的输入函数时，采用与上述相同的方法处理，可以在串行窗口中输入所需要的字符，这些字符可以被有关函数接收。

③ 如果测试函数中有 printf 之类的输出函数，可以直接观察输出以确定结果；否则，可以观察变量窗口以确定函数的工作是否正常。

④ 部分函数测试时定义了大容量的数组，在设置工程时，必须将 Memory Model 由默认的 Small 模式改为 Large 模式，否则无法通过编译、链接。

下面通过一些例子加以说明。

【例 13－1】　求一个数的 cos 函数，本例用于演示使用 printf 函数。

完整的程序如下：

```
# include        <reg52.h>        /* 为使用 printf 函数而加入 */
# include        <math.h>         /* 为使用 cos 函数而加入 */
# include        <stdio.h>        /* 为使用 printf 函数而加入 */
void Seri_init()
{   SCON       = 0x50;            /* SCON:工作模式 1,8－bit UART,允许接收 */
    TMOD      |= 0x20;            /* TMOD:定时器 T1,工作模式 2,8 位自动重载方式 */
    TH1       = 0xf3;            /* 当波特率为 2 400 时,定时器初值 */
    TR1       = 1;               /* 定时器 T1 开始运行 */
    TI        = 1;               /* 允许发送数据 */
}
void tst_cos (void) {
    float x;
    float y;
    for (x = 0; x < (2 * 3.1415); x + = 0.1) {
        y = cos (x);
        printf ("COS( % f) = % f\n", x, y);
    }
}
void main()
{   Seri_init();
    for(;;)
        tst_cos();
}
```

　　程序实现:输入源程序,命名为 tcos.c,建立名为 cos 的工程文件,将源程序加入工程文件中。编译、链接后进入调试,选择 View→Serial Window ♯1 开启串行窗口,全速运行,即可看到运行的结果,如图 13－1 所示。

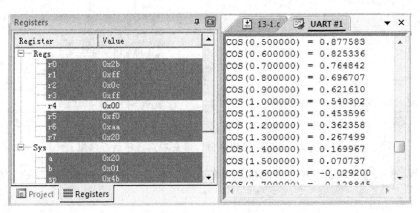

图 13－1　cos 函数测试程序

【**例 13－2**】　观察 strncpy 函数的运行结果,本例用于演示通过观察变量的方法了解程序执行的结果。

程序如下：

```c
# include <string.h>
void tst_strncpy ( char * s) {
    char buf [21];
    strncpy (buf, s, sizeof (buf));
    buf [sizeof (buf)] = '\0';
}
void main()
{   char buf[] = "This is a Test!";
    for(;;)
        tst_strncpy(buf);
}
```

程序实现：建立名为 strncpy 的工程，输入源程序，命名为 tstrncpy.c，加入工程，编译、链接后进入调试。按 F11 键单步执行程序，并不断查看"观察窗口"各变量的变化，如图 13-2 所示，以此来理解函数的运行结果。

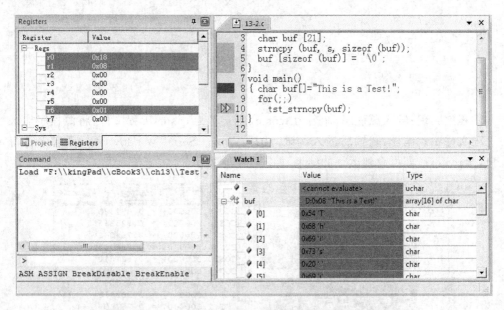

图 13-2   开启变量观察窗口准备观察程序运行结果

【例 13-3】 观察 getchar 函数的运行结果，本例演示通过串行窗口输入数据的情况。

程序如下：

```
#include <reg52.h>
#include <stdio.h>
void Seri_init()
{   ......
}
void tst_getchar (void) {
    char c;
    while ((c = getchar ()) != 0x1B)
    {
        printf ("character = % c % bu % bx\n", c, c, c);
    }
}
void main()
{   Seri_init();
    for(;;)
        tst_getchar();
}
```

程序实现： 建立名为 getchar 的工程，输入源程序，命名为 tgetchar.c，将源程序加入工程，编译、链接后进入调试。开启 1♯串行窗口，随意在键盘上按下一些键，串行窗口将接收这些按键并将结果回送到窗口进行显示。运行结果如图 13 - 3 所示，其中每行的最前面的字符是 getchar 函数直接回显的按键，等号"＝"后面是用字符、十进制数和十六进制数 3 种方式显示键入字符的值。

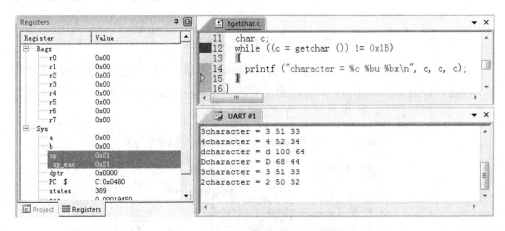

图 13 - 3　getchar 函数的运行结果

【例 13 - 4】 观察 memcpy 函数的执行情况，本例演示需要改变工程设置的情况。

程序如下：

```
# include <reg52.h>
# include <string.h>
# include <stdio.h>                    /*为使用 printf 函数而加入*/
void Seri_init()
{   ......
}
void tst_memcpy (void) {
    static char src1 [100] =    "Copy this string to dst1";
    static char dst1 [100];
    char * p;
    p = memcpy (dst1, src1, sizeof (dst1));
    printf ("dst = \"% s\"\n", p);
}
void main()
{   Seri_int();
    for(;;)
        tst_memcpy();
}
```

程序实现：建立名为 memcpy 的工程，输入源程序，命名为 tmemcpy.c，将源程序加入工程，编译、链接后，出现如图 13-4 所示的结果。

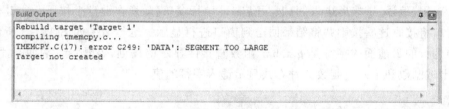

图 13-4　无法通过编译链接

图 13-4 显示程序无法通过编译，原因是内存不够。为了能运行这个程序，必须对工程进行设置，将 Memory Model 的模式改为 Large 模式，如图 13-5 所示。设置完成后，就可以通过编译、链接并进行调试。

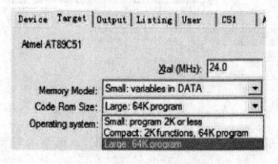

图 13-5　更改内存使用模式

了解了函数的测试方法后,下面分类说明各函数的用途。

13.2　使用 math.h 头文件的函数

使用这类函数时,必须在该源文件中使用命令行"#include <math.h>",将头文件 math.h 包含到源程序中。

1. int abs(int val)

函数 abs 返回整型数 val 的绝对值。例如:

```
#include <math.h>
void tst_abs() {
    int x;
    int y;
    x = -42;
    y = abs(x);
    printf("ABS(%d) = %d\n", x, y);
}
```

其他数学函数可以参考 abs 函数来进行测试,以下是各函数的简介。

2. float acos(float x)

本函数计算浮点数 x 的反余弦函数值。x 的取值范围为 $-1 \sim 1$,函数的返回值范围为 $0 \sim \pi$。

3. float asin(float x)

本函数计算浮点数 x 的反正弦函数值。x 的取值范围为 $-1 \sim 1$,函数的返回值范围为 $-\dfrac{\pi}{2} \sim \dfrac{\pi}{2}$。

4. float atan(float x)

本函数计算浮点数 x 的反正切值。这个返回值的范围为 $-\dfrac{\pi}{2} \sim \dfrac{\pi}{2}$。

5. float atan2(float y, float x)

本函数计算浮点数 y/x 的反正切值。该函数使用 x 和 y 的符号以判断返回值的象限,该函数的返回值的范围为 $-\pi \sim \pi$。

6. char cabs(char val)

本函数得到一个字符型数据的绝对值。

7. float ceil(float val)

本函数返回大于或等于 val 的最小整数。

8. float cos(float x)

本函数计算浮点数 x 的余弦函数值，x 的范围为 $-65\,535 \sim 65\,535$，超过这一数值将会得到一个 NaN 错误。

9. float cosh(float x)

本函数计算 x 的双曲余弦函数值。

10. float exp(float x)

本函数计算 x 的指数函数即 e^x

11. float fabs(float val)

本函数计算浮点数 val 的绝对值。

12. float floor(float val)

本函数计算小于或等于浮点数 val 的最大整数。

13. float fmod(float x, float y)

本函数是浮点取模函数。它返回一个浮点数，该数与浮点数 x 具有相同的符号，该数的绝对值比 y 的绝对值小。存在一个整型数 k，使得 $k*y+f$ 等于 x。如果 x/y 的商不能够被表达，该函数的结果未定义。

14. long labs(long val)

本函数计算长整数 val 的绝对值。

15. float log(float val)

本函数计算浮点数 val 的自然对数。自然对数使用 e 即 2.718 282 为底数。

16. float log10(float val)

本函数计算浮点数 val 的常用对数。常用对数以 10 为底数。

17. float modf(float val, float * ip)

本函数将浮点数 val 分成整数部分和小数部分，小数部分作为一个有符号的浮点数返回，整数部分以浮点数的形式保存于指针 ip 所指空间。

18. float pow(float x, float y)

本函数计算 x 的 y 次方。如果 $x \neq 0$ 并且 $y=0$，函数返回 1；如果 $x=0$ 并且 $y \leqslant 0$，函数返回 NaN；如果 $x < 0$ 并且 y 不是一个整数，函数返回 NaN。

19. float sin(float x)

本函数计算浮点数 x 的正弦值。x 的取值范围为 $-65\,535 \sim +65\,535$，否则函数返回 NaN。

20. float sinh(float val)

本函数计算浮点数 val 的双曲正弦函数值。val 的取值范围为 $-65\,535 \sim$

+65 535,否则函数返回 NaN。

21. float sqrt(float x)

本函数计算浮点数 x 的平方根。

22. float tan(float x)

本函数计算浮点数 x 的正切值。x 的取值范围为 −65 535～+65 535,否则函数返回 NaN。

23. float tanh(float x)

本函数计算浮点数 x 的双曲正切函数值。

13.3　使用 ctype.h 头文件的函数

使用这类函数时,必须在该源文件中使用命令行"# include <ctype.h>"将头文件 ctype.h 包含到源程序中。

1. bit isalnum(char c)

本函数测试 c 以确定该字符是否是一个文字、数字式字符(A～Z、a～z、0～9)。如果 c 是一个文字、数字式字符,则函数 isalnum 返回 1,否则返回 0。例如:

```
# include <ctype.h>
void tst_isalnum (void) {
unsigned char i;
char * p;
for (i = 0; i < 128; i++) {
    p = (isalnum (i)? "YES" : "NO");
    printf ("isalnum (%c) %s\n", i, p);
    }
}
```

其他使用 ctype.h 头文件的函数可以参考 isalnum 函数来进行测试,以下是各函数的简介。

2. bit isalpha(char c)

本函数测试 c 以确定其是否是一个文字字符 (A～Z 或 a～z)。如果 c 是一个文字字符,则函数 isalpha 返回 1,否则回 0。

3. bit iscntrl(char c)

本函数测试 c 以确定其是否是一个控制字符(值等于 0x00～0x1F 或者 0x7F)。如果 c 是一个控制字符,则函数 iscntrl 返回 1,否则回 0。

4. bit isdigit(char c)

本函数测试 c 以确定其是否是一个十进制数字(0～9)。如果 c 是一个十进制数字,则函数 isdigit 返回 1,否则回 0。

5. bit isgraph(char c)

本函数测试 c 以确定其是否是可打印的字符(不包括空格),这些字符值的范围为 0x21～0x7e。如果 c 是一个可打印字符,则函数 isgraph 返回 1,否则回 0。

6. bit islower(char c)

本函数测试 c 以确定其是否是一个小写字母(a～z)。如果 c 是一个小写字母,则函数 islower 返回 1,否则回 0。

7. bit isprint(char c)

本函数测试 c 以确定其是否是一个可打印字符(0x20～0x7E)。如果 c 是一个可打印字符,则函数 isprint 返回 1,否则回 0。

8. bit ispunct(char c)

本函数测试 c 以确定其是否是一个标点符号。标点符号是指:

! " # $ % &' ( ) * + , - . / :; < = > ? @ [\ ] ^ _ ` { | } ~

如果 c 是一个标点符号,则函数 ispunct 返回 1,否则回 0。

9. bit isspace(char c);

本函数测试 c 以确定其是否是一个空白字符(0x09～0x0D 或 0x20)。如果 c 是一个空白字符,则函数 isspace 返回 1,否则回 0。

10. bit isupper(char c)

本函数测试 c 以确定其是否是一个大写字母(A～Z)。如果 c 是一个大写字母,则函数 isupper 返回 1,否则回 0。

11. bit isxdigit(char c)

本函数测试 c 以确定其是否是一个十六进制数(A～F、a～f、0～9)。如果 c 是一个十六进制数字,则函数 isxdigit 返回 1,否则回 0。

12. char toascii(char c)

宏 toascii 将字符 c 转换为一个 7 位的 ASCII 码,即将字符 c 的最高位清零。例如:

```
# include <ctype.h>
# include "stdio.h"
# include "reg52.h"
void Seri_init()
{    ......
}
void tst_toascii ( char c){
    char k;
    k = toascii (c);
```

```
        printf ("%c is an ASCII character\n", k);
}
void main()
{    char c = '\307';              /*变换该字符进行测试*/
     Seri_int();
     for(;;)
          tst_toascii(c);
}
```

结果是 c='\307' 即二进制 11000111B,去掉最高位,变为 01000111B,即 ASCII码为十六进制的 0x47,就是大写字母 G。

13. char toint(char c)

本函数将 c 解释为一个十六进制的值。ASCII 码 0～9 作为数字 0～9 解释,而字符 A～F 或 a～f 作为十进制的 10～15。如果 c 的值不是一个十六进制的数值,则函数返回−1。

14. char tolower(char c)

本函数将字符 c 转换为小写字符。如果字符 c 不是一个字母,则函数不起任何作用。

15. char _tolower(char c);

当确信 c 是一个大写字母时,可以用宏_tolower 替代函数 tolower 进行小写转换。

16. char toupper(char c);

本函数将字符 c 转换为大写字符。如果字符 c 不是一个字母,则函数不起任何作用。

17. char _toupper(char c)

当确信 c 是一个小写字母时,可以用宏_toupper 替代函数 toupper 进行大写转换。

13.4　使用 stdlib.h 头文件的函数

使用这一类函数函数时,应该使用"♯include <stdlib.h>",把 stdlib.h 头文件包含到源程序文件中。

1. float atof(void * string)

本函数将一个字符串转换为一个浮点数,字符串必须由一串可以被解释为浮点数的字符组成。如果遇到无法转换的字符,转换将在这个字符的位置处停止。

atof 函数需要具有如下格式的字符串：

[{＋｜－}]数字[.数字][{e｜E}][{＋｜－}]数字]

在这里：

➢ 数字可以是一个或多个十进制数形式的字符。

➢ "[]"中的值为可(能)选项，即根据需要"[]"中的内容可以有，也可以没有，不论"[]"中的值有或没有，形式上都是正确的。

➢ "{}"中的内容是二者选一，可选内容用"｜"隔开。如"{＋｜－}"表示可以选择"＋"或"－"，而"{e｜E}"则表示可以选择 e 或者 E。

以下各函数中形式与此类似的就不再一一说明。

本函数返回可以被解释为浮点数的字符所组成的字符串的浮点数值。例如：

```
#include <stdlib.h>
void tst_atof(void) {
    float f;
    char s [] = "1.23abc";
    f = atof(s);/* 结果为 f = 1.23 */
    printf("ATOF(% s) = % f\n", s, f);
}
```

2. int atoi(void ∗ string)

本函数将一个字符串转换为一个 int 型数值。该字符串必须由可以被解释整型数的字符组成。如果在字符串中有不可被解释为数字的字符，转换将在这个字符的位置处停止。

atoi 函数需要具有如下格式的字符串：

[空格][{＋｜－}]数字

这里的数字必须是一个或多个十进制数。

3. long atol(void ∗ string)

本函数将一个字符串转换为一个长整型数值。该字符串必须由可以被解释为长整型数的字符组成。如果在字符串中有不可被解释为数字的字符，转换将在该处停止。

atol 函数需要具有如下格式的字符串：

[空格][{＋｜－}]数字

这里的数字必须是一个或多个十进制数。

4. void ∗ calloc(unsigned int num, unsigned int len)

本函数为一组数组分配空间。每个数组的长度是 len，将所有的数组均初始化为 0。所需全部空间等于 num×len，它返回一个所分配内存的指针。如果请求不能满足，则返回一个 null 指针。该函数的源程序在 KEIL\C51\LIB 中，可以修改源程序使之适应自己的硬件环境。

5. void init_mempool(void xdata * p, unsigned int size)

本函数初始化存储器管理程序并且提供存储池的开始地址和大小。参数 p 指向将由 calloc、free、malloc 和 realloc 函数管理的 xdata 空间,参数 size 指定可用的存储池的空间。

注意:该函数必须在任何其他内存管理函数(calloc、free、malloc、realloc)使用之前调用,以初始化存储池的有关参数,只要在程序开始调用一次函数 init_mempool。该函数的源程序在 KEIL\C51\LIB 中,可以修改源程序使之适应自己的硬件环境。

6. void free(void xdata * p)

本函数将一个内存块送回到内存池中。指针 p 是由 calloc、malloc 或 realloc 函数分配而获得的。一旦该内存块送回内存池,该内存块可以被重新分配,如果 p 是一个 null 指针,则被忽略。该函数的源程序在 KEIL\C51\LIB 中,可以修改源程序使之适应自己的硬件环境。

7. void * malloc(unsigned int size)

本函数从内存池中分配一块尺寸为 size 的内存块。如果成功,则函数 malloc 返回所分配内存块的指针;如果没有足够的内存可供分配,则返回一个 null 指针。该函数的源程序在 KEIL\C51\LIB 中,可以修改源程序使之适应自己的硬件环境。

8. void * realloc(void xdata * p, unsigned int size)

本函数改变原先分配的内存块的尺寸,参数 p 指向已分配的内存块,参数 size 给定新分配内存块的尺寸。目前内存块中的内容将会被拷贝到新的内存块中,新块中的其他区域未被初始化。本函数返回新内存块的指针,如果内存池中没有足够的空间可供分配,将会返回一个 null 指针,并且原来的内存块不会受到影响。该函数的源程序在 KEIL\C51\LIB 中,可以修改源程序使之适应自己的硬件环境。

9. void srand(int seed)

本函数设置伪随机数发生器的种子数,对相同的种子数,伪随机数发生器将产生相应的伪随机数序列。

10. int rand(void)

本函数产生在 0~32 767 之间的伪随机数。例如:

```
# include <stdlib.h>
void tst_srand(void) {
    int i;
    int r;1
    srand(56);
    for(i = 0; i < 10; i++) {
```

```
            printf("i = % d, RAND = % d\n", i, rand ());
        }
}
```

11. unsigned long strtod(const char ＊ string, char ＊＊ ptr)

本函数将字符串转换为浮点数，string 是被转换的字符指针，ptr 是指向子字符串的指针。该字符串必须由可以转换为浮点数的字符组成，字符串最前面如果是空格，这些空格不会参与转换。

函数 strtod 需要具有如下格式的字符串：

[{＋｜－}] 数字[. 数字][{e｜E} {＋｜－} 数字]

这里：

➤ 数字必须是一个或多个十进制数字。

➤ 指针 ptr 被指向一个字符串，该字符串是紧跟着可以被转换部分后的第一个字符。如果 ptr 为 NULL，则不赋给 ptr。如果没有字符可以被转换，则 ptr 被设置为 string 的值，并由 strtod 返回值 0。

本函数返回被 string 转换得到的数值。例如：

```
# include <stdlib.h>
void tst_strtod(void) {
    float f;
    char s [] = "1.23";
    f = strtod(s, NULL);/ * f = 1.230000 * /
    printf("strtod( % s) = % f\n", s, f);
}
```

12. long strtol(const char ＊ string, char ＊＊ ptr, unsigned char base)

本函数将字符串转换为长整数。String 是指向被转换字符串的指针；ptr 是指向子字符串的指针；base 是转换数的基。指向被转换的字符串必须由可被解释成整数的字符组成；字符串首位的空格将被忽略；在字符串的前面可以有一个符号。

函数 strtol 需要如下列格式的字符串：

空格{＋｜－} 数字

这里：

➤ 数字可以是一个或多个数字。

➤ 如果参数 base 等于 0，则数字可以是十进制格式、八进制格式或十六进制格式的数。函数从数的表达形式来决定其数的基。如果 base 是 2～36，则组成字符串的字符可以是数字或者那些容许的字符。比如，对于十六进制来说，其容许的字符是 a～f；而对于 36 进制来说，其容许的字符是 a～z，其中 z 代表 35。

➢ 指针 ptr 被指向一个字符串,该字符串是紧跟着可以被转换部分后的第一个字符。如果 ptr 为 NULL,则不给 ptr 赋值。如果没有字符可以被转换,则 ptr 被设置为 string 的值,并由 strtol 返回值 0。

本函数返回被转换字符串的整数值。如果转换中产生溢出,则根据溢出方向返回 LONG_MIN 或 LOGN_MAX。

13. unsigned long strtoul(const char ∗ string, char ∗ ∗ ptr, unsigned char base)

本函数将一个字符串转换为一个无符号长整数。被转换的字符串必须由可被解释成整数的字符组成。字符串首位的空格将被忽略。在字符串的前面可以有一个符号。

函数 strtol 需要如下列格式的字符串:

空格[{+ | −}] 数字

有关说明请参考 strtol 函数中的说明。

本函数返回被转换字符串的十进制长整数值。如果转换中产生溢出,则根据溢出方向返回 LONG_MIN 或 LOGN_MAX。

13.5　使用 initrins.h 头文件的函数

使用这一类函数时,应该使用"# include <initrins.h>",把 initrins.h 头文件包含到源程序文件中。

1. unsigned char _chkfloat_(float val)

本函数检查浮点数的状态,返回一个无符号字符型数据。该数据包含了以下的状态信息:

0:标准浮点数;

1:浮点数为 0;

2:+INF(超过上限);

3:−INF(低于下限);

4:NaN(非数字)的错误状态。

例如:

```
# include <intrins.h>
float f1, f2, f3;
void tst_chkfloat(void) {
    f1 = f2 * f3;
    switch(_chkfloat_ (f1))
    {
        case 0:printf ("result is a number\n"); break;
```

```
        case 1:printf ("result is zero\n"); break;
        case 2:printf ("result is + INF\n"); break;
        case 3:printf ("result is − INF\n"); break;
        case 4:printf ("result is NaN\n"); break;
    }
}
```

2. unsigned char _crol_(unsigned char c, unsigned char b)

本函数将字符 c 左移 b 次,返回 c 被移位后的值。例如:

```
# include <intrins.h>
void tst_crol(void) {
    char a;
    char b;
    a = 0xA5;
    b = _crol_(a,3); / * 执行完后 b 的值是 0x2D * /
}
```

3. unsigned char _cror_(unsigned char c, unsigned char b)

本函数_cror_ 将字符 c 右移 b 次,返回 c 被移位后的值。

4. unsigned int _irol_(unsigned int i, unsigned char b)

本函数将无符号整型数 i 左移 b 次,返回 i 被移位后的值。

5. unsigned int _iror_(unsigned int i, unsigned char b)

本函数将无符号整型数 i 右移 b 次,返回 i 被移位后的值。

6. unsigned long _lrol_(unsigned long l, unsigned char b)

本函数将无符号长整型数 l 右移 b 次,返回 l 被移位后的值。

7. unsigned long _lror_(unsigned long l, unsigned char b)

本函数 _lror_ 将无符号长整型数 l 右移 b 次,返回 l 被移位后的值。

8. void _nop_(void)

函数 _nop_ 在程序相应位置插入 8051 的 nop 指令。

9. bit _testbit_(bit b)

函数_testbit_产生一条 JBC 指令,在测试该该位是否为 1 的同时将该位清 0。该指令仅能用于可直接位寻址变量,不能用于任何表达式,函数返回 b 的值。

说明:以下划线("_")开头的几个函数都是内部函数,直接在当前位置产生代码,而不产生函数调用。

13.6　使用 string.h 头文件的函数

使用这一类函数时,应该使用"♯ include <string.h>",把 string.h 头文件包含到源程序文件中。

1. void * memccpy(void * dest,void * src,char c,int len)

本函数从源指针 src 所指内存处复制字符到目标指针 dest 所指内存区域。如果遇到字符 c 或已复制了 len 个字符,则复制结束。

返回值:函数 memccpy 返回一个指向最后一个被复制字符的指针。如果因遇到字符 c 而结束,则返回一个 null 指针。例:

```
# include <string.h>
void tst_memccpy(void) {
    static char src1 [50] = "Copy this string to dst1";
    static char dst1 [50];
    void * c;
    c = memccpy(dst1, src1,'g', sizeof (dst1));
    if(c == NULL)
        printf("'g' was not found in the src buffer\n");
    else
        printf("characters copied up to 'g'\n");
}
```

2. void * memchr(void * buf,char c, int len)

本函数扫描指针 buf 所指的内存区域。在长度为 len 的范围内查找第一次出现的字符 c 的位置,返回字符 c 在指针 buf 所指的内存区域第一次出现的位置指针,如果在指定的 len 长度之内没有发现字符 c,则返回一个空指针。

3. char memcmp(void * buf1,void * buf2,int len)

本函数比较两个缓冲区 buf1 和 buf2。比较的长度为 len 字节,返回一个值代表这两个缓冲区之间的关系,说明如下:

值　　　　　　　含义
< 0　　缓冲区 buf1 小于缓冲区 buf2;
= 0　　缓冲区 buf1 等于缓冲区 buf2;
> 0　　缓冲区 buf1 大于缓冲区 buf2。
函数 memcmp 返回正数、0 和负数,指示缓冲区 1 和缓冲区 2 之间的关系。

4. void * memcpy(void * dest,void * src,int len)

本函数从 src 复制 len 字节到 dest 处。如果两个内存区域交叠,该函数不能保证源缓冲区中的不内容不被覆盖。如果的确有交叠，则可以使用函数 memmove。

5. void ＊ memmove(void ＊ dest，void ＊ src，int len)

函数 memmove 从 src 处复制 len 字节到 dest 处。如果内存区域存在交叠，则函数 memmove 可以确保在源缓冲区的内容在被覆盖以前被正确复制到目标缓冲区。

6. void ＊ memset(void ＊ buf，char c，int len)

本函数 memset 用字符 c 填充从指针 buf 所指长度为 len 的内存区域。

7. char ＊ strcat(char ＊ dest，char ＊ src)

本函数将源字符串连接到目标字符串中，并加入一个空字符（NULL）作为目标字符串的结束字符，返回目标字符串的起始指针。

8. char ＊ strchr(const char ＊ string，char c)

本函数查找字符串 string 中字符 c 首次出现的位置。如果未能找到字符 c，则返回一个空指针（NULL）；否则返回该字符所在位置的指针。

9. char strcmp(char ＊ string1，char ＊ string2)

函数 strcmp 比较字符串 1 和字符串 2 的内容，返回值表示二者的关系：

值　　　　　含义

＜ 0　字符串 1 小于字符串 2；

＝ 0　字符串 1 等于字符串 2；

＞ 0　字符串 1 大于字符串 2。

10. char ＊ strcpy (char ＊ dest，char ＊ src)

本函数将源字符串复制到目标字符串的位置，并在其后加一个 NULL 字符，返回目标字符串指针。

11. int strcspn(char ＊ src，char ＊ set)

本函数查找指针 src 所指的字符串中是否包含有指针 set 所指的字符串，返回和指针 set 所指字符串匹配的第一个字符所在位置的索引。如果源字符串第一个字符就与待查找字符匹配，则返回 0；如果源字符串中没有字符与待查找字符匹配，则返回源字符串的长度值。

12. char ＊ strncat(char ＊ dest，char ＊ src，int len)

本函数将最多 len 个字符从源字符串中连接到目的字符串并在最后加一个 NULL 字符。如果源字符串的长度小于 len，将源字符串全部连接到目的字符串，并在最后加一个 NULL 字符。本函数返回目的字符串的指针。

13. char strncmp(char ＊ string1，char ＊ string2，int len)

本函数比较字符串 string1 和 string2 的前 len 个字符，并用返回值来代表它们之间的关系。用以下值代表字符串 string1 和 string2 的前 len 个字符之间的关系：

值	含　义
< 0	string1 小于 string2;
= 0	string1 等于 string2;
> 0	string1 大于 string2。

14. char ＊ strncpy(char ＊ dest,char ＊ src,int len)

本函数从源字符串复制至多 len 个字符到目的字符串。如果源字符串长度小于 len,则目标字符串使用 NULL 字符填补以使字符串达到指定的长度,返回目标字符串指针。

15. char ＊ strpbrk(char ＊ string,char ＊ set)

本函数 strpbrk 查找从字符串 set 中第一次出现的一些字符。字符串中的 NULL 字符不包含在搜索之中,返回匹配字符的指针。如果被查找的字符串中没有待查找的字符串,则返回一个空指针。

16. int strpos(const char ＊ string,char c)

本函数查找字符串中第一次出现 c 的位置,字符串的结束符 NULL 也包含于搜索中,返回找到的第一个匹配的字符 c 的索引值。如果没有找到,则返回 -1。当字符串的第一个字符就是所希望查找的字符时,返回值是 0。

17. char ＊ strrchr(const char ＊ string,char c)

本函数查找字符 c 出现的最后位置,字符串的结束符 NULL 也包含于搜索中,返回最后一个字符所在位置的指针。如果没有字符被找到,则返回一个空(NULL)指针。

18. char ＊ strrpbrk(char ＊ string,char ＊ set)

本函数查找被查字符串中最后出现待查字符的位置,字符串中的 NULL 结束符不包含在搜索中,返回最后匹配字符的指针。如果被查找字符串中不包含待查找的字符,则回一个空指针。

19. int strrpos(const char ＊ string,char c)

本函数查找被查找字符串中最后出现字符 c 的位置,结束符 NULL 包含在搜索中,返回被查找字符串中与字符 c 匹配的最后一个位置的索引值。如果没有找到 c,则返回 -1;如果第一个字符与即所查字符,那么其索引值为 0。

20. int strspn(char ＊ string,char ＊ set)

本函数查找被查找字符串中那些不在 set 所指字符串中列出的字符,返回第一个不与 set 字符串相匹配的字符在被查找字符串中的索引值。如果第一个字符即不匹配,则返回 0;如果被相找字符串中所有字都包含在 set 所指字符串中,则返回被查找字符串的长度值。

21. int strlen(char ＊ src)

本函数计算字符串 ＊ src 的长度，该长度不包括最后一个空字符（NULL），返回字符串 ＊ src 的长度。

13.7　使用 assert.h 头文件的函数

使用这一类函数时，应该使用"＃include ＜assert.h＞"，把 assert.h 头文件包含到源程序文件中。

void assert(expression)

assert 宏测试一个表达式，如果该表达式有错，则使用 printf 函数输出一个诊断信息。例如：

```
#include <reg51.h>
#include <assert.h>
serial_init()  {
……
}
void check_parms(char ＊ string)
{
    assert(string != NULL); /＊ 检查空指针 ＊/
    printf("String ％ s is OK\n", string);
}
void main()
{
    char ＊ string;
    serial_init();
    for(;;)
    {    check_parms(string);
    }
}
```

该程序的串行窗口输出如图 13－6 所示。

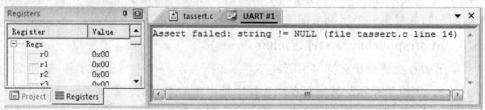

图 13－6　assert 例子运行的结果

342

如果将主程序中 char ＊ string;改为:

char ＊ string = "abcde"

则结果为:String abcde is OK

13.8　使用 setjmp.h 头文件的函数

使用这一类函数时,应该使用"♯include ＜setjmp.h＞",把 setjmp.h 头文件包含到源程序文件中。

1. void longjmp(jmp_buf env,int retval)

本函数恢复被函数 setjmp 保存于环境变量中的状态值。参数 retval 指定从 setjmp 函数调用中恢复值。Longjmp 和 setjmp 函数能够用于执行非局部转移或给错误恢复函数传递控制。局部变量和函数参数只允许使用 volatile 属性进行声明。

2. int setjmp(jmp_buf env)

本函数将程序执行的当前状态保存到 env 中。该状态可以在调用函数 longjmp 时得到恢复。当这 2 个函数联合使用时,可实现非局部跳转。当 CPU 的当前状态被复制到 env 中去之后,setjmp 函数返回 0。

13.9　使用 stddef.h 头文件的函数

使用这一类函数时,应该使用"♯include ＜stddef.h＞",把 stddef.h 头文件包含到源程序文件中。

1. int offsetof(structure,member)

两个参数分别是所使用的结构和成员的偏移量。

描述:offsetof 为宏计算结构成员在结构中的偏移量(从结构开始的地址)。结构参数 structure 必须指定结构名,结构成员 member 必须是该结构中的成员名。

返回值:以字节形式返回结构成员的偏移量。例:

```
♯include ＜stddef.h＞
struct index_st
{
    unsigned char type;
    unsigned long num;
    unsigned int len;
};
typedef struct index_st index_t;
void main(void)
```

```
{
    int x, y;
    x = offsetof(struct index_st,len);        /* x = 5 */
    y = offsetof(index_t,num);                 /* y = 1 */
}
```

2. type va_arg(argptr, type)

va_arg 宏用来从 argptr 所引用的可变参数列表中提取后续参数，而 type 指定提取参数的数据类型。对于每个参数而言，该宏只能被调用一次，并且只能按照参数列表中的顺序调用。

在 va_start 宏中指定 prevparm 参数后，第一次调用 va_arg 将返回第一个参数。接下来对 va_arg 的调用将会顺序返回其余的参数。

3. void va_end(argptr)

va_end 宏用来结束可变长度参数列表指针 argptr 的使用。该指针是由 va_start 宏初始化的。

4. void va_start(argptr, prevparm)

在具有可变长度参数列表的函数中使用 va_start 宏初始化 argpt，argptr 被 va_arg 和 va_end 宏使用。Prevparm 必须是函数参数名，且该函数参数在可选参数之前，由省略号"…"指定。在使用 va_arg 宏之前，必须先调用该函数来初始化可变长度参数列表的指针。例如：

```
# include <stdarg.h>
# include <stdio.h>                    /* 为使用 printf 函数而加入 */
# include"reg52.h"
int varfunc(char * buf, int id, ...) {
    va_list tag;
    va_start(tag, id);
    if(id == 0) {
    int arg1;
    char * arg2;
    long arg3;
    arg1 = va_arg(tag, int);
    arg2 = va_arg(tag, char * );
    arg3 = va_arg(tag, long);
    }
    else {
    char * arg1;
    char * arg2;
    long arg3;
```

```
        arg1 = va_arg(tag, char *);
        arg2 = va_arg(tag, char *);
        arg3 = va_arg(tag, long);
    }
}
void caller(void) {
    char tmp_buffer [10];
    varfunc(tmp_buffer, 0, 27, "Test Code", 100L);
    varfunc(tmp_buffer, 1, "Test", "Code", 348L);
}
```

13.10　使用 stdio.h 头文件的函数

使用这一类函数函数时,应该使用"＃include ＜stdio.h＞",把 stdio.h 头文件包含到源程序文件中。

1. char getchar(void)

本函数使用_getchar 函数从输入流中读取一个字符,读到的这个字符随即通过函数 putchar 返回。

注意:该函数需要使用_getkey 和 putchar 函数,标准的库函使用 80C51 的串行口输入/输出函数,对这两个函数进行定制可以使用其他 I/O 输入/输出方式。

例如:

```
# include ＜stdio.h＞
void tst_getchar(void) {
    char c;
    while((c = getchar ()) != 0x1B) {
    printf("character = % c % bu % bx\n", c, c, c);
    }
}
```

结果:键入字符在窗口回显,紧跟着显示:

character＝该字符,该字符的 ASCII 码(十进制),该字符的 ASCII 码(十六进制)。如图 13－7 所示是在键盘上键入 E、W、4、2、a、d 等字符后的结果。

2. char _getkey(void)

本函数等待从串口接收一个字符,并返回这个字符值。对源代码进行修改可以定制这个函数以适应任何硬件结构。例如:

单片机 C 语言轻松入门（第 3 版）

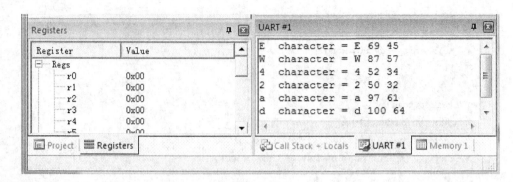

图 13 - 7　getchar 函数例子运行结果

```
#include <stdio.h>
void tst_getkey(void) {
    char c;
    while((c = _getkey ()) != 0x1B) {
    printf("key = %c %bu %bx\n", c, c, c);
    }
}
```

结果：键入字符不回显，窗口显示：

Key=字符，该字符 ASCII 码（十进制），该字符 ASCII 码（十六进制）。如图 13 - 8 所示是键入 a、B、4、2、0、2、1 等字符后的结果。

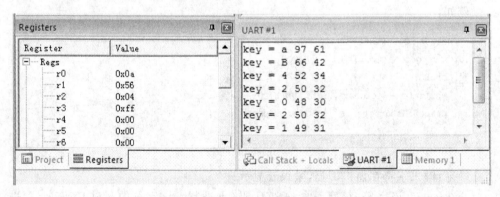

图 13 - 8　_getkey( )函数例子运行结果

3. char * gets(char * string, int len)

本函数调用函数 getchar 读入一行字符并回送一个字符串。这一行字符包括所有字符及第一个换行符"\n"，换行符在字符串中将被 NULL"\0"替代。

参数 len 指定读入字符的最小值。如果在读到换行符之前有 len 个字符被读取，函数 gets 将中止继续读取并在字符串后加入 NULL 后返回。

注意：该函数基于_getkey 和/或 putchar 这两个函数，标准的库函数使用 80C51

的串行口进行读/写字符,通过对 geteky 和 putchar 源程序定制可以使用其他输入/输出方式。

例如:

```
# include <stdio.h>
void tst_gets(void) {
    xdata char buf [100];
    do {
        gets(buf, sizeof (buf));
        printf("Input string \"%s\"", buf);
    } while(buf [0] != '\0');
}
```

结果:输入字符回显在串行窗口,一行字符结束后打回车即输出:

Input string 刚才输入的字符所组成的字符串,如图 13－9 所示。

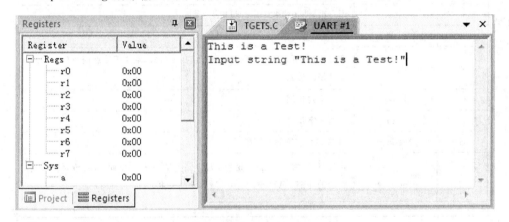

图 13－9　gets 函数例子运行结果

4. int printf(const char ∗ fmtstr[，arguments]…)

本函数使用格式化字符规定的方式对参数 arguments 的值进行格式化,结果被送到标准的输出流中。默认情况下,这个标准的输出流是串行口,实际上 printf 是使用 puts 进行输出的,因此,通过修改 Keil 软件提供的 puts 函数的源程序,可以改变输出流,比如输出到系统的液晶显示屏上。参数 fmtstr 是一个格式字符串,可以由字符、转义序列、格式说明组成。字符和转义字符将被原样复制到输出结果中,而格式特性字符总是由"%"作为引导,需要在该符号后面加上若干参数。格式字符串是从左往右读,第一个格式特性字符与第一个输出量匹配,第二个格式特性字符与第二个输出量匹配,以此类推。如果输出量的数量比格式特性字符多,多出来的输出量将被忽略。如果附加参数比格式字符少,将产生不可预知的结果。格式字符具有下列所示格式:

％ 标志 宽度 .精度 {b|B|l|L} 类型

格式字符中的每个区域可能是一个单个的字符或具有指定含义的数字。

区域"类型"是一个单个的字符用于说明参数被当成是字符、字串、数字或指针，详细说明如表13-1所列。

表 13-1　格式化字符的含义

字　符	参数类型	输出格式
D	Int	有符号十进制数
U	unsigned int	无符号十进制数
O	unsigned int	无符号八进制数
x	unsigned int	无符号十六进制数
X	unsigned int	无符号十六进制数
F	Float	浮点数，使用格式[—]ddd.dddd
e	Float	浮点数，使用格式[—]d.dddde[—]dd
E	Float	浮点数，使用格式[—]d.ddddE[—]dd
g	Float	浮点数，即可以使用f格式也可以使用e格式，取决于给点值及精度使用哪种格式更紧凑
G	Float	与g格式相同
C	Char	有符号字符型
S	generic *	具有 null 字符的字符串
P	generic *	指针，使用格式 t:aaaa，这里 t 是存储类型(c:代码空间；I:内部 RAM；x:扩展的外部 RAM 空间；p:扩展的外部一页 ROM)。aaaa 是一个十六进制数的地址

直接给出字母 b、B 和 l、L 可以比类型指定符号优先指定。

5. char putchar(char c)

本函数使用 80C51 的串行口送出一个字符 c。如果编程者的硬件与要求不符合，可以自行修改系统提供的源程序。例如：

```
#include <stdio.h>
void tst_putchar(void) {
    unsigned char i;
    for(i = 0x20; i < 0x7F; i++)
    putchar(i);
}
```

6. int puts(const char * string)

本函数通过 putchar 程序将一个字符串和一个换行符"\n"写入输出流中。如果有错误发生,则函数 puts 返回一个 EOF;如果正确执行,则返回 0。

7. int scanf(const char ＊ fmtstr［, argument]⋯)

本函数使用 getchar 函数来读取数据。数据从标准的流输入,使用格式化字符指定的方式格式化后存入 argument 所指定的存储空间内。

8. int sprintf(char ＊ buffer, const char ＊ fmtstr［, argument]⋯)

本函数使用指定的格式化方式格式化指定对象,并将格式化后的对象存储在存储缓冲区中指针所指的区域中。其中格式化的字符串的含义可以参考 printf 函数。

9. int sscanf(char ＊ buffer, const char ＊ fmtstr［, argument]⋯)

本函数从一个缓冲区中读入输入值,并按格式化字符串要求对输入值格式化,然后将其存储在 argument 所指定的存储空间内。

10. char ungetchar(char c);

本函数将字符 c 回存到输入流中去。在该函数执行后,其后执行的 getchar 函数或其他从流中获得输入的函数将获得字符 c。

注意:该函数仅能回存一个字符。

如果执行成功,该函数返回字符 c。如果连续两次以上调用函数 ungetchar 而中间又没有从流中读取数据的有关函数被执行,则第二次及以后执行时该函数返回一个 EOF,表示执行函数出错。例如:

```
# include <stdio.h>
void tst_ungetchar(void) {
    char k;
    while(isdigit (k = getchar ())) {
    ungetchar(k);
}
```

11. void vprintf(const char ＊ fmtstr, char ＊ argptr)

本函数将一系列字符串和数值按照一定格式进行组织,并通过 putchar 函数写出到输出流中。该函数与 printf 类似,但是它的参数是指向参数列表的指针而不是参数列表。

参数 fmtstr 是一个指向格式化字符串的指针,且该参数与函数 printf 的参数具有相同的形式。参数 argptr 指向参数列表,这些参数根据相应的格式说明进行转换和输出。

12. void vsprintf(char ＊ buffer, const char ＊ fmtstr, char ＊ argptr)

本函数将一系列字符串或数值格式化成一个字符串并保存到 buffer 中。该函数与 sprintf 类似,但使用指向参数列表的指针代替参数列表。

说明:查看 Keil 提供的函数手册,可以看到部分功能函数同时提供了另一种函数。这些函数都是在已有函数的后面加上了"517"，如 printf 和 printf517，scanf 和 scanf517 等。凡是这一类函数都使用了 Infineon C517、C509 的算术单元，可以使执行速度更快。使用这些函数时，需要在源文件中加入 80C517.h 头文件。如果不是使用这一类的单片机，则不能使用这些函数。

C 语言的关键字

A.1　标准 C 语言的关键字

标准的 C 语言中共有 32 个关键字，用小写字母表示。根据用途不同，关键字可以分为 4 类，如表 A–1 所列。

表 A–1　C 语言关键字

类　型	关键字	意 义 与 用 法
数据类型	int	基本整型变量
	char	字符型变量
	float	实型变量
	double	双精度实型变量
	short	短整型变量
	long	长整型变量
	unsigned	无符号型变量
	struct	结构体
	union	共用体
	enum	枚举类型
	signed	有符号数的各种类型
	void	无值型
	volatile	变量是可以被改变的
	const	常量类型

单片机C语言轻松入门(第3版)

类　型	关键字	意义与用法
存储类型	extern	外部变量
	static	静态变量
	register	寄存器变量
	auto	自动变量
	typedef	定义新的数据类型
控制语句	if	if 语句
	else	if-else 语句
	for	for 语句
	while	while 语句
	do	do 语句
	goto	无条件转移语句
	switch	switch 语句
	case	在 switch 语句中用于分支的语句
	default	在 switch 语句中不属于所有给定 case 分支的分支
	return	由函数返回的语句
	break	用于退出 do-while、for、while、switch 等语句
	continue	在循环语句中用于退出本次循环,执行下一次循环
运算符	sizeof	数据长度

352

A.2　Keil C 语言中新增的关键字

针对 80C51 单片机的特殊性,Keil 软件又增加了一些关键字,如表 A－2 所列。

表 A－2　Keil C 新增的关键字

关键字	意义与用法
_at_	绝对地址定位
alien	函数类型(用于 PLM－51)
bdata	用于指定存储于 RAM 中的位寻址区的数据
bit	定义位变量
code	用于指定存储于程序存储器中的数据
compact	用于指定存储器的使用模式为紧凑模式
data	用于定义变量为 RAM 中前 128 字节区
far	用于扩展大容量程序存储器时(超过 64 KB)

关键字	意义与用法
idata	用于定义变量为 RAM 中全部 256 字节区
interrupt	用于指定中断程序
large	用于指定存储器的使用模式为大模式
pdata	指定外部程序存储器的一页
priority	用于 Keil 提供的实时操作系统中,指定任务的优先权
reentrant	用于指定函数的重入
sbit	用于定义位
sfr	用于定义特殊功能寄存器
sfr16	用于定义 16 位的特殊功能寄存器
small	用于指定存储器的使用模式为小模式
task	用于 Keil 提供的实时操作系统中
using	用于函数中指定使用某一组工作寄存器
xdata	用于指定存储于扩展的外部 RAM 存储器中的数据

附录 B

ISD 在线调试技术

ISD51 在线调试技术是 Keil 提供的一种在线调试技术。利用这种技术，用户可以在没有硬件仿真器的情况下，借用目标硬件的串口（UART），完成单步执行、带断点运行程序等调试功能。

B.1　ISD51 的软件和硬件配置

ISD51 对于硬件的要求很简单，只需要电路板上有 RS232 串口电路就可以了。如图 B-1 所示是一个带有 RS232 接口的硬件电路。

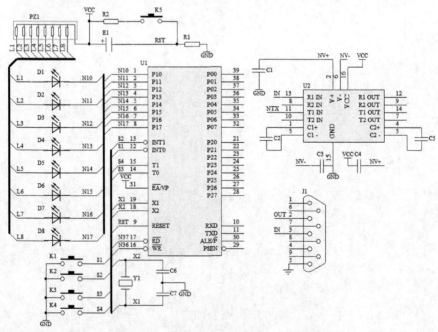

图 B-1　带有 RS232 接口的单片机电路

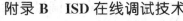

ISD51 可以运行于任意一款完全兼容 80C51 指令的单片机中,但会增加一些软件资源的开销,它们包括:

> 500~700 字节的代码量;
> 6 字节的堆栈;
> 1 字节的 IDATA RAM;
> 每增加一个软件断点,需要增加 2 字节的 IDATA RAM。

可以按下面的方法将 ISD 配置到自己的程序中,以实现 ISD 调试功能。

> 把 Keil\C51\ISD51 中的两个文件 ISD51.A51 和 ISD521.H 文件,复制到目标项目文件夹中。
> 把 ISD51.A51 加入项目。
> 在应用程序中增加串口初始化及串口中断设置等内容的代码。
> 在应用中根据需要的调用 ISD51 相关函数,如 ISDinit(void)、ISDwait(void)等。
> 编译上述程序,产生 HEX 文件,将此文件下载到目标系统。在 Keil 软件中设置调试方式为 Keil ISD51 INSystem Debugger。

具体设置方法将通过实例来演示。

B.2 ISD51 的相关功能函数

ISD51 的功能函数有 7 个,具体如下:

① _iskey (void):这个函数检查是否从串口获得一个字符。

② ISDinit(void):初始化调试目标与 Keil 间的通信。函数被调用后,程序照常全速进行,并不等待与上位机的成功通信。

③ ISDwait(void):初始化调试目标与 Keil 间的通信。函数被调用后,会一直等待,直到通信成功。

④ ISDcheck(void):检查调试目标与 Keil 间的通信是否正常,用户程序中须不断调用该函数。

⑤ ISDdisable(void)和 ISDenable(void):分别用于禁止、允许 ISD51 中断。这两个函数成对出现,在这两个函数之间的应用程序会正常执行,不会受 ISD51 的干扰。

⑥ ISDbreak(void):强制中断用户程序,方便人机对话,之后可以继续调试。

以上函数是 Keil 中 ISD51 所带的几个函数,用来完成 IDS51 在线调试功能,只要在程序中适当位置调用,即可完成在线调试功能。

B.3 ISD51 在线调试实例

在 ISD51 实验时,可以选持比较简单的实验来学习、了解 ISD51 功能,通过观察相关 ISD51 函数的功能及其工作情况,以便在较为复杂程序调试时,能够正确使用。

以下以单灯闪烁为例来说明。例 B-1 是没有 ISD51 调试代码的源程序。

【例 B-1】 单灯闪烁程序。

```
# include <reg52.h>              //89c52 单片机头文件
sbit led = P1^0;                 //P1.0 引脚接一只发光二极管
void delay(uchar sec);           //延时程序
void main(void)
{
    while(1)
    {
        delay(600);
        led = ~led;
    }
}

void delay(uchar sec)
{
    uchar i,j;
    for(i = sec;i>0;i--)
    for(j = 110;j>0;j--);
}
```

这里不再对这个程序进行分析,请读者自行实现这段程序的功能。

例 B-2 是结合了在线调试功能的应用程序。程序中加入了在线调试的必要程序代码,包括串口通信初始化部分程序、调用 ISDCheck() 等函数的代码。

【例 B-2】 加入了 ISD51 调试代码的单灯闪烁程序。

```
# include <reg52.h>              //89c52 单片机头文件
# include "Isd51.h"              //ISD51 相关说明,必须包含
# include "intrins.h"
# define shiyan_ISD51            //条件编译,不用 ISD51 时,可以直接注释掉
typedef unsigned char uchar ;
sbit led = P1^0;                 //P10 口接一只发光二极管
void delay(uchar sec);           //延时程序
void main(void)
{
    # ifdef shiyan_ISD51         //条件编译部分内容
        SCON = 0x50;             //波特率设置部分
        TMOD = 0x20;             //定时器 1 使用的相关设置
        TH1 = 0xfd;
        TL1 = 0xfd;
```

```
        TR1 = 1;                  //定时器 1 启动
        ISDinit();                //初始化 ISD51 在线调试功能,不停留
    # endif
    ES = 1;                       //串口中断允许
    EA = 1;                       //开总中断
    P10 = 0;
    while(1)
    {
        # ifdef shiyan_ISD51
            ISDcheck();
        # endif
        delay(6);             /* 单步调试时,设成 0 或小点的数,太大了,速度容易慢 */
        led = ~led;
    }
}


void delay(uchar sec)
{
    ……
}
```

程序实现: 输入源程序,命名为 isd.c,建立名为 isd 的工程,加入源程序和 isd51.a51 文件,如图 B-2 所示。

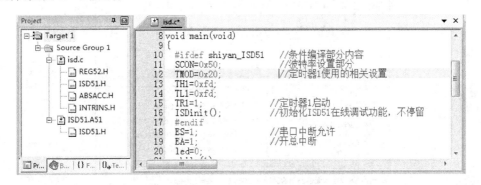

图 B-2 将 ISD51.A51 加入工程

设置工程。在 Target 选项卡中将系统晶振改为与目标系统一致,在 Output 选项卡中选择生成 HEX 文件。因为被调试的程序需要下载到目标系统,才能使用 ISD51 在线调试功能。在 Debug 选项卡中,选择 Use keil ISD51 In-System Debugger,如图 B-3 所示。

单击 Setting 按钮,设置串口及波特率,如图 B-4 所示。所选 Port 必须要与计算机上用于调试的端口号相同,其余设置通常可以选择默认值,不必修改。

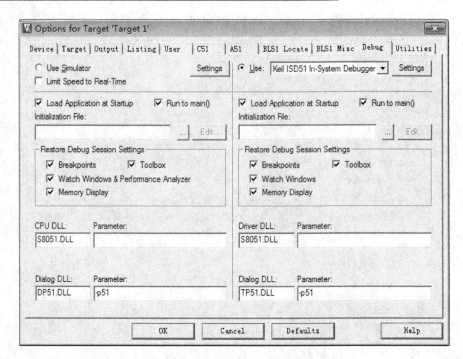

图 B-3 选择 ISD51 为调试工具

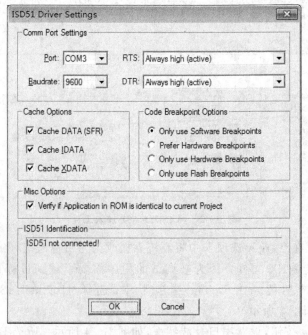

图 B-4 设置串口

设置完毕，编译、链接，得到 Hex 格式文件。将此文件用编程器下载线恰当的方式写入芯片，将电路板与计算机串口连接，然后通电后运行。

选择 Debug→Start/Stop Debugger Session 进入调试。如果一切顺利，那么 Keil 软件将与电路板连接，进入调试界面，在状态栏显示"Keil ISD51 In-System Debug"字样，如图 B-5 所示。

图 B-5　Keil 与已写入目标代码的电路板联机

进入到调试后，就可以使用单步、过程单步、运行到光标所在行等方法来调试和运行程序。具体调试方式读者可以自行探索。

B.4　ISD 在线调试技术的特点

ISD51 在线调试技术在一定程度上提供低成本的程序仿真调试技术，省去了高价格的仿真器，同时实现了对目标系统工作情况的在线监控。

ISD 技术具有如下的一些特点：

➤ 仅在 ISD51 的中断和全局中断系统有效后才能运行。当然可以使 ISD51 在程序片段调试时停止运行。

➤ ISD51 允许 ROM 中的中断。一旦软件断点被设置好，用户程序在 ISD51 中断函数控制下运行并且执行速度会被降级 100x（程序运行速度将会比原来慢 100 倍）．

➤ 如果用户中断函数拥有的中断优先级与 ISD51 相同，或者更高优先，就不能实现断点或程序单步。

➤ 如果 ISD51 中断被允许，就有可能在并未安装 μVision 调试器的 Stop 工具按钮的情况下，使用户程序停止运行。

参 考 文 献

[1] 谭浩强. C 语言程序设计[M]. 2 版. 北京：清华大学出版社，2003.

[2] 马忠梅，等. 单片机 C 语言 Windows 环境编程宝典[M]. 北京：北京航空航天大学出版社，2003.

[3] 窦振中. 单片机外围器件实用手册——存储器分册[M]. 北京：北京航空航天大学出版社，2000.

[4] Keil Software Inc. Cx51 Compiler User's Guide. 2001.

[5] Xicor Inc. Xicor X5043/X5045 DATA SHEET[EB/OL].[2001]. http://www.xicor.com.

[6] Applications staff. Xicor X5043/X5045 System Supervisors Manage 8051 type Microcotrollers[EB/OL].[2001]. http://www.xicor.com.

[7] Atmel Corporation. Atmel AT24C01A/02/04/08/16 Data Sheet[EB/OL].[1998]. http://www.atmel.com.

[8] Robert Rostohar, Keil Elektronik GmbH. Implementing μVision2 DLL's for Advanced Generic Simulator Interface[EB/OL].[Jun 12, 2000]. Munich. http://www.keil.com.